빛조차 빠져나올 수 없는
수수께끼 천체

블랙홀

Newton 하이라이트 시리즈

빛조차 빠져나올 수 없는 수수께끼 천체

블랙홀

1 프롤로그

2 기묘한 천체 블랙홀의 정체

3 우리은하에도 있다! 초거대 블랙홀

4 초거대 블랙홀을 둘러싼 수수께끼

5 더 알고 싶은 블랙홀

1 프롤로그

'매우 강한 중력으로 주위의 물질을 빨아들이고, 우주에서 가장 빠른 빛조차도 일단 집어삼켜지면 다시 밖으로 나오지 못한다.' 이런 천체가 블랙홀이다. 블랙홀 본체는 그 이름대로 '암흑'이라 눈에 보이지 않지만, 실은 블랙홀은 우주에서 가장 밝고 활동적인 천체의 하나이기도 하다. 2010년대 들어 인류는 드디어 블랙홀의 모습을 직접 포착하는 데 성공했다. 그 존재가 예언된 후 약 1세기가 지나 눈부신 관측 성과와 함께 새로운 수수께끼가 속속 발견되고 있는 블랙홀의 세계를 살펴보자.

협력
우메무라 마사유키 梅村雅之 일본 쓰쿠바 대학교 특명교수.
혼마 마레키 本間希樹 일본 국립천문대 미즈사와VLBI관측소 소장.

블랙홀이란

빛조차 달아나지 못하는 초중력 괴물

블랙홀은 모든 질량이 중심에 모인, 강한 중력을 가진 천체이다. 바닥 없는 늪처럼 모든 물질을 집어삼키고, 한 번 안으로 빨려 들어가면 빛조차 달아날 수 없다. 빛조차 빠져나오지 못하는 그 공간을 블랙홀이라 한다. 블랙홀만큼 우주에서 불가사의하고 매혹적인 천체는 또 없을 듯하다.

과거에는 블랙홀이 이론상의 산물에 지나지 않으며 실재하지 않는다고 생각했다. 그러나 그 뒤 관측 기술의 발전에 따라 우주에 블랙홀이 존재하는 증거가 차츰 관측되었다.

전형적인 블랙홀은 태양의 수 배~수십 배의 질량을 가지며 반지름은 수십 km 정도이다. 이런 블랙홀을 '항성 질량 블랙홀'이라 한다. 은하에는 이런 블랙홀이 수없이 많이 떠돌고 있다.

한편 항성 질량 블랙홀에 비해 엄청나게 무거운 블랙홀도 있음이 밝혀졌다. '초대질량 블랙홀', '초거대 블랙홀'이라 부르는 블랙홀이다. 질량은 태양의 100만~수십억 배이며, 태양의 210억 배나 되는 질량을 가진 것도 발견되었다. 태양의 10억 배 질량을 가진 경우 반지름은 30억 km에 이르러 태양계가 쏙 들어갈 정도로 거대하다.

이런 초거대 블랙홀은 은하 중심부에 자리 잡고 있다. 실은 대부분의 은하 중심에는 초거대 블랙홀이 있다고 생각된다. 수년 전에 M87이라는 타원 은하의 중심에서 태양 질량의 65억 배인 초거대 블랙홀이 촬영되었다. 그 후 '우리은하'의 중심에서도 태양 질량의 400만 배나 되는 블랙홀이 촬영되었다.

태양계가 쏙 들어가는 초거대 블랙홀

큰 은하의 중심에는 특히 질량이 큰 블랙홀이 있다. 그 질량은 태양 질량의 10억 배 이상에 이르고 크기는 반지름이 30억 km가 넘는다. 이것은 거의 태양과 천왕성 사이의 거리에 해당한다.

초거대 블랙홀은 어떻게 만들어졌을까?

항성 질량 블랙홀은 무거운 별이 죽을 때 큰 중력이 걸려 만들어진다는 것이 밝혀졌다. 그러나 초거대 블랙홀이 어떻게 생기는지는 오랫동안 밝혀지지 않았으며, 천문학의 중요한 주제이다.

우주 초기에 이미 초거대 블랙홀이 존재했음이 밝혀졌지만, 단시간 만에 어떻게 만들어졌을까가 형성 과정을 규명하는 데 큰 벽이 되고 있다.

초거대 블랙홀은 왜 은하 중심에 있을까? 그 이유는 밝혀지지 않았지만, 현재 연구자들은 초거대 블랙홀과 그 모체가 되는 은하는 서로 밀접하게 영향을 미치면서 진화했다고 생각한다.

블랙홀은 단지 물체를 집어삼킬 뿐만 아니라, 강한 중력으로 끌어당긴 뒤 때로는 은하 지름의 수십 배 이상의 거리까지 광속에 가까운 속도로 일부 물질을 뿜어낸다(실은 이 메커니즘도 아직 완전히 규명되지 않았다). 초거대 블랙홀은 우주에서 거대한 에너지원인 셈이다. 그 에너지로 초거대 블랙홀이 은하의 진화와 우주 진화에서 중요한 역할을 하지 않을까 과학자들은 생각한다.

우주는 블랙홀투성이

은하에 존재하는 항성 질량 블랙홀과 초거대 블랙홀의 이미지이다. 실제로는 블랙홀은 은하의 크기에 비하면 아주 작기 때문에 보이지 않지만, 여기서는 과장해 그렸다. 은하 중심에는 초거대 블랙홀이 존재하며, 은하 안에는 다수의 항성 질량 블랙홀이 존재한다(그림은 실제의 존재 밀도를 나타내는 것은 아니다).

항성 질량 블랙홀
은하 중심의 초거대 블랙홀

합체하는 블랙홀

블랙홀의 합체가 중력파 관측을 통해 처음으로 검출되었다

한국 시간 2016년 2월 12일 미명, 뉴스 하나가 전 세계를 휩쓸었다. 미국의 중력파 관측 장치 'LIGO[라이고]'가 두 블랙홀이 합체할 때 생기는 '중력파'를 직접 관측하는 데 성공했다는 소식이었다. 이 영상은 합체하려는 두 블랙홀의 상상도이다. 중력파는 블랙홀과 마찬가지로 아인슈타인의 일반 상대성 이론에 따라 예언되었다.

LIGO는 그 뒤로도 다른 블랙홀 쌍성이 합체할 때의 중력파를 검출했다. 블랙홀 합체는 초거대 블랙홀이 어떻게 만들어지는지를 이해하는 데 큰 의의가 있다. LIGO가 최초로 검출한 합체 현상에서는 두 블랙홀이 보통의 항성 질량 블랙홀보다 무거웠는데,이들이 어떻게 형성되었는지 여러 가지로 논의하고 있다.

은하 중심의 블랙홀을 지상과 우주에서 일제히 관측

2019년 4월, 사상 최초로 블랙홀의 직접 촬영에 성공했다는 뉴스가 전 세계에 전달되었다. 촬영에 성공한 EHT(Event Horizon Telescope)는 세계 8곳*의 전파 망원경을 연결해 유례없는 고해상도 전파 영상을 얻는 국제 프로젝트이다.

EHT의 관측은 2017년 4월에 이루어졌으며, 처녀자리 방향으로 약 5500만 광년 거리에 있는 은하 'M87'의 중심에 있는 블랙홀이 만들어 내는 '그림자'를 멋지게 포착했다(88페이지). 실은 이때 세계 각지의 천문대와 지구를 선회하는 천문 위성 등 총 19개 망원경이 EHT와 협동해 M87의 일제 관측이 이루어졌다.

오른쪽 영상에는 EHT가 포착한 지름 0.013광년(= 해왕성 궤도의 약 27배)의 고리 구조부터 M87을 포함하는 약 190만 광년이라는 넓은 범위를 감마선으로 촬영한 영상까지, 여러 가지 스케일을 여러 파장의 전자기파로 촬영한 M87의 모습이 찍혀 있다.

이 관측을 통해 촬영 시점에서는 블랙홀이 비교적 평온한 상태였다는 점과, EHT에서 포착한 전파가 감마선과는 서로 다른 장소에서 나온다는 점이 최초로 밝혀졌다. 거대 블랙홀이 전자기파와 제트를 방출하는 메커니즘을 규명할 실마리가 되는 성과이다.

*: 2018년~2020년에 망원경이 추가되어 현재는 세계 11곳.

전파를 이용한 관측

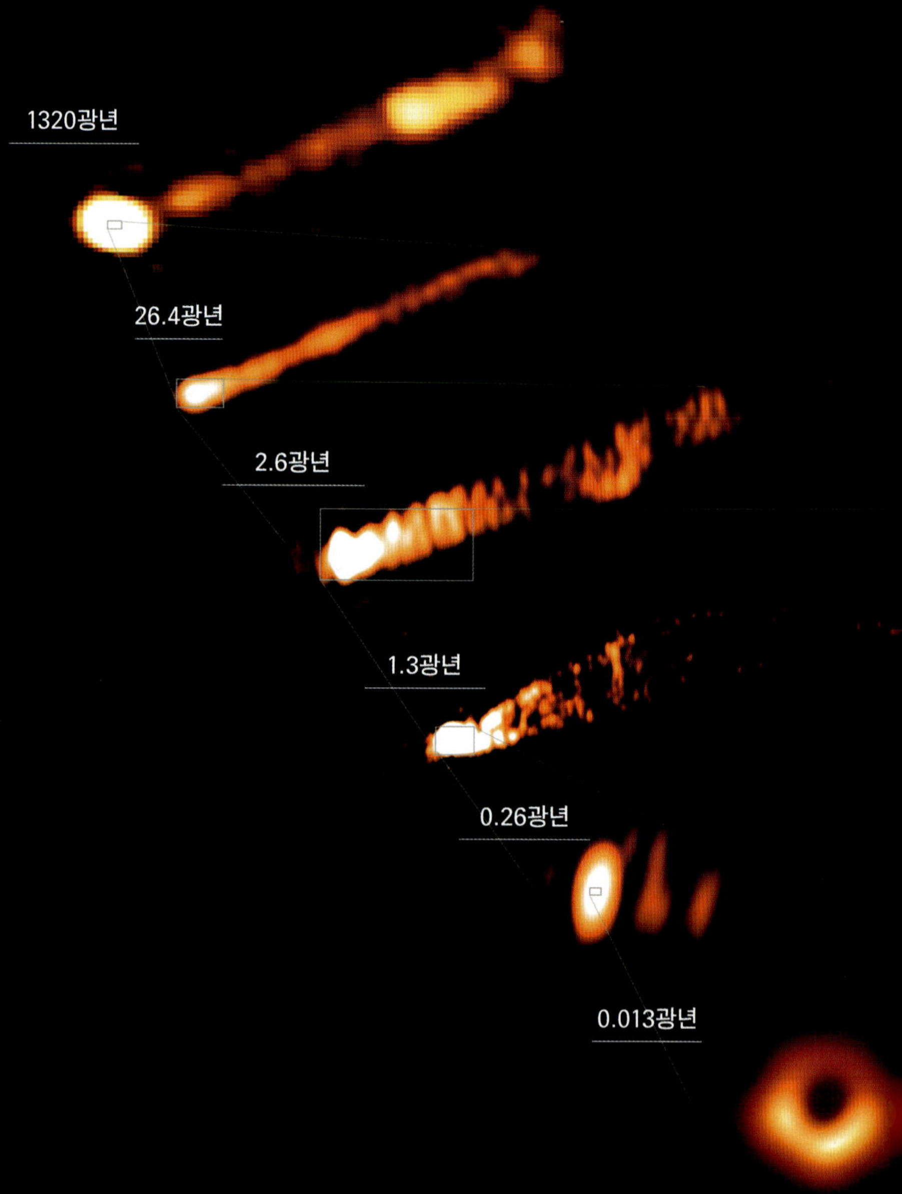

여러 파장으로 포착한 블랙홀

M87을 그 중심부에서 은하 주변까지 여러 가지 스케일과 파장으로 촬영한 영상. 세계 각지의 천문대와 궤도상의 우주 망원경 등 총 19개 망원경이 사용되었다.

왼쪽 줄은 전파, 중앙의 줄은 가시광선과 자외선, 오른쪽 줄은 X선과 감마선 파장으로 촬영한 영상이다. M87은 '활동 은하'로 분류되며 중심에서부터 전하를 띤 입자가 광속에 가까운 제트(은하 중심에서 오른쪽 위로 뻗어 있는 띠 모양의 구조)가 되어 뿜어져 나오고 있다.

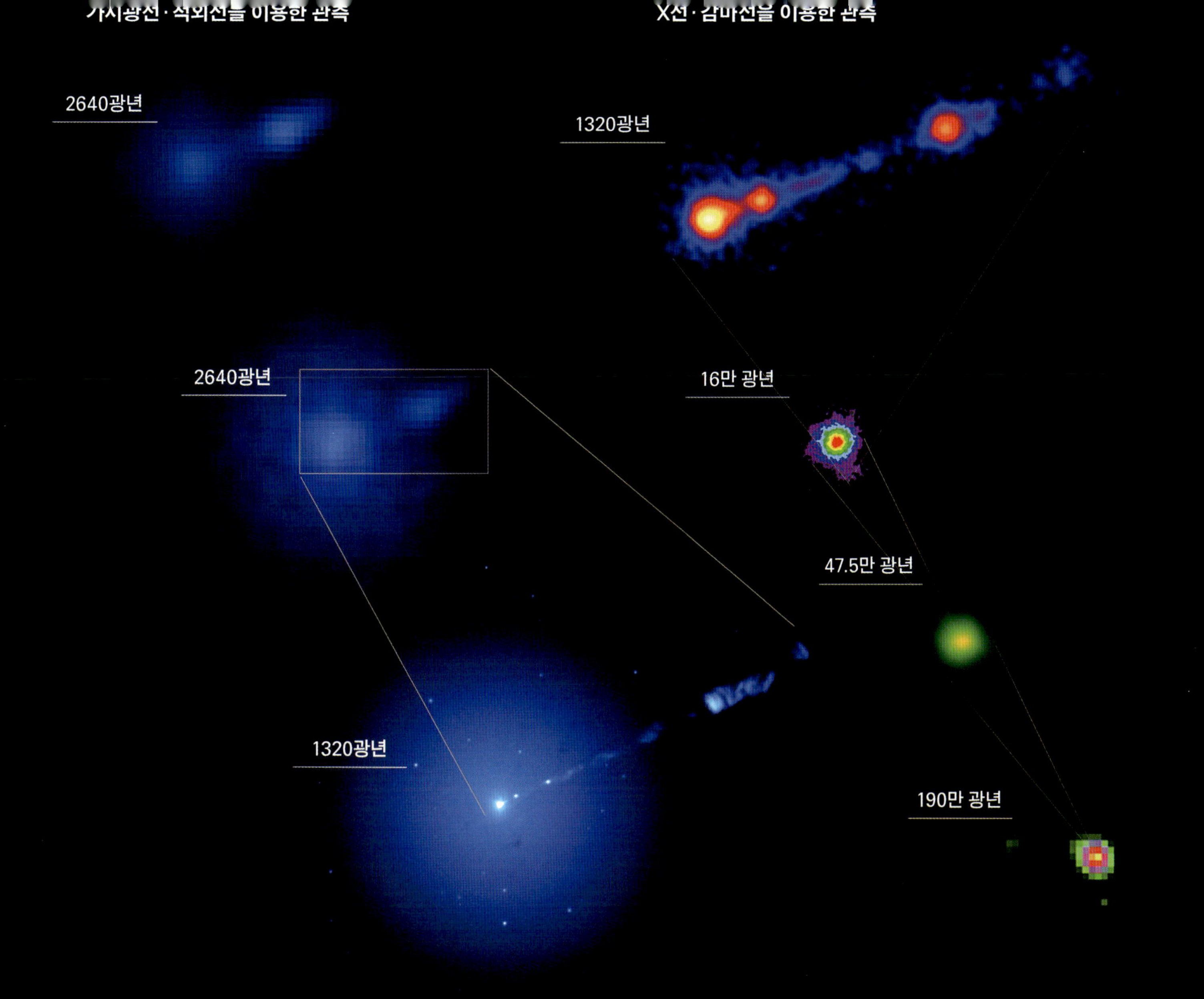

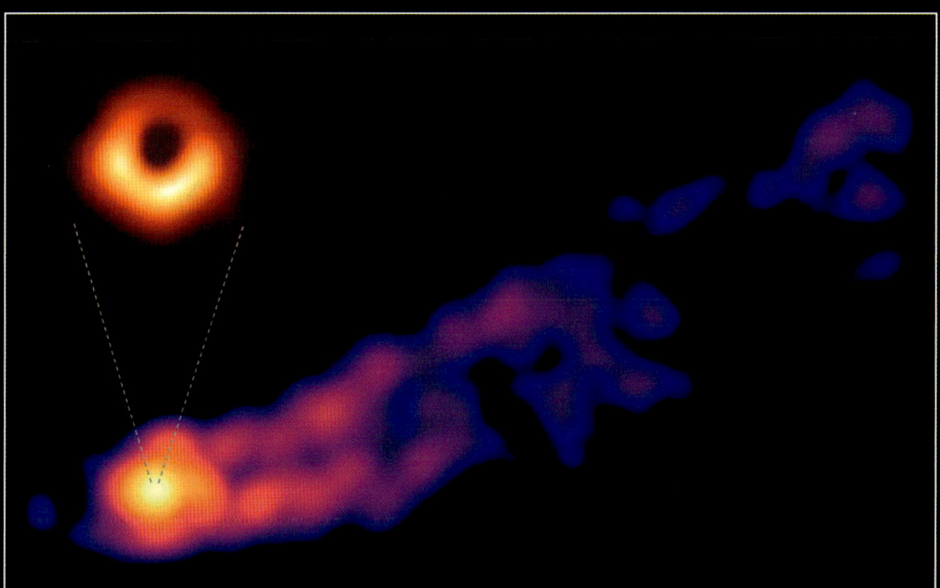

블랙홀 주변에서 뿜어져 나오는 제트

EHT와 동시에 관측한 망원경 무리의 하나인 동아시아 VLBI 관측망(EAVN)이 포착한 M87의 제트. 왼쪽 아래의 밝은 부분이 은하 중심이며, EHT가 촬영한 거대 블랙홀(왼쪽 위의 영상)도 이 안에 있다.
여기서부터 오른쪽 위 방향으로 뿜어져 나온 제트는 가시광선 영상을 보면 3000광년 이상의 길이에 이른다. 즉 제트 분출 활동은 적어도 3000년 이상 유지되고 있는데, 어떤 메커니즘으로 블랙홀 주변부터 제트가 만들어져 장기간 유지되는지는 아직도 수수께끼이다.

2 기묘한 천체 블랙홀의 정체

블랙홀이란 대체 무엇일까? 또 어떻게 발견할까? 왜 대부분의 은하 중심부에는 거대한 블랙홀이 있다고 생각할까? 과거에 이론 속에만 있다고 생각되었던 블랙홀은 이론과 관측 기술의 발전에 따라 차츰 그 존재가 밝혀져 왔다. 블랙홀의 예언에서부터 초거대 블랙홀 발견에 이르기까지의 스토리를 살펴보자.

협력

노모토 겐이치 野本憲一 일본 도쿄 대학교 명예교수.

후쿠에 준 福江 純 일본 오사카 교육대학교 명예교수.

에비사와 겐 海老澤 研 일본 우주항공연구개발기구 우주과학연구소 교수.

미네시게 신 嶺重 慎 일본 교토 대학교 명예교수.

오니시 교코 大西響子 일본 총합연구대학원대학 물리과학연구과 특별연구원.

이즈미 다쿠미 泉 拓磨 일본 국립천문대 알마 프로젝트 조교수.

예언된 블랙홀

누구나 블랙홀은 있을 수 없다고 생각했다

블랙홀은 빛조차 탈출할 수 없는 천체이다. 대체 어떻게 그런 기묘한 천체가 존재한다고 생각하게 되었을까?

원래 블랙홀은 중력에 관한 두 이론이 예언한 천체이다. 우선 18세기 말의 과학자들은 뉴턴의 만유인력의 법칙에 입각해 '빛조차 탈출할 수 없는 별'을 생각했다. 천체의 질량을 차츰 크게 하면 마침내는 빛의 빠르기를 가졌어도 천체의 중력을 뿌리치고 날아갈 수 없다. 그런 천체는 빛조차 탈출할 수 없으므로 관측할 수 없다. 즉 '보이지 않는 별'이 될 것이라 예상했다.

독일의 물리학자 카를 슈바르츠실트는 1916년 만유인력의 법칙을 발전시킨 아인슈타인의 중력 이론(일반 상대성 이론)으로부터 항성의 표면 가까이와 내부의 중력을 계산하는 식을 유도했다. 그 식의 귀결 하나는 항성이 찌부러져 밀도가 지나치게 높아지면 물체나 빛을 무한히 빨아들인다는 것이었다.

이 매우 작고 밀도가 높은 천체는 처음에는 '얼어붙은 별' 등으로 불렸는데, 1967년부터는 미국의 물리학자 존 휠러(1911~2008)가 명명한 '블랙홀'이라는 이름이 널리 알려졌다. 그림은 빛이 블랙홀 주위를 지나는 모습을 표현했다. 일반 상대성 이론에서는 '중력'에 의해 공간이 휘어진다고 생각한다. 그림의 곡면이 크게 기울어진 곳일수록 블랙홀의 중력에 의해 공간이 크게 휘어짐을 나타낸다. 빛은 휘어진 공간 속을 지나기 때문에 마치 공을 곡면에 굴렸을 때처럼 블랙홀 쪽으로 빨려 들어간다.

당시의 여러 천문학자는 물론 일반 상대성 이론을 제창한 아인슈타인조차도 블랙홀이 우주 어딘가에 실재한다고는 생각하지 않았다. 예를 들어 지구를 압축해 블랙홀로 만들려면 지름 9mm까지 압축되는 환경이 필요하다. 천문학자들은 이런 환경이 실재할 리 없다고 생각했다.

블랙홀은 빛도 빨아들인다

그림은 블랙홀(중앙의 검은색 공) 주위에서 빛이 지나가는 방식을 묘사한 것이다. 블랙홀로부터 떨어진 곳을 지나는 빛은 블랙홀의 영향을 거의 받지 않는다. 그러나 블랙홀 가까이 지나는 빛은 그 진로를 크게 바꾸거나 빨려 들어가 빠져나갈 수 없다.
블랙홀 아래로 퍼진 곡면은 크게 기울어진 곳일수록 블랙홀에 의해 공간이 크게 휘어지는 것을 나타낸다.

카를 슈바르츠실트(1873~1916)
독일의 물리학자. 군에 복무하는 동안 이제 막 발표된 일반 상대성 이론의 방정식을 풀고 아인슈타인과 편지를 주고받았다. 1916년 아인슈타인을 통해 그의 논문이 발표되었지만 그 후 불과 4개월 만에 병사했다.

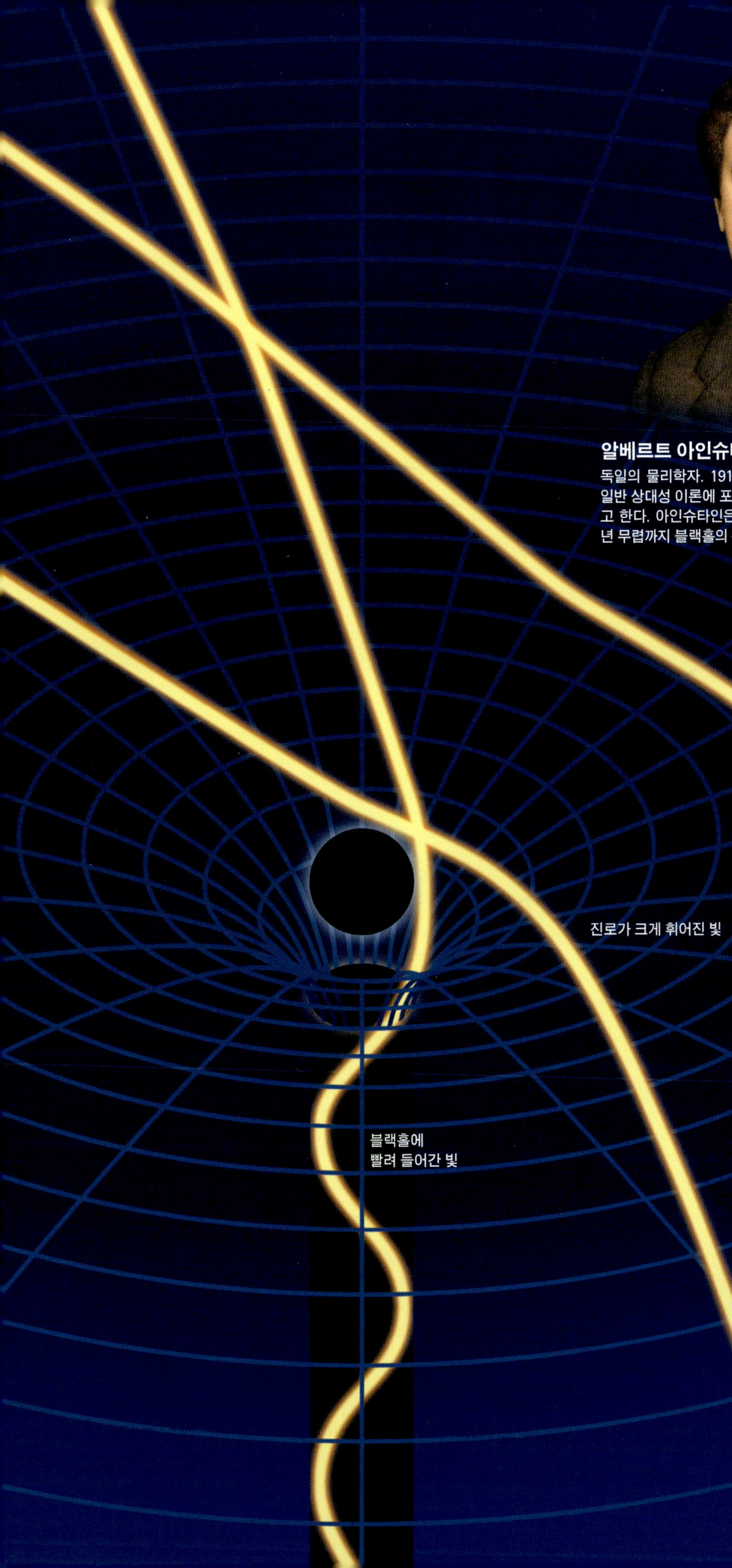

알베르트 아인슈타인(1879~1955)

독일의 물리학자. 1916년 일반 상대성 이론을 발표했다. 슈바르츠실트가 일반 상대성 이론에 포함된 중력에 대한 방정식을 바로 푼 일에 매우 놀랐다고 한다. 아인슈타인은 블랙홀이 존재한다고는 생각하지 않았으며, 1930년 무렵까지 블랙홀의 존재를 부정하는 미지의 단서를 계속 탐색했다.

블랙홀의 구조

블랙홀의 중심에는 질량이 집중하는 '특이점'이 있다. 블랙홀은 이 특이점을 중심으로 한 '빛조차 탈출할 수 없는 구상 공간'이며, 이 공의 경계를 '사건의 지평면', 구의 반지름을 '슈바르츠실트 반지름'이라 한다. 18세기 말에 생각된 '보이지 않는 별'의 반지름에 해당한다. 단 이 경우 블랙홀의 경계(구면)에 무엇인가 있을 리는 없다. '나락에 빠진 것과 같게' 되므로 이 공간 전체를 블랙홀로 간주한다.

별 무게의 한계 질량의 한계를 넘으면 블랙홀이 생긴다?

블랙홀은 매우 질량이 큰데도 불구하고 그 모든 질량이 하나의 점(특이점)에 집중된 천체이다. 이런 천체는 이론으로만 존재하고 실재하지 않는다고 생각되었다. 그러나 1930년대가 되자 한 젊은이의 생각을 계기로 블랙홀은 실재할지도 모른다고 생각하게 되었다. 그 젊은이가 바로 물리를 공부하는 20세의 인도인 학생 수브라마니안 찬드라세카르(Subrahmanyan Chandrasekhar, 1910~1995)이다.

당시 매우 작고 밀도가 높은 별인 '백색 왜성'이 발견되었다. 찬드라세카르는 이 백색 왜성이 견딜 수 있는 자기 중력에 한계가 있음을, 당시 갓 탄생한 학문인 양자역학과 특수 상대성 이론으로부터 유도해냈다. 찬드라세카르는 "백색 왜성의 질량이 태양 질량의 1.46배가 되면 반지름이 0인 별이 된다"고 주장했다. 당시 아직 '블랙홀'이라는 말은 없었지만 이것은 바로 블랙홀을 예언한 것이었다.

당시의 권위 있는 천문학자들이 이 설에

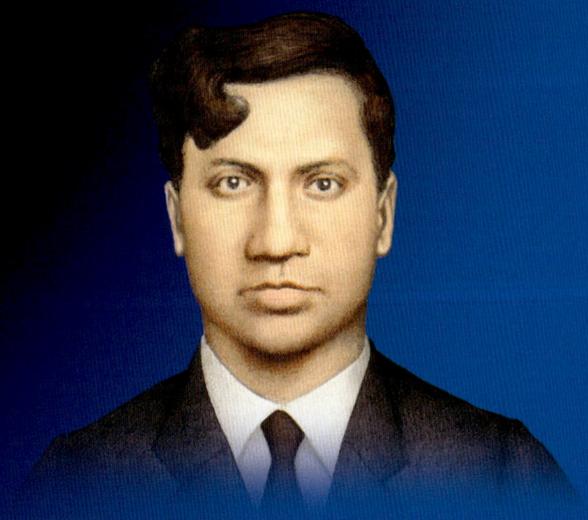

수브라마니안 찬드라세카르(1910~1995)

인도 태생의 미국 물리학자. 20세에 영국 케임브리지 대학교에 입학하기 위해 인도에서 영국으로 가는 선상에서 백색 왜성의 한계 질량을 구했다. 이 발견을 처음 발표했을 때는 강한 반론에 부딪쳤지만, 1983년 백색 왜성의 한계 질량을 구한 업적으로 노벨 물리학상을 받았다. X선을 내는 천체를 관측하는 NASA의 '찬드라 X선 천문 위성'의 이름은 찬드라세카르의 통칭 '찬드라'에 기인해 붙여졌다.

백색 왜성-태양의 1.4배 질량을 넘으면 찌부러져 중성자별이 된다

밀집한 전자에 지탱되는 별. 매우 밀도가 높아서 질량이 태양 정도인 백색 왜성의 경우에는 $1cm^3$당 100kg~1톤이다. 비교를 위해 말하자면, 태양에서 가장 밀도가 높은 부분은 $1cm^3$당 150g 정도이다. 밀집한 전자에는 '축퇴압'이라는 힘이 작용하는데, 이 힘에 의해 중력에 대항해 형태를 유지한다. 축퇴압이 지탱할 수 있는 중력에는 한계 질량이 있어, 질량이 태양의 1.4배라는 한계 질량보다 크면 백색 왜성은 결국 찌부러져 버린다(중력 붕괴). 백색 왜성의 질량이 커지는 진화에서는 질량이 태양의 1.4배에 가까워져 중심부의 밀도가 충분히 높아지면 중심부의 전자가 원자핵에 흡수되기 시작한다(전자 포획. 34페이지). 그 결과 한계 질량이 1.4배보다 작아져 백색 왜성의 질량 이하로까지 내려가면 중력 붕괴가 일어난다. 그 과정에서 양성자는 전자를 흡수해 중성자로 바뀌어 중성자별이 된다.

강하게 반론했기 때문에 찬드라세카르는 연구 분야를 바꿔 버렸다고 한다. 그러나 그 뒤 30년 이상에 걸쳐 백색 왜성의 질량에 한계가 있음이 인정되었다. 여러 백색 왜성을 관측했지만 태양의 1.46배 이상 질량을 가진 백색 왜성은 발견되지 않았던 것이다.

찬드라세카르가 가설을 발표한 시기와 비슷한 무렵, 영국의 원자 물리학자 제임스 채드윅(1891~1974)이 원자핵을 구성하는 '중성자'를 발견했다. 1934년이 되자 주로 중성자로 이루어진 '중성자별'을 미국의 천문학자 프리츠 츠비키(Fritz Zwicky, 1898~1974)와 러시아의 물리학자 레프 란다우(1908~1968)가 제안했다.

그리고 1939년 미국의 물리학자 오펜하이머가 중성자별에 질량의 한계가 있음을 이론적으로 유도했다. 또한 "중성자별은 태양 질량의 3배가 넘으면 중력 붕괴가 무한히 계속되어 계속 찌부러진다"고 주장했다.

그 뒤 중성자별보다 강한 중력에 견디는 별은 생각해 내지 못했다. 그래서 일부 천문학자들은 '어쩌면 무거운 별이 연소되어 중력 붕괴가 일어나면 블랙홀이 될 수도 있다'고 조금씩 생각하게 되었다.

J. 로버트 오펜하이머(1904~1967)

미국의 물리학자. 츠비키, 레프 란다우 등의 중성자별 아이디어를 계기로 1939년 중성자별이 중력 붕괴하는 과정을 밝혔다. 1940년대부터 핵물리학의 전문가로서 원자 폭탄 개발의 책임자가 되었기 때문에 별 연구에서 멀어졌다.

중성자별-태양의 3배 질량을 넘으면 붕괴해 블랙홀이 된다

주로 중성자만으로 이루어진 별. 1cm^3당 1억~10억 톤으로 밀도가 매우 높은 천체.
중성자별은 가까운 거리에 있는 중성자끼리 작용하는 반발력인 '핵력'에 의해 중력에 대항해 형태를 유지한다. 질량의 한계가 있어 태양 질량의 3배가 넘으면 붕괴해 블랙홀이 된다고 생각된다.

블랙홀

무한하게 물질을 끌어들이는 천체.

column1

얼마나 압축되면 블랙홀이 될까?

블랙홀은 무거우면 무거울수록 반지름이 커진다. 가장 단순한 형태의 블랙홀에서 그 반지름은 빛이 더 이상 다가가면 탈출할 수 없는 구 모양 영역의 반지름이다. 예를 들어 태양의 10배 질량을 가진 전형적인 블랙홀의 반지름은 약 30km이다.

또 질량이 태양의 10억 배라는 어마어마하게 거대한 블랙홀이라면 그 반지름은 약 30억 km가 된다. 30억 km라면 태양부터 토성까지의 거리보다 크다. 우주에는 그처럼 엄청난 블랙홀도 존재한다.

그런데 질량이 비교적 작아도 무리하게 압축할 수만 있다면 원리적으로는 블랙홀을 만들 수 있다. 예를 들어 태양(약 2×10^{30}kg)을 블랙홀로 만든다고 하면 그 반지름은 3km 정도가 된다.

태양이 블랙홀이 되면 지구가 빨려들지 않을까 걱정할 수도 있다. 그러나 지금 바로 태양이 블랙홀이 되어도 지구의 운동은 전혀 영향을 받지 않는다. 블랙홀이 무엇이나 빨아들인다는 것은 바로 옆에까지 갔을 때의 이야기이다. 멀리서는 보통 별의 중력 작용과 같다.

참고로 말해 일반적인 항성에 비해 밀도가 높은 별에 '백색 왜성'과 '중성자별'이 있다(18~19페이지). 태양과 같은 정도의 질량을 가졌는데도 불구하고 일반적인 반지름은 백색 왜성이 1000km 정도, 중성자별은 더 밀도가 높아 10km밖에 안 된다. 그러나 이것도 블랙홀이 되기에는 아직 큰 크기이다.

그러면 지구(질량은 태양의 약 30만분의 1)가 블랙홀이 되는 경우를 생각해 보자. 그 경우 반지름은 불과 9mm 정도가 된다. 반지름 9mm라면 10원짜리 동전과 거의 비슷한 크기이다.

나아가 몸무게 60kg인 사람이 블랙홀이 되었다고 하자. 그러면 그 반지름은 9×10^{-24}cm라는 원자보다 훨씬 작은 블랙홀이 된다.

이처럼 원리적으로는 무엇이라도 블랙홀이 될 수 있지만, 태양이나 지구가 그렇게까지 압축되는 자연 현상은 현재까지는 알려지지 않았다.

천체 등 (괄호 안은 실제 반지름)	질량	슈바르츠실트 반지름 (블랙홀이 되는 크기)
초거대 블랙홀	태양의 10억 배로 가정	30억 km
항성 질량 블랙홀	태양의 10배로 가정	30km
태양(약 70만 km)	2×10^{30}kg	3km
백색 왜성 (1000km 정도)	태양과 같은 정도	약 3km
중성자별 (10km 정도)	태양의 1.4배 정도	약 4.2km
지구(6371km)	6×10^{24}kg	9mm
성인	60kg로 가정	9×10^{-24}mm

만약 지구가 블랙홀이 된다면……

지구를 차츰 압축해 블랙홀로 만든다고 하면 그 블랙홀의 반지름은 10원짜리 동전(반지름 9mm)과 비슷한 약 9mm가 된다.

태양의 10배 질량을 블랙홀로 하면……

전형적인 블랙홀로서 태양의 10배 질량을 가진 블랙홀을 묘사한 그림이다. 모든 질량은 중심의 한 점에 모인다. 또 블랙홀의 반지름(빛이 탈출할 수 없는 영역의 반지름)은 약 30km가 된다.

쌍성 블랙홀

항성을 거느린 블랙홀이라면 관측할 수 있다

18~19페이지에서 봤듯이 블랙홀을 탄생시킨 천문 현상의 이론적인 뒷받침은 오펜하이머가 세웠다(블랙홀 탄생의 자세한 이야기는 34페이지부터 소개). 그러나 난처하게도 블랙홀 그 자체는 관측할 수 없다. 블랙홀 그 자체로부터 빛(전자기파)이 전달되지는 않기 때문이다.

단 간접적이라면 관측할 수 있음이 1960년대에 밝혀졌다. 블랙홀이 단독으로 존재할 때는 관측이 어렵다. 그러나 항성과 짝을 이루는 '쌍성 블랙홀'이라면 찾아낼 수 있다는 것이다.

둘 이상의 항성이 세트가 된 '쌍성'을 생각해 보자. 쌍성이란 두 항성이 공통의 중심을 도는 천체로서 보통은 밝은 쪽을 주성, 어두운 쪽을 동반성이라 한다. 또 여러 항성이 쌍성을 이루는 다중 쌍성도 있다. 우리 태양은 단독 항성이지만, 우주에서는 오히려 둘 이상의 항성이 세트가 된 쌍성 쪽이 일반적이다.

쌍성의 한쪽이 블랙홀이 되었다고 하자. 항성은 가스 덩어리이므로 다른 한쪽 항성을 만드는 가스는 블랙홀의 중력에 의해 벗겨져 블랙홀로 빨려들 것으로 예측된다. 이 가스는 블랙홀 주위에 원반 모양의 구조(강착 원반)를 만들고 소용돌이를 일으키듯 블랙홀로 떨어질 것이다.

이때 강착 원반에서 무슨 일이 일어나는지는 다음 페이지에서 살펴보자.

블랙홀이 항성을 거느리며 원반을 만든다

블랙홀이 동반성으로부터 가스를 벗겨 그 주위에 강착 원반을 만드는 모습을 묘사한 그림이다. 동반성은 블랙홀에 끌려 눈물방울 같은 형태로 변형되었으며, 맨 앞부터 계속 가스를 빼앗긴다. 가스는 고속 회전하면서 블랙홀로 떨어진다. 블랙홀은 모든 가스를 집어삼키는 것이 아니라 일부 '먹다 남은 것'을 제트로 뿜어낸다.

제트
동반성
눈물방울 모양으로 변형되었다

블랙홀은 X선을 방출한다

원반 중심의 가스는 1000만 °C가 넘어 강렬한 X선을 방출한다

블랙홀의 주위를 회전하는 강착 원반의 가스는 어마어마한 속도로 가속된다. 그림은 22~23페이지에서 본 쌍성을 이루는 블랙홀을 약 2000배 확대한 것이다. 질량이 태양의 10배인 블랙홀의 반지름은 약 30km이다. 이때 원반 전체의 크기는 300만 km 정도가 된다. 이것은 블랙홀의 반지름을 1mm라고 하면 주위 100m에 원반이 퍼져 있는 것에 해당한다. 매우 작은 천체가 거대한 원반을 만들어 빙빙 도는 것이다.

원반의 가스끼리는 마찰에 의해 가열되어 회전 속도가 빠른 중심 부근일수록 고온이 된다. 그 온도는 중심 부근에서는 수천만 °C나 되어 높은 에너지의 빛인 X선을 방출한다. 블랙홀로 빨려 들어가기 직전의 물질로부터는 강력한 X선이 복사될 것이다. 이 모습을 관측할 수 있으면 블랙홀의 증거를 얻은 셈이 된다.※ 그리고 1971년 드디어 X선 관측을 통해 블랙홀이 발견되었다. 다음 페이지에서 소개한다.

※: 중성자별도 항성과 쌍성을 이루고 강착 원반에서 X선을 방출하기도 한다. 쌍성으로부터 X선을 관측했다고 해도 블랙홀이 아닌 경우가 있는 셈이다. 블랙홀이 있는지 없는지를 알아내는 방법에 대해서는 30페이지에서부터 소개한다.

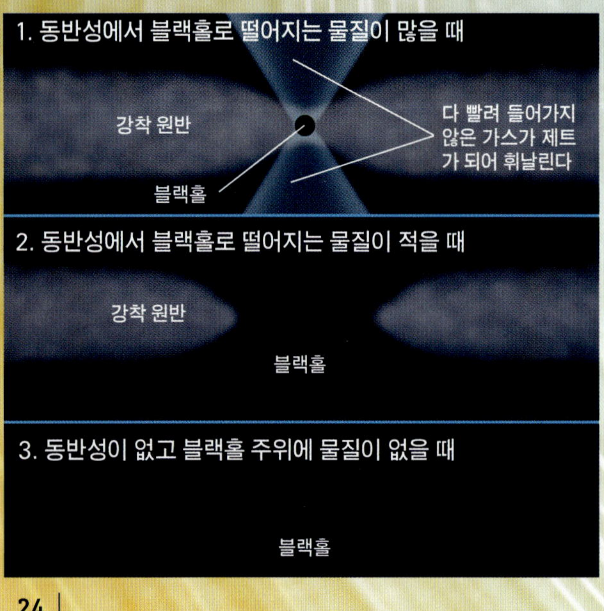

블랙홀의 환경은 3종류

블랙홀을 둘러싼 환경은 왼쪽 그림처럼 크게 나누어 3종류이다. 그림에서는 블랙홀을 실제보다 크게 과장해 묘사했다. 1에서는 제트나 원반에서 X선을 방출하기 때문에 관측할 수 있다. 2에서는 원반이 X선을 내기 때문에 관측할 수 있다. 3의 유형은 스스로 빛을 내지 않고 주위의 빛도 흡수하기 때문에 관측은 매우 어렵다.

좁은 범위에서 X선을 복사한다

강착 원반 중심부를 묘사한 그림이다. 이 영역에서는 고온이 된 가스로부터 X선이 복사된다. 원반 전체의 1%도 되지 않는 좁은 영역에서 강렬한 X선이 복사되는 것이다.

또 그림에서는 끌어당겨진 대량의 가스가 블랙홀을 뒤덮어 가린다. 블랙홀은 떨어지는 가스를 모두 흡수할 수 없다. 블랙홀의 '입구'는 유한해 한 번 빨려드는 양이 한정되기 때문이다. 다 빨려들지 못한 가스는 원반 상하 방향으로 '세트'가 되어 휘날린다.

최초의 후보 발견

‘X선의 눈’이 블랙홀과 중성자별을 찾아냈다

우주로부터 오는 X선을 포착하려면 공기가 없는 우주 공간에서의 관측이 꼭 필요하다. 우주로부터는 가시광선과 자외선, 적외선, X선 등 다양한 빛(전자기파)이 내리쏟아진다. 그 가운데 X선은 지구의 대기에 흡수되기 때문에 지상의 천문대에서는 관측할 수 없다.

그래서 1960년 무렵부터 로켓에 X선 센서를 부착해 발사하는 시도가 시작되었다.

여러 천문학자는 이 시도가 헛되이 끝날 것으로 생각했다. 물질은 그 온도에 따라 빛을 낸다. 예를 들어 태양 표면은 6000℃ 정도로 주로 가시광선을 낸다. 강한 X선을 내려면 1000만 ℃ 이상의 고온이 필요하다. 당시 알려진 별의 표면 온도는 높아도 수만 ℃ 정도였다. 그래서 천문학자들은 1000만 ℃의 천체 따위는 있을 리가 없다고 생각했던 것이다.

그러나 로켓을 발사한 과학자들의 목표가 적중했다. 1962년 전갈자리 방향에서 최초의 X선 천체가 발견된 것이다. ‘전갈자리 X-1’이라는 이 천체는 중성자별과 항성으로 이루어진 쌍성이다. 다른 X선 천체에 비해 지구 가까이 존재하며, 지구에 내리쏟아지는 전체 X선 양의 약 30%를 복사한다.

‘게성운 펄서’는 1969년 ‘초신성 폭발’ 내부에서 발견된 최초의 중성자별이다. 이 발견으로 초신성 폭발 때 중성자별이 생김이 증명되었다.

이런 X선 천체들이 발견되기 시작했을 무렵 러시아의 천문학자 야코프 젤도비치(Yakov Zeldovich, 1914~1987)를 비롯한 과학자들이 블랙홀도 X선으로 관측할 수 있을지 모른다고 제안했다. 그리고 드디어 발견된 것이 태양으로부터 약 6000광년 거리에 있는 ‘백조자리 X-1’이다. 백조자리 X-1은 태양계와 마찬가지로 우리 은하의 ‘오리온 팔’에 있는 천체이다. 이 천체는 1962년 발견된 뒤 1971년에는 X선 위성 ‘우후루(Uhuru)’가 상세히 관측했다. 그 결과 블랙홀과 가스를 계속 벗겨 내는 동반성으로 이루어진 쌍성이라는 결론이 내려졌다.

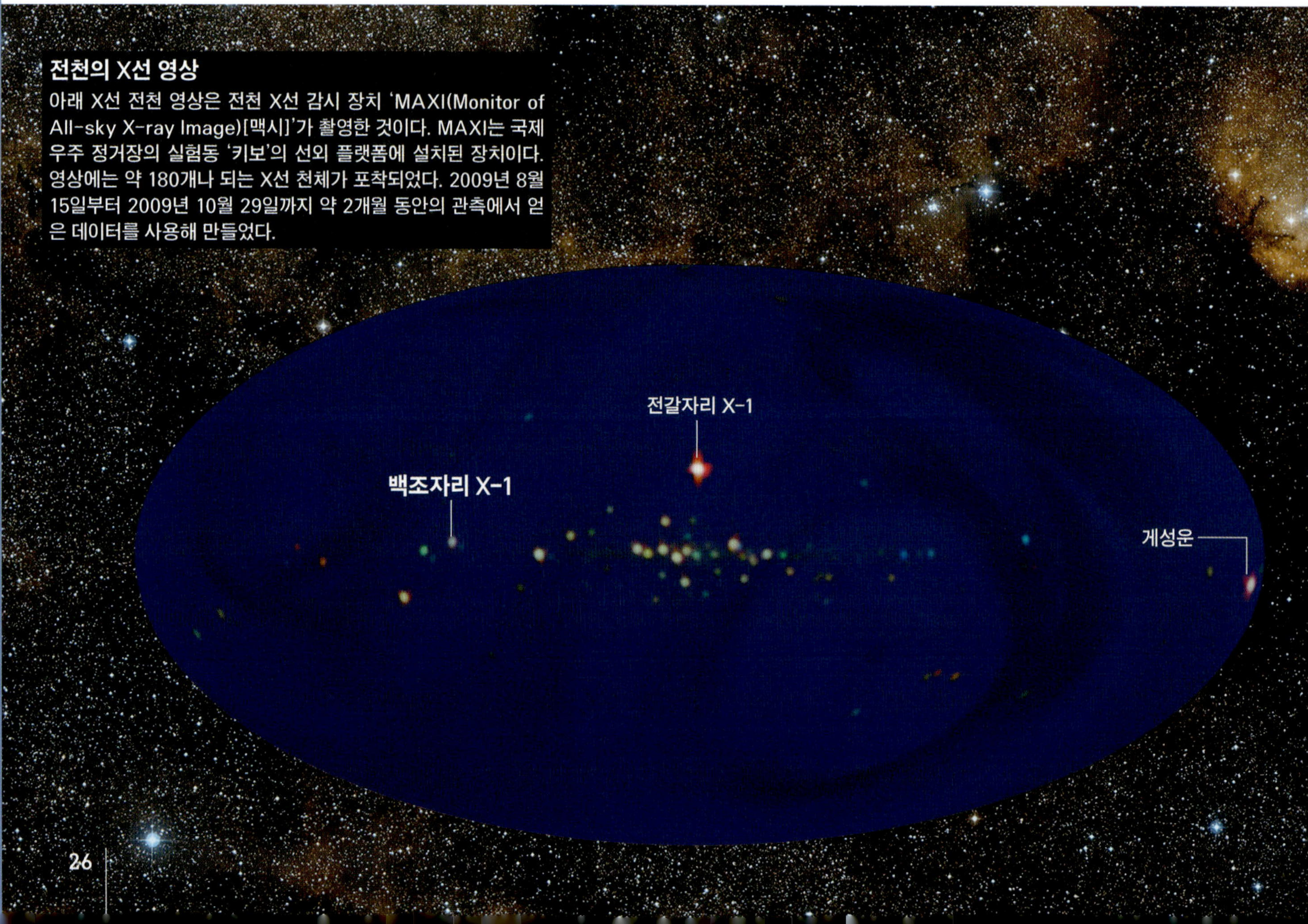

전천의 X선 영상

아래 X선 전천 영상은 전천 X선 감시 장치 ‘MAXI(Monitor of All-sky X-ray Image)[맥시]’가 촬영한 것이다. MAXI는 국제 우주 정거장의 실험동 ‘키보’의 선외 플랫폼에 설치된 장치이다. 영상에는 약 180개나 되는 X선 천체가 포착되었다. 2009년 8월 15일부터 2009년 10월 29일까지 약 2개월 동안의 관측에서 얻은 데이터를 사용해 만들었다.

백조자리 X-1

왼쪽 영상은 NASA의 찬드라 X선 천문 위성으로 촬영한 백조자리 X-1. 이 일대는 가시광선으로 보면 무수한 별이 빛나는 영역이다(26~27페이지 바탕 영상). 그러나 X선으로 보면 백조자리 X-1만 어렴풋이 빛난다. 상세한 관측으로 이 백조자리 X-1은 초거성 'HDE226868'(왼쪽의 화살표가 가리키는 별)과 쌍성을 이루고 있음이 밝혀졌다.

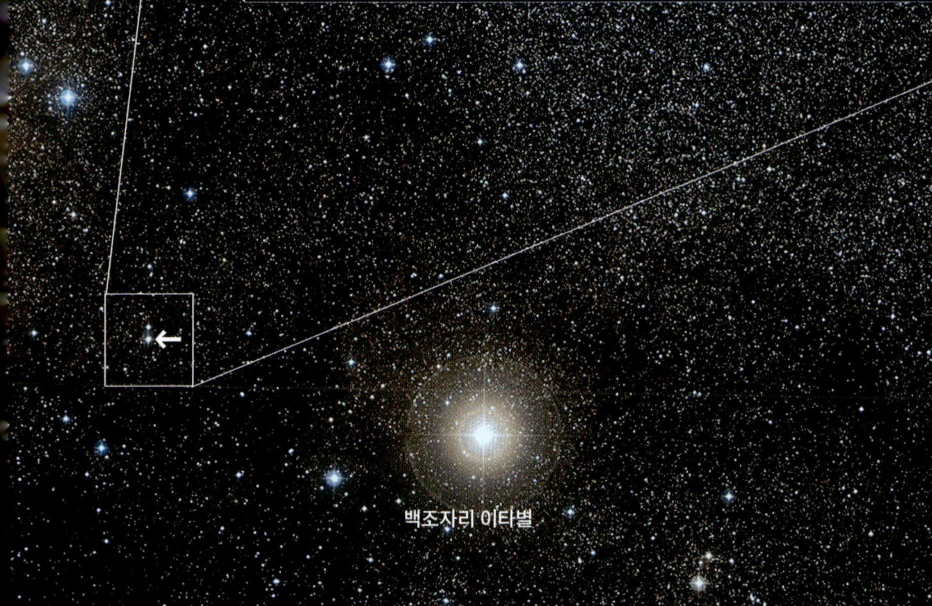

게성운 펄서

오른쪽 영상은 찬드라의 X선으로 관측한 게성운 내부의 '게성운 펄서'. 중앙에 있는 흰색 점이 중성자별이다. 중성자별을 에워싼 가스 구름은 고속으로 운동하는 전자라고 생각된다.

'펄서'란 '점멸(펄스)하는 별'이라는 의미이다. 게성운의 중성자별은 1초에 약 30회나 자전한다. 이것은 중성자별이 정해진 방향으로 내는 전파가 관측 장치를 정기적으로 가로지르기 때문에 점멸하듯이 보이는 것으로부터 알 수 있다. 이 성질로부터 게성운 펄서는 중성자별임이 확인되었다.

column 2

블랙홀 관측의 길을 연 X선 천문 위성

천문학에서는 오랫동안 인간의 눈에 보이는 '가시광선'만으로 관측을 해왔다. 그러나 우주로부터는 가시광선 이외에도 여러 가지 전자기파가 이른다. 20세기 중반이 되자 로켓 기술과 더불어 가시광선 이외의 전자기파를 포착하는 망원경이 발전해 블랙홀이나 전파 천체 등 전혀 새로운 우주의 모습을 볼 수 있게 되었다.

전자기파는 파장이 긴 쪽부터 차례로 전파·적외선·가시광선·자외선·X선·감마선으로 분류된다. 전자기파는 다양한 메커니즘으로 발생하지만, 대표적인 것은 물체가 온도를 가짐으로써 방출되는 '열복사'이다.

열복사에는 온도가 높을수록 짧은 파장의 전자기파를 많이 내는 성질이 있다. 예를 들어 −270℃(절대 온도로 수 K) 정도의 극저온 물질은 주로 전파를 방출한다. 약 2000℃까지의 물질은 주로 적외선을 방출하고, 약 1만 ℃까지는 가시광선, 수만~수십만 ℃라면 자외선을 주로 복사한다. 100만 ℃가 넘는 물질은 X선이나 감마선을 방출한다.

또 우주에는 열복사 이외의 전자기파를 내는 천체와 물리 현상도 있으며, 일반적으로는 높은 에너지가 관련된 현상일수록 파장이 짧은 전자기파를 낸다. 그래서 관측하려는 천문 현상에 따라 관측하는 파장도 바뀐다.

블랙홀 쌍성이나 거대 블랙홀을 가진 '활동 은하'에서는 매우 높은 에너지의 천문 현상이 일어나기 때문에 X선 관측이 유효하다. 또 우주 먼지 등이 많아 가시광선으로 관측할 수 없는 영역은 적외선으로 볼 수 있다.

단 지상에서 관측할 수 있는 전자기파는 주로 가시광선과 전파에 한정된다. 그 이외의 전자기파는 지구 대기에 흡수·반사되어 지상에는 거의 이르지 않기 때문에 관측하려면 우주 공간에 망원경을 발사해야 한다.

세계 최초의 X선 천문 위성은 1970년에 발사된 '우후루'이다(32페이지). 현재는 NASA(미국항공우주국)의 '찬드라'(1999년~)와 'NuSTAR'(2012년~), ESA(유럽우주기구)의 'XMM 뉴턴'(1999년~), 일본의 'XRISM[크리즘]'(2023년~) 등이 활약하고 있다.

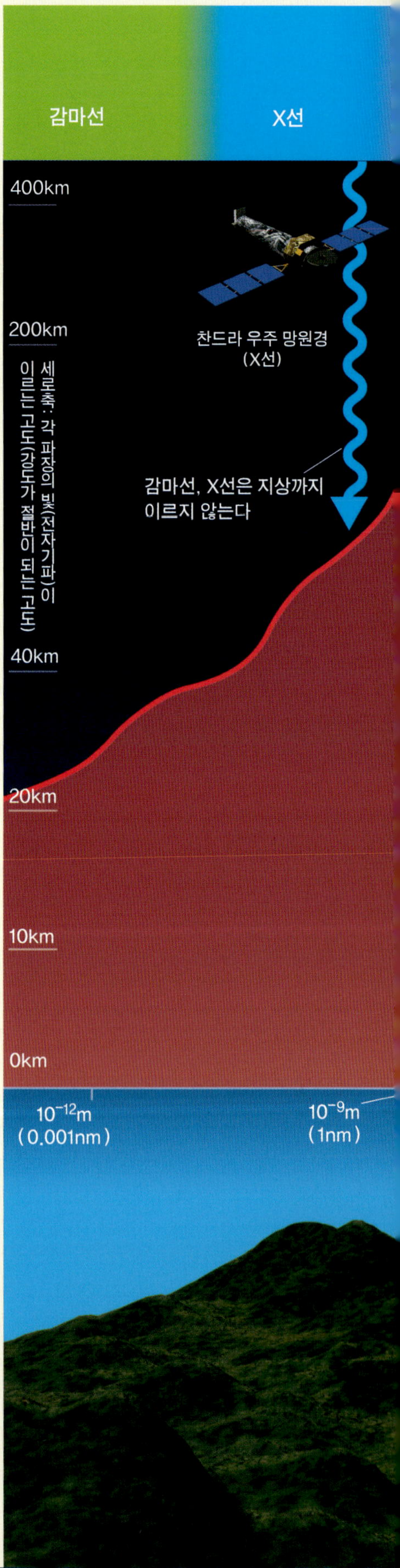

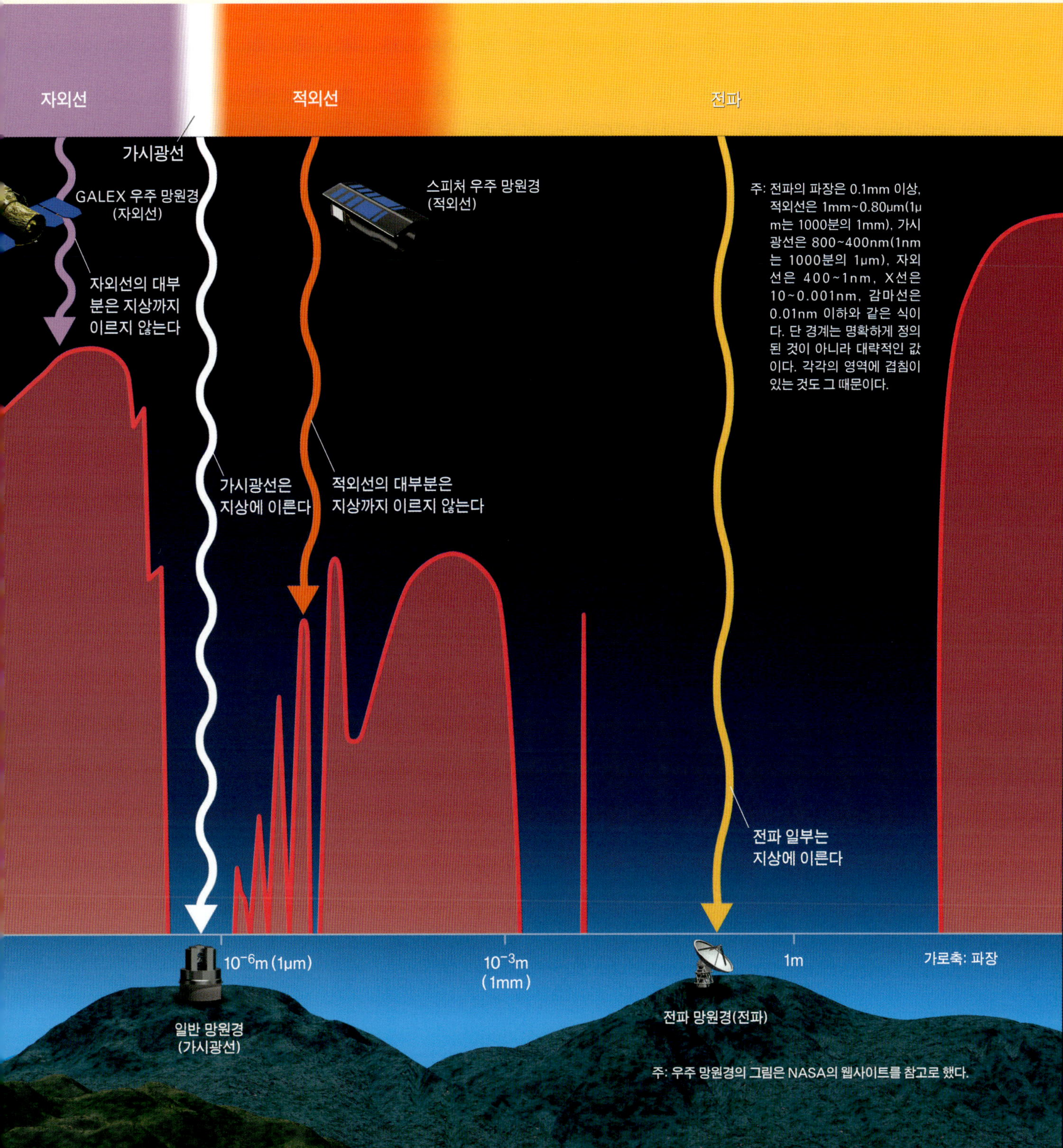

지상에서 관측할 수 있는 것은 주로 가시광선과 전파

각 파장의 전자기파가 어디까지 이르는지를 나타낸 그래프에 각 파장의 전자기파를 관측하는 주요 망원경의 그림(괄호 안은 관측하는 전자기파)을 덧붙였다. 지상에서 관측할 수 있는 것은 주로 가시광선과 전파이다. 단 파장이 가시광선에 가까운 적외선과 자외선 일부는 지상에서도 관측할 수 있다. 그리고 전파 중에서도 파장이 수십 m 이상인 것은 상공의 전리층에서 반사되어 버린다.

질량을 구하는 법

동반성의 빛으로부터 블랙홀의 질량을 알 수 있다

쌍성을 이루는 블랙홀뿐만 아니라 쌍성을 이루는 중성자별도 강착 원반을 만들고 X선을 방출하기도 한다. 블랙홀과 중성자별을 어떻게 구별할까?

쌍성을 이루는 블랙홀과 쌍성을 이루는 중성자별은 방출되는 빛이 다르다. 쌍성을 이루는 블랙홀의 경우 주위의 원반에서는 빛이 나오지만, 블랙홀에서는 빛이 나오지 않는다. 한편 쌍성을 이루는 중성자별의 경우에는 주위의 원반에서도 중성자별 자체에서도 모두 빛이 나온다. 그래서 빛의 성분(스펙트럼)을 비교하면 블랙홀과 중성자별을 구별할 수 있다.

그리고 가장 확실한 증거는 '질량'이다. 중성자별의 질량은 태양 질량의 3배 이하로 한정된다(18~19페이지 참조). 만약 발견된 X선 천체의 질량이 태양 질량의 3배 이상이라면 그 별은 블랙홀로 생각할 수 있다.

그렇다면 X선 천체의 질량은 어떻게 구할까? 그것은 동반성에서 나오는 빛을 조사하면 된다. 먼저 동반성 빛의 밝기와 파장의 변화로부터 '동반성의 질량과 궤도 운동'을 알 수 있다(1). 이 값들을 만유인력의 법칙을 기초로 하는 천체 역학의 식에 적용해 계산하면 상대 X선 천체의 질량을 추정할 수 있다(2).

지금까지 발견된 블랙홀 후보 천체는 대부분 이런 조건으로부터 확인되었다. '백조자리 X-1'도 태양의 대략 10배 질량을 가졌음이 밝혀졌기 때문에 블랙홀이라 생각하게 되었다.

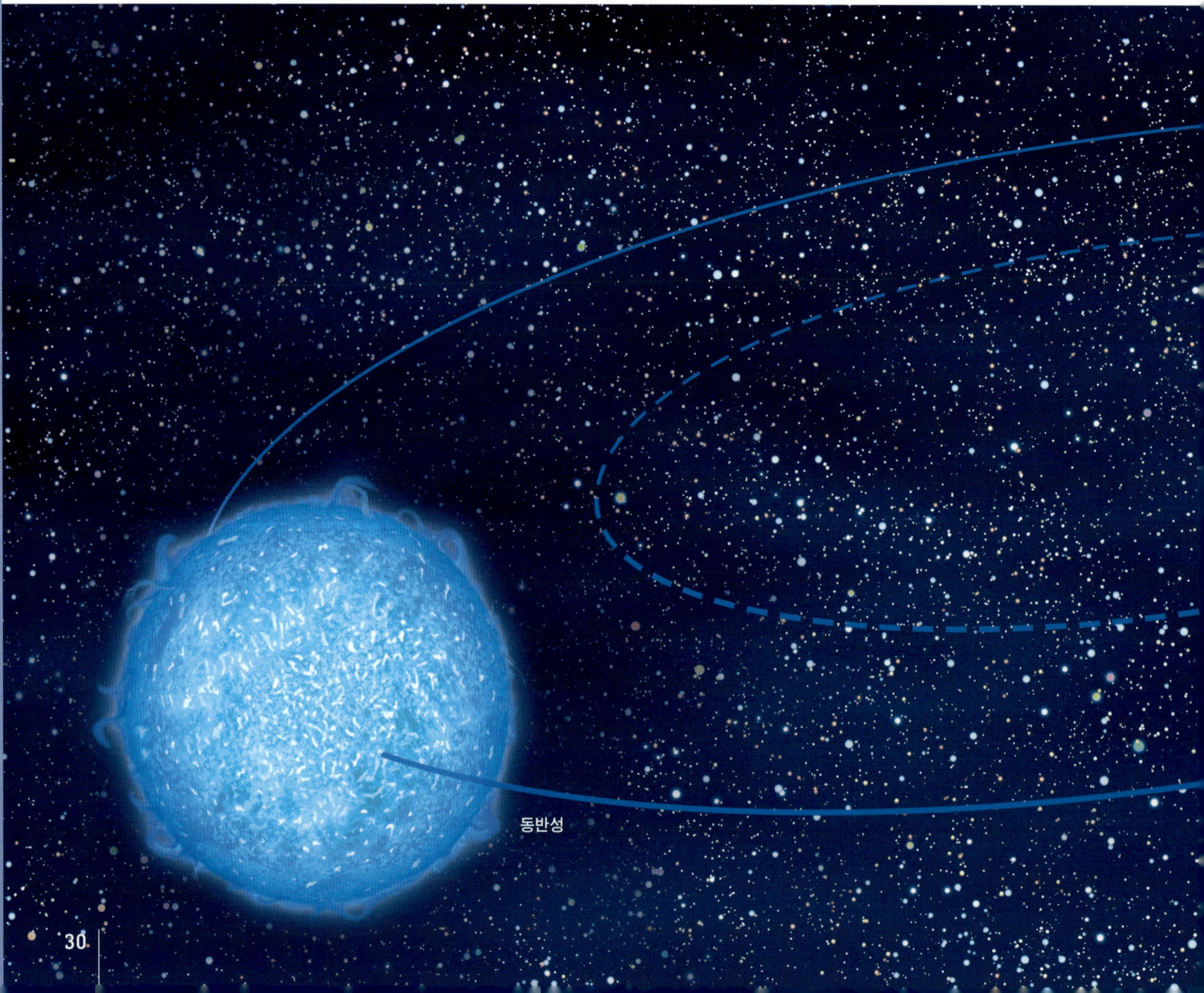

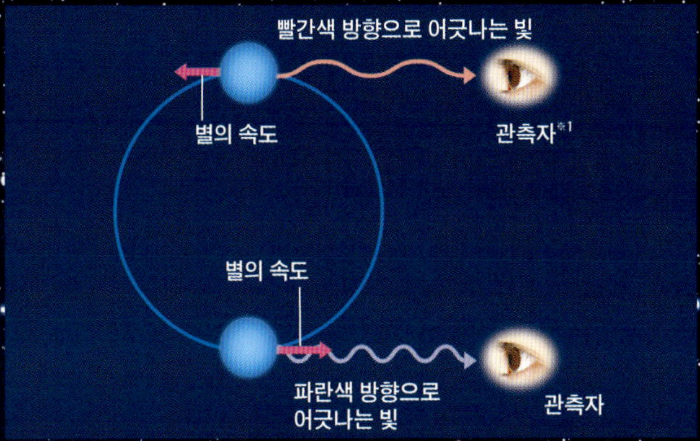

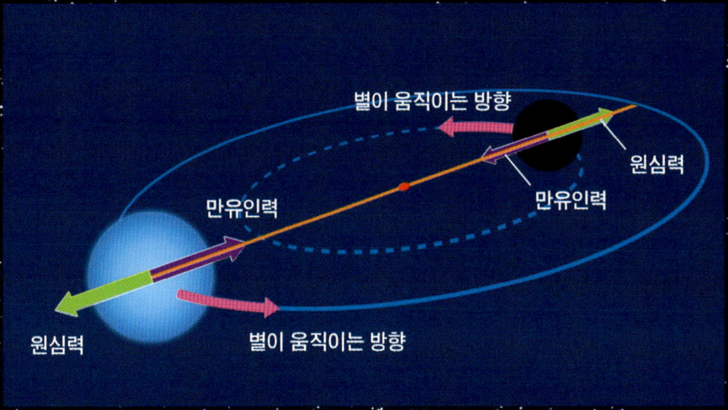

1. 별빛의 파장 변화로부터 움직임을, 밝기로부터 질량을 알아낸다

항성이 빠르게 공전할 때 그 운동에 맞춰 관측되는 색깔의 파장은 빨간색 방향으로 어긋나거나 파란색 방향으로 어긋난다(빛의 도플러 효과). 다시 같은 색깔이 되기까지의 기간을 측정하면 '공전에 걸리는 기간(공전 주기)'을 알 수 있다. 빛이 빨간색 방향으로 어긋났을 때와 파란색 방향으로 어긋났을 때의 파장 변화의 크기로부터 동반성이 공전하는 '속도'를 알 수 있다.
또 별은 밝을수록(절대 광도가 클수록) 질량이 크다. 그래서 밝기로부터 '질량'을 추정할 수 있다.

※1: 여기서는 관측자는 동반성의 회전을 바로 옆에서 본다고 가정한다. 쌍성의 회전이 관측자에 대해 어느 정도 기울어져 있는지는 쌍성이 겹쳐지는 방식 등으로부터 어느 정도 추정할 수 있다.

2. 쌍성의 힘의 균형으로부터 보이지 않는 별의 질량을 구한다

두 별은 같은 무게 중심 주위를 공전한다.※2 이때 두 별 각각에는 두 별이 서로 끌어당기는 '만유인력'과 원운동에 의한 바깥 방향의 '원심력'이 작용하는데, 그 둘은 균형을 이룬다. 만유인력은 두 별의 질량을 곱한 값에 비례해 강해지고, 두 별의 거리 제곱에 반비례해 약해진다. 이런 사실로부터 1에서 동반성의 운동(질량, 속도, 공전 주기)을 알 수 있으면 보이지 않는 별의 위치와 질량을 계산할 수 있다.

※2: 여기서는 쌍성의 궤도가 원이라 가정했다. 타원 궤도를 그리더라도 만유인력과 원심력의 관계를 이용한다는 점은 같다.

별의 '수상한 움직임'을 탐색한다

쌍성 가운데 한쪽 항성의 움직임과 질량으로부터 다른 한쪽 별의 움직임과 질량을 탐색하는 모습을 그렸다. 태양과 지구의 예에서도 알 수 있듯이 무거운 별과 가벼운 별이 쌍성을 이룰 때 무거운 별은 그다지 움직이지 않고 작은 별만 무거운 별 주위를 크게 움직인다. 만약 태양보다 무거운 별이 크게 운동한다면 그 무거운 별과 쌍성을 이루는 천체는 그와 가까운 무게를 가진 셈이다.
만약 크게 움직이는 무거운 별의 상대 별이 항성처럼 빛을 내지 않고 주로 X선을 낸다면, 거기에는 블랙홀이 있을 가능성이 있다. 그리고 중성자별과 백색 왜성에는 질량의 한계가 있다(18~19페이지). 그래서 동반성의 움직임과 질량으로부터 상대 별의 움직임과 질량을 구하면 블랙홀인지 아닌지를 추정할 수 있다.

크기를 추정하는 방법

블랙홀의 또 하나의 조건 '크기의 작음'은 밝기의 변동으로부터 알 수 있다

매우 질량이 큰 천체라도 충분히 작지 않으면 블랙홀이라 할 수 없다. 천체가 충분히 조밀함을 확인하려면 어떻게 하면 될까?

천체의 크기는 관측되는 '밝기(광도)의 변동'으로 추정할 수 있다.

전체가 빛나는 가스 구름이 한순간 사라지는 극단적인 예를 생각해 보자(아래 그림).

가령 한순간에 사라지더라도 가스 구름 안에서 관측 위성에 가까운 쪽에서 최후에 나온 빛과 위성에서 먼 쪽에서 최후에 나온 빛이 위성에 이르는 데 걸리는 시간이 다르다. 이것이 밝기 변동의 시간 폭으로 관측된다. 즉 한순간(시간 폭 0)에 깜깜해졌다고 해도 가스 구름에 크기가 있으면 어두워지기 시작하고 나서 완전히 어두워지기까지 유한의 시간(시간 폭

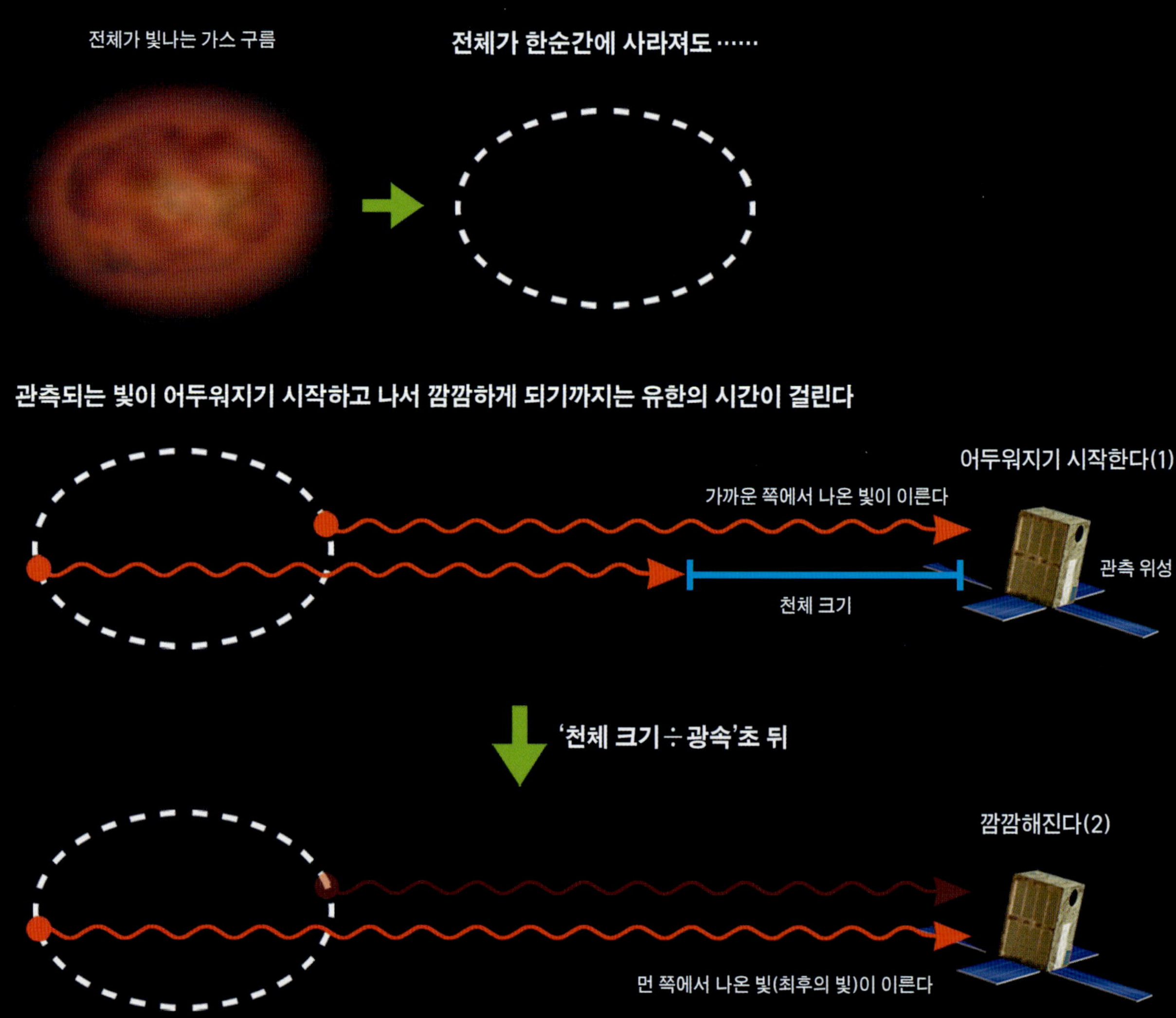

이 0이 아님)이 걸리는 현상으로 관측될 것이다.

그 밝기 변동의 시간 폭은 관측 위성에서 먼 쪽의 빛이 위성에 가까운 쪽까지 도달하는 시간, 즉 '천체 크기÷광속'이 된다. 이것은 관측할 수 있는 밝기 변동 시간 폭의 '최솟값'이라 할 수 있다. 천체의 모든 위치에서 나오는 빛이 동시에 사라지거나 밝아지는 일은 생각하기 어렵기 때문이다. 즉 '천체 크기÷광속≦밝기 변동 시간 폭'이다. 이 식은 변형하면 '천체 크기≦밝기 변동 시간 폭×광속'과 같다. 그래서 천체 크기의 상한을 밝기 변동 시간 폭으로부터 추정할 수 있다.

백조자리 X-1의 경우 X선 관측을 통해 수 밀리초라는 짧은 시간 동안 밝기가 급격하게 변동하는 것을 알 수 있었다. 이 시간 폭에 광속을 곱하면 백조자리 X-1의 크기 상한은 수백 km라고 추정할 수 있다.

태양의 크기는 약 140만 km나 되므로 태양의 약 9배 질량을 가진 백조자리 X-1은 매우 밀도가 크다는 것을 알 수 있다.

관측되는 밝기 변동(왼쪽 그림의 상황)

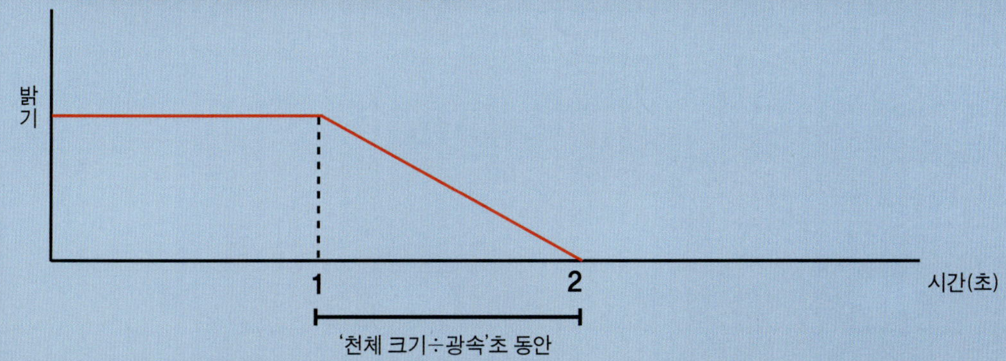

일본의 X선 천문 위성 '긴가'가 관측한 백조자리 X-1의 X선 밝기 변동의 예

(제공: 일본 니혼 대학교 네고로 히토시(根來均) 박사)

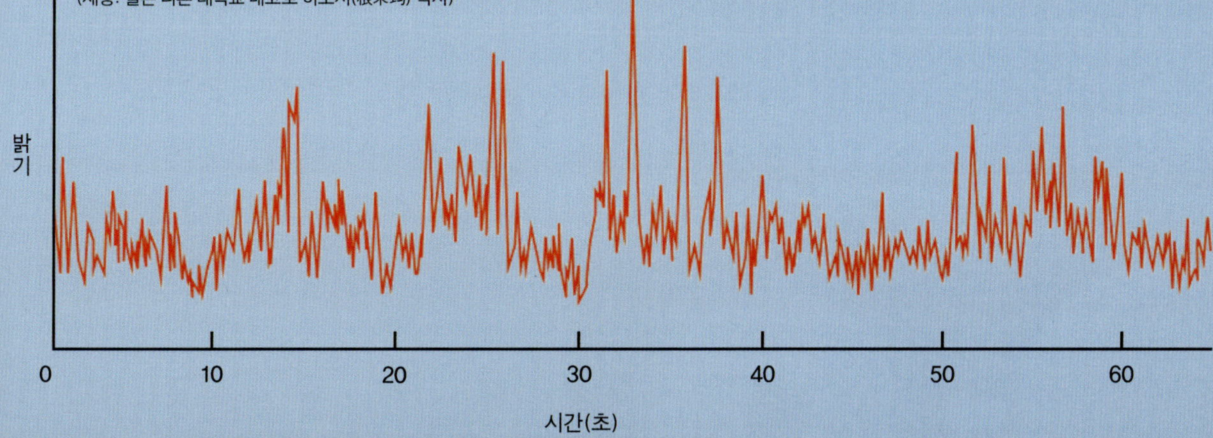

질량이 태양의 8~25배인 별은 폭발해 중성자별을 남긴다

19페이지 마지막에 "무거운 별이 연소되어 중력 붕괴가 일어나면 블랙홀이 된다"고 했다. 이 블랙홀 탄생의 상세한 메커니즘을 살펴보자.

항성은 '분자운'에서 만들어진다고 생각된다. 분자운이란 우주를 엷게 떠다니는 성간 가스가 짙은 영역을 말하며, 주로 수소 분자로 이루어진다. 분자운의 일부가 '중력'에 의해 모이다가 이윽고 고온·고밀도가 된 중심부에서 핵융합의 '불'이 켜져 항성이 탄생한다. 핵융합 반응에서는 막대한 열이 발생하기 때문에 열에 의한 '팽창하는 힘'이 자신의 '중력(찌그러지려는 힘)'에 대항해 별의 형태를 유지한다.

그러나 무거운 항성이 말년에 이르러 무거운 철이 생기면 핵융합 반응은 끝난다. 철은 가장 안정된 원자핵이므로 항성 내부에서는 기본적으로 핵융합 반응이 일어나지 않는다.

이렇게 핵융합의 연료를 모두 소진하면 중심부에 철이 축적되어 코어가 생긴다.

중력 붕괴에 의한 무거운 항성의 대폭발

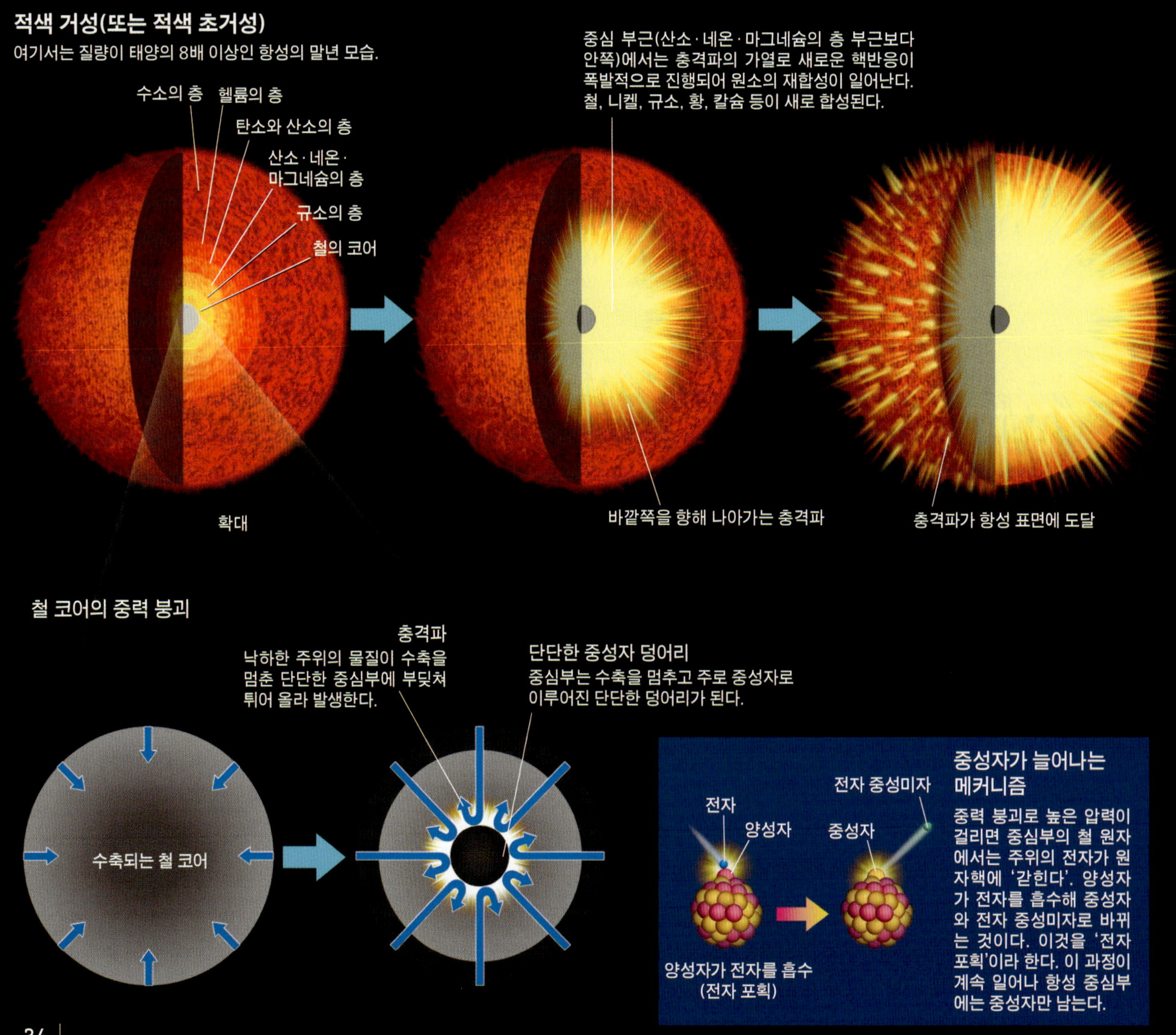

그리고 철의 코어는 스스로의 중력에 견디지 못해 급격하게 수축하기 시작한다(중력 붕괴).

중심부는 곧 수축의 한계에 이르러 단단한 덩어리가 되고 거기에 주위에서 힘차게 낙하한 물질이 부딪쳐 충격파가 발생한다. 이 충격파가 항성 표면까지 이르면 별 전체가 대폭발을 일으킨다. '초신성 폭발'이다.

초신성 폭발의 밝기는 상상을 초월한다. 단 하나의 항성이 폭발했음에도 불구하고 1000억 개나 되는 항성의 집단인 은하 전체의 밝기와 맞먹는다.

사실 철의 코어가 중력 붕괴를 일으켜 생기는 단단한 덩어리는 중성자가 꽉 찬 것이다(왼쪽 페이지 아래 그림 참조). 항성의 질량이 태양의 8~25배일 때는 대부분 중력 붕괴에 의한 초신성 폭발 뒤 중성자로 이루어진 덩어리, 즉 '중성자별'이 남는다.

그러나 항성 질량이 태양의 25배가 넘으면 중성자의 덩어리조차도 한계 질량(19페이지)을 넘어서고 마침내 '블랙홀'이 된다.

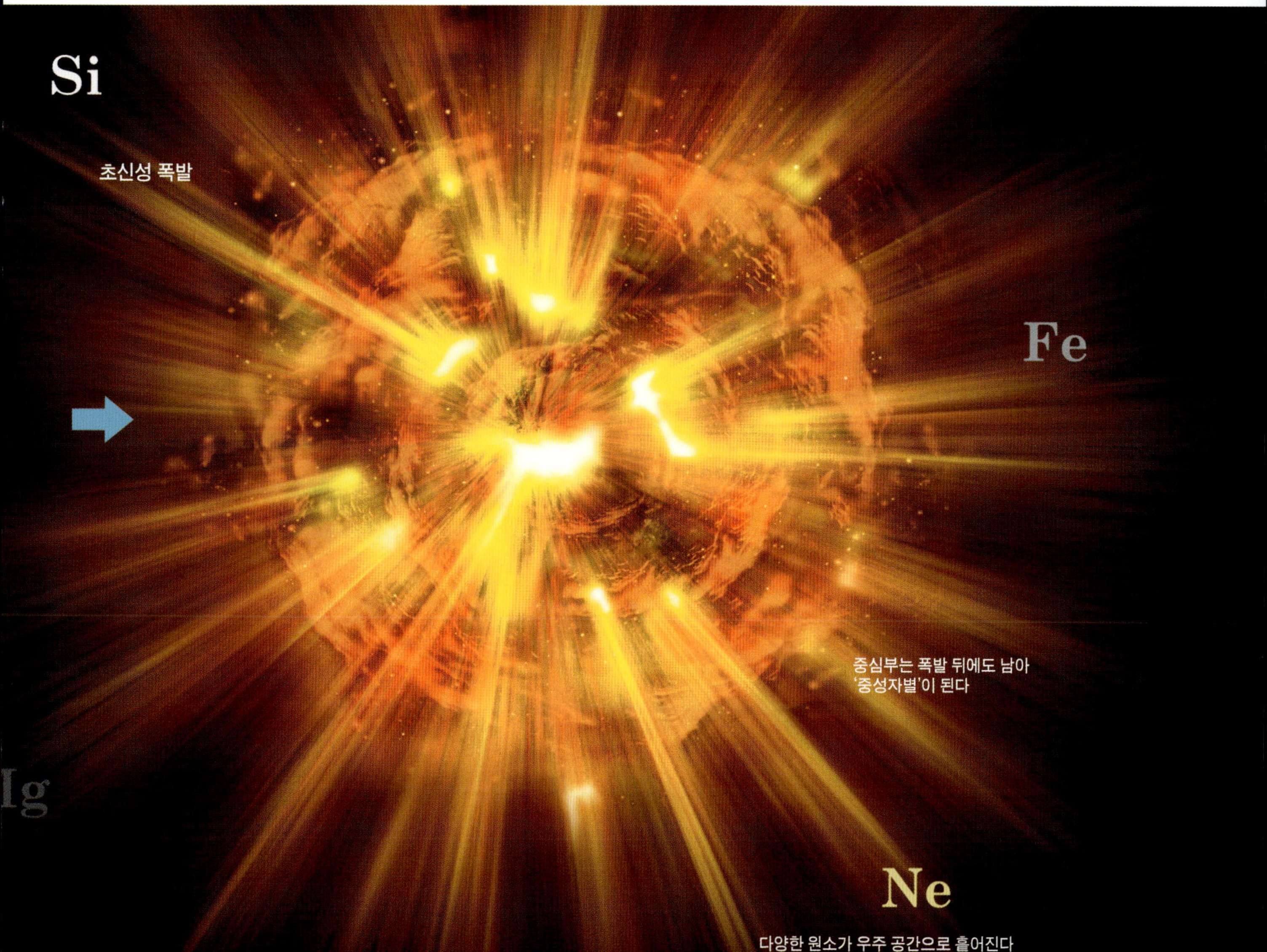

극초신성 폭발

태양의 40배 이상 질량을 가진 별은 블랙홀을 만들고 극초신성이 된다

1998년 태양의 8~40배인 별이 일으키는 초신성 폭발에 비해 10배나 밝게 빛나는 특수한 초신성을 ESO(유럽남방천문대)가 발견했다.

이런 특수한 초신성 폭발을 '극초신성(hypernova)'이라 부르고, 블랙홀이 일으킨다고 생각하게 되었다.

왜 물질을 빨아들여야 할 블랙홀이 물질을 휘날리고 폭발을 일으킬까?

극초신성은 별의 내부에서 생긴 블랙홀이 격렬하게 회전할 때 일어난다고 생각된다. 회전하는 블랙홀은 별의 물질을 끌어들여 주위에 원반을 만든다. 그러면 회전에 휘감겼던 물질이 별의 자기장의 작용으로 강렬한 제트가 되어 뿜어 나온다. 이 제트가 별을 깨뜨려 대폭발을 일으킨다.

한편 블랙홀이 그다지 회전하지 않을 때는 별 내부에서 약한 제트를 뿜어내는데도 불구하고 별의 물질 대부분이 블랙홀로 빨려들어 간다. 그러면 보통의 초신성 폭발보다 약한 초신성 폭발, 즉 '어두운 초신성(faint supernova)'이 된다고 생각된다.

극초신성의 메커니즘을 연구하는 일본 도쿄 대학교의 노모토 겐이치(野本憲一) 교수는 다음과 같이 말한다.

"강렬한 감마선을 내는 현상인 '감마선 폭발(감마선 버스트)'은 오랫동안 수수께끼의 존재였다. 최근 극초신성이 이 감마선 폭발을 만드는 예가 발견되고 있다. 강력한 제트를 수반하는 감마선 폭발을 블랙홀이 아닌 천체가 만든다고 생각하기는 어렵다. 극초신성을 관측할 때 우리는 바로 블랙홀의 탄생을 목격하는 것이다."(노모토 교수)

어두운 초신성

별 내부에 생긴 블랙홀이 약하게 회전할 때는 블랙홀은 별의 물질을 끌어들여 원반을 만들고 원반으로부터 약한 제트를 뿜어낸다. 동시에 블랙홀은 별의 물질을 대량으로 빨아들인다. 그 결과 폭발의 힘이 억제되어 약한 폭발이 된다고 생각된다. 어두운 초신성의 밝기는 보통의 초신성보다 약하고 극초신성의 1% 이하이다.

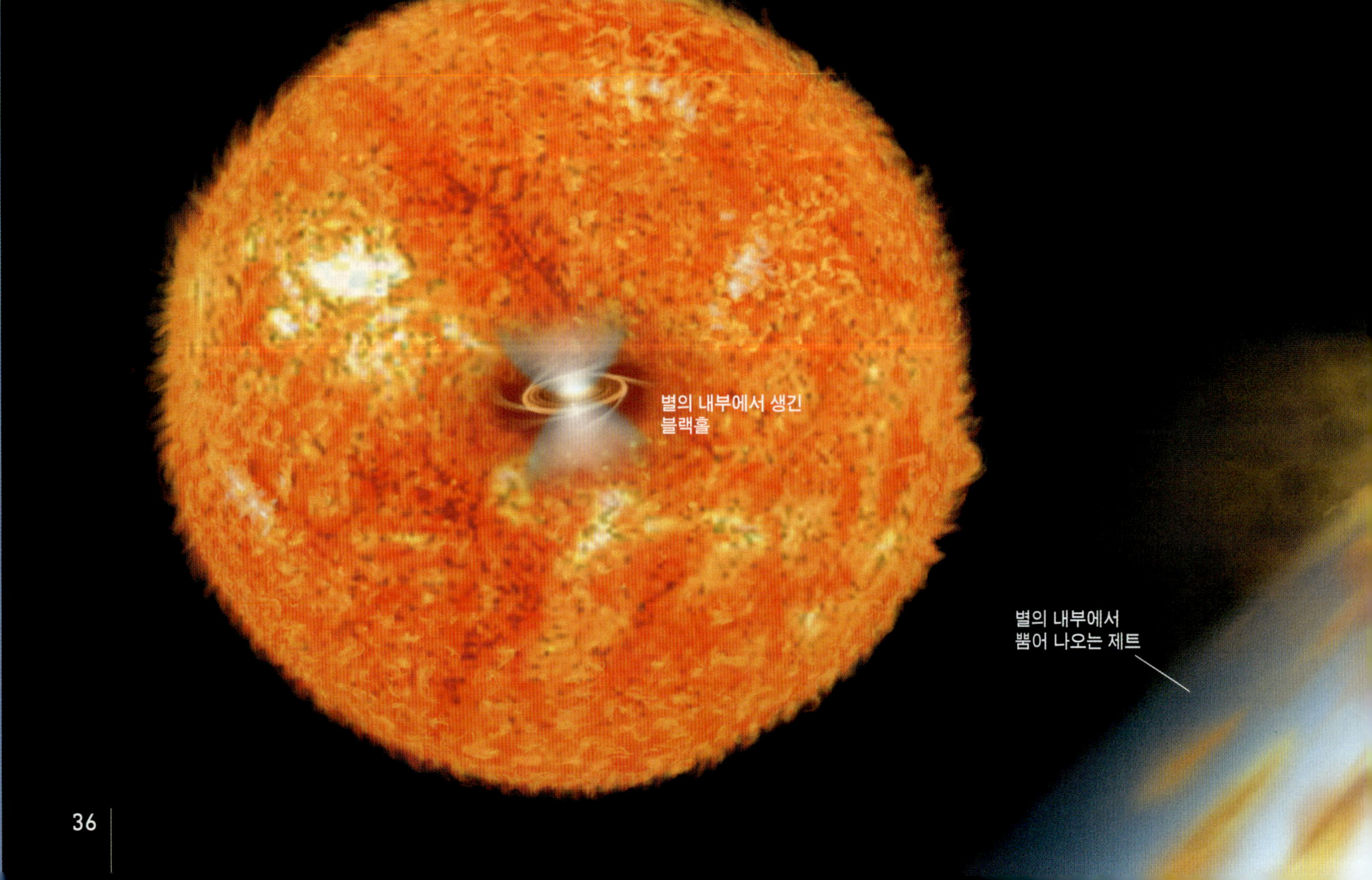

극초신성

별의 내부에 생긴 블랙홀이 고속으로 회전할 때는 블랙홀은 별의 물질을 끌어들여 원반을 만들고 원반으로부터 강력한 제트를 뿜어낸다. 원반에서 뿜어 나온 강력한 제트는 별을 내부로부터 파괴한다고 생각된다. 빛나는 극초신성은 보통의 초신성보다 10배 밝다. 극단적인 경우는 강렬한 감마선을 내는 '감마선 폭발'을 일으킨다고 생각된다.

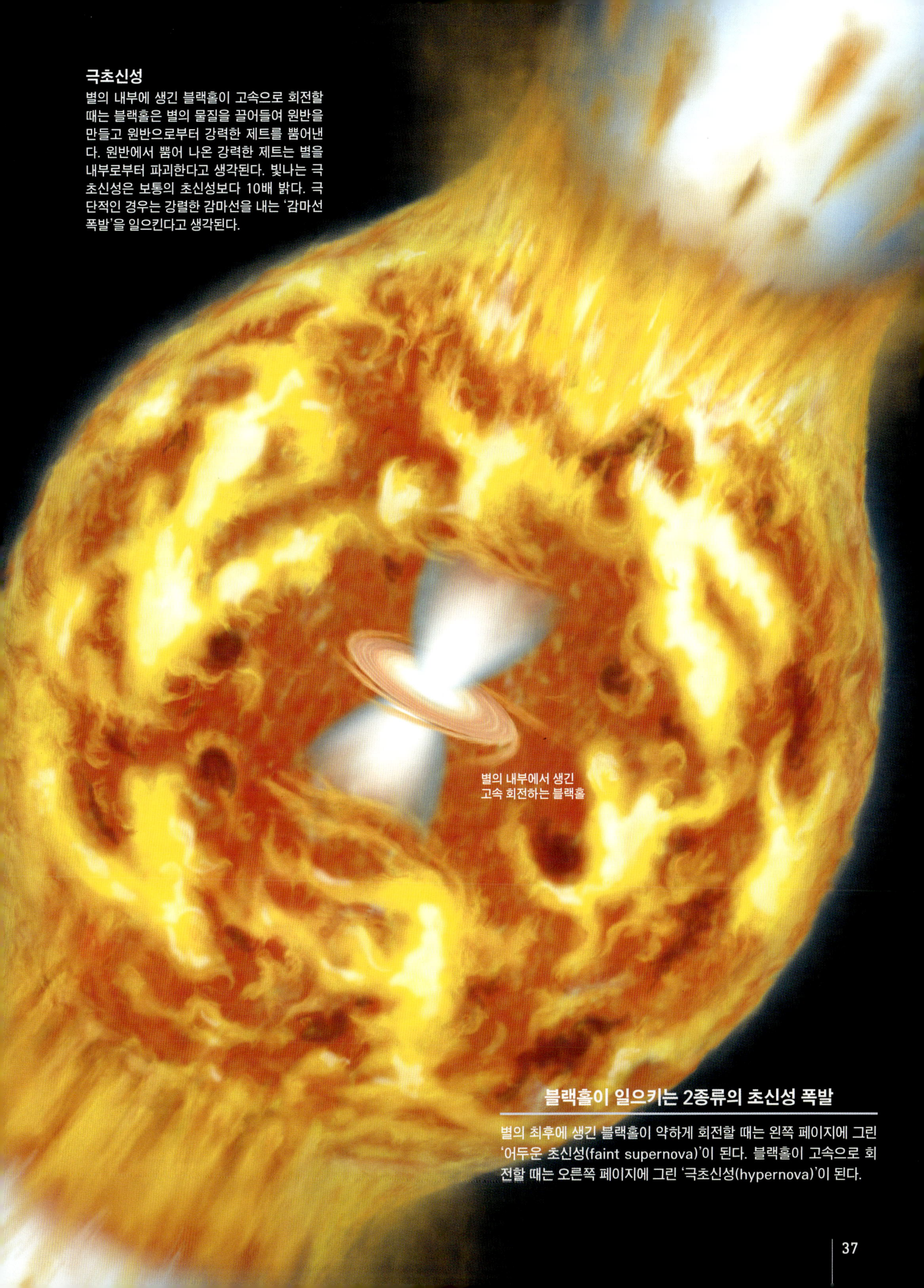

블랙홀이 일으키는 2종류의 초신성 폭발

별의 최후에 생긴 블랙홀이 약하게 회전할 때는 왼쪽 페이지에 그린 '어두운 초신성(faint supernova)'이 된다. 블랙홀이 고속으로 회전할 때는 오른쪽 페이지에 그린 '극초신성(hypernova)'이 된다.

column3

감마선 폭발이란?

1967년 에너지가 높은 감마선이 우주로부터 단시간에 대량으로 쏟아져 내리는 수수께끼 같은 현상이 발견되었다. '감마선 폭발'이라 명명된 이 현상은 곧 사라졌기 때문에 오랫동안 그 정체는 수수께끼에 싸여 있었다. 그러나 관측 위성의 활약으로 그 정체가 차츰 밝혀졌다.

감마선 폭발은 측정되는 시간의 길이에 따라 롱(긴)과 쇼트(짧은)의 2종류로 나뉜다. 긴 감마선 폭발은 2초 이상 계속되고, 짧은 감마선 폭발은 2초 이하이며 대부분 1초 이하의 아주 짧은 시간 안

극초신성에 수반되어 발생하는 긴 감마선 폭발

태양 질량의 25배 이상인 거대 질량의 별이 죽음을 맞이하면 중심핵은 찌부러져 회전하는 블랙홀(그림의 중심에 있는 검은 점)이 된다. 블랙홀 주위의 물질이 나선 모양으로 낙하함으로써 강착 원반(그림의 빨간색 소용돌이)을 만들고 거기에서 거의 광속인 제트가 단속적으로 뿜어져 나온다. 단속적으로 나오는 제트의 덩어리끼리 충돌하면 큰 에너지가 빔 모양의 감마선이 되어 방출된다(긴 감마선 폭발). 그 뒤 제트의 덩어리는 성간 가스와 격렬하게 충돌해 그때 복사되는 X선이나 가시광선 등의 전자기파가 '잔광'으로 관측된다.

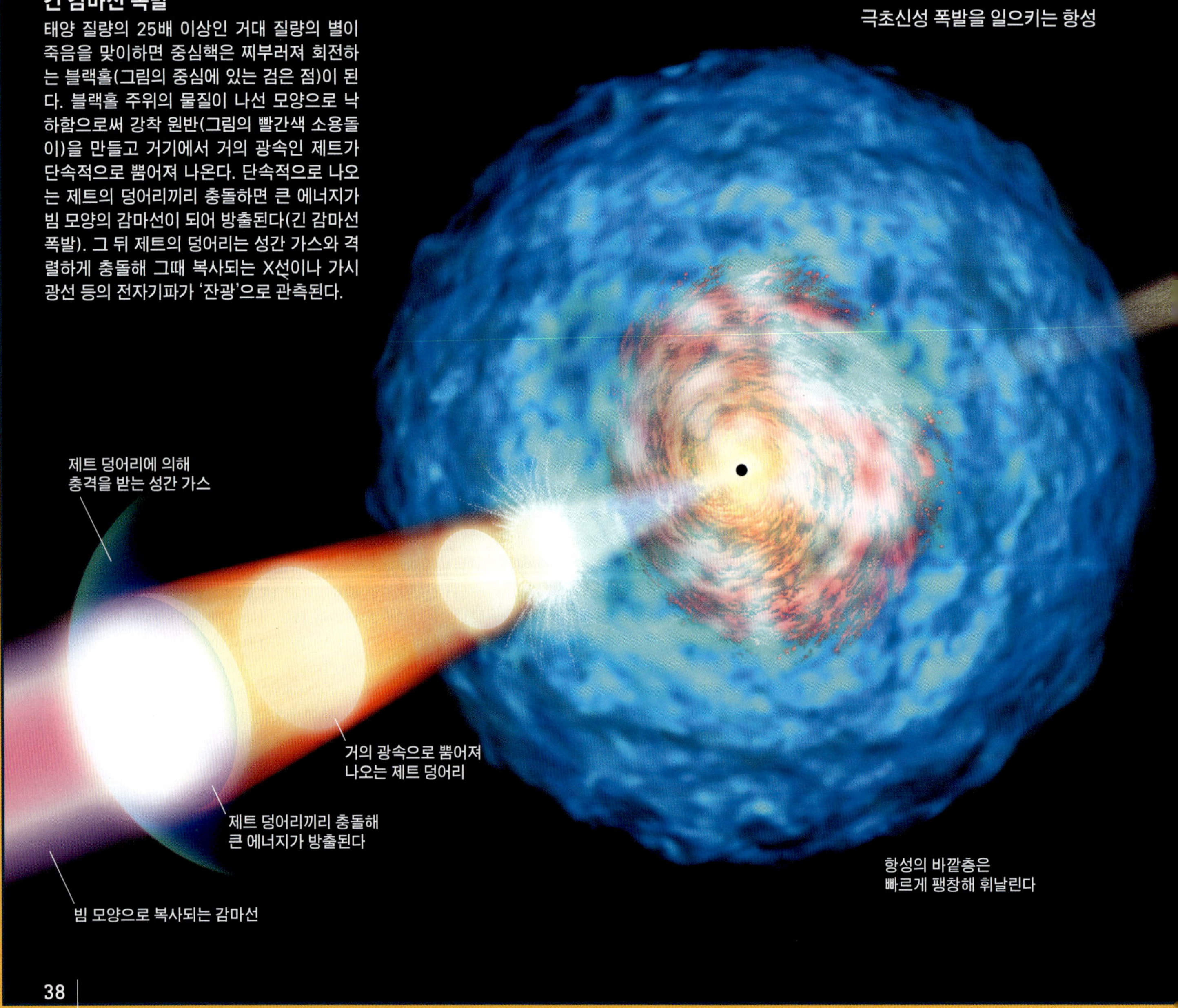

에 사라진다.

1997년 긴 감마선 폭발의 발생원이 매우 멀리 있음이 밝혀졌으며, 원래의 폭발 현상을 일으키는 에너지가 터무니없이 크다는 것이 판명되었다.

그 뒤 긴 감마선 폭발이 초신성 폭발 중에서도 보통보다 에너지 규모가 한자릿수 더 큰 '극초신성'과 밀접하게 관련된 현상임이 확실해졌다.

현재 생각되는 긴 감마선 폭발의 메커니즘은 이렇다. 극초신성 폭발 때 맹렬한 힘으로 뿜어져 나온 제트가 단속적으로 방출되다가 나중에 나온 빠른 덩어리가 먼저 나온 약간 느린 덩어리와 맹렬한 힘으로 충돌하여 대량의 감마선이 방출된다는 것이다. 긴 감마선 폭발은 거대 질량의 별이 죽음 직전에 내는 '마지막 외침'인 셈이다. 극초신성의 제트가 지구 방향으로 향한 경우 감마선 폭발로서 관측된다.

2017년 중성자별 충돌 합체로 중력파 이벤트와 짧은 감마선 폭발이 동시에 관측되어 짧은 감마선 폭발의 기원이 중성자별 충돌 합체임이 밝혀졌다.

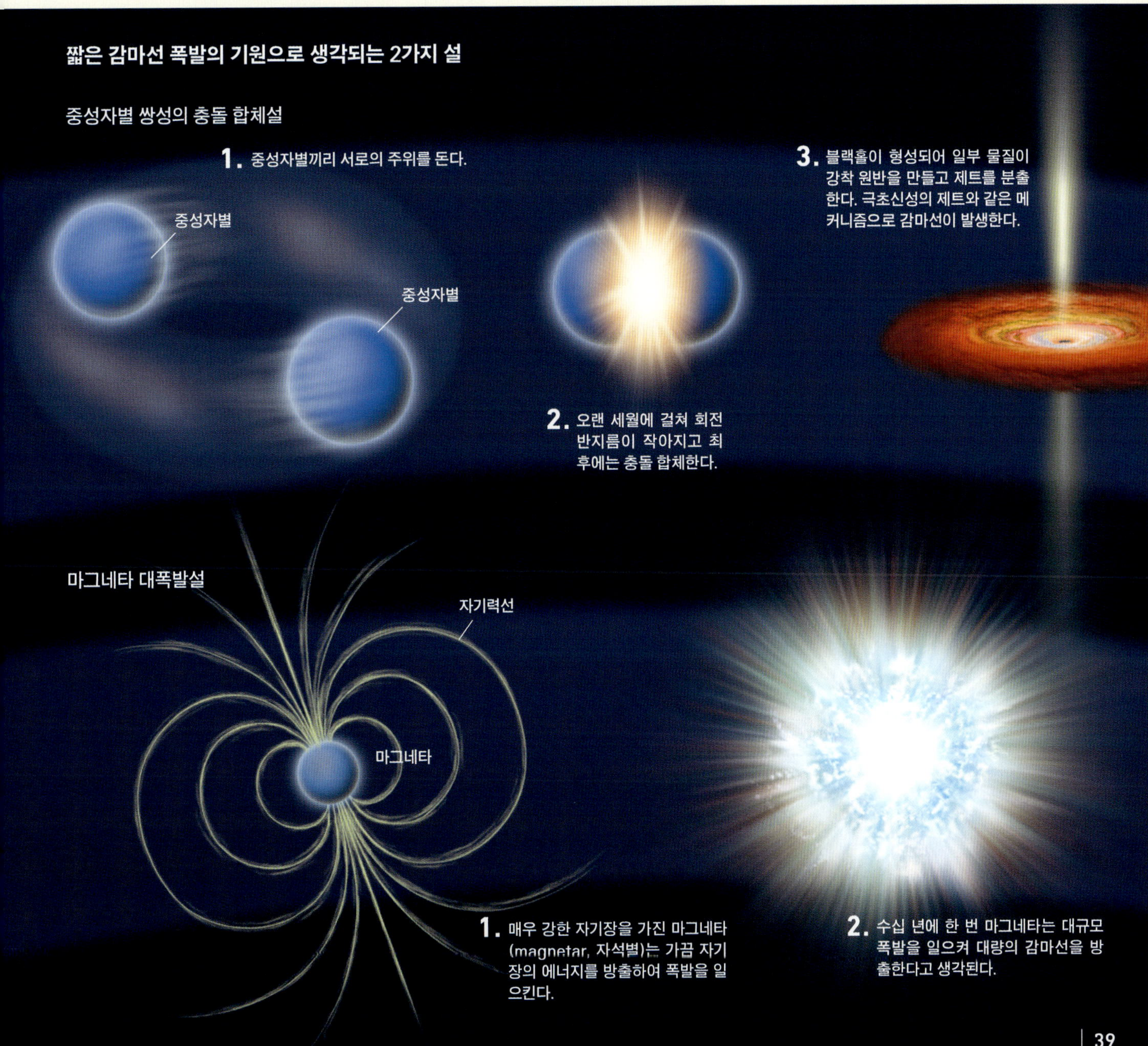

column4 별의 일생

지금까지 살펴봤듯이 태양의 8배 이상 무거운 별은 그 수명의 최후에 대폭발을 일으킨다. 그렇다면 다른 조건일 때는 별은 어떤 일생을 보낼까?

별의 일생을 좌우하는 것은 그 별이 생겼을 때의 질량이다. 별의 질량이 클수록 수명은 짧아진다. 질량에 따라 달라지는 '별의 생애'를 살펴보자.

별의 질량이 태양의 0.08배 이하이면 다른 질량에 비해 월등하게 수명이 길다. 조금씩 계속 수축해 수조 년에 걸쳐 빛이 조금씩 약해지면서 계속 빛난다. 이런 별을 '갈색 왜성'이라 한다.

별의 질량이 태양의 0.08~8배인 비교적 작은 별은 수억~수백억 년에 걸쳐 조금씩 내부의 원소를 계속 연소시킨다고 생각된다. 최후에는 별의 바깥쪽 물질을 방출하다가 '백색 왜성'이라는 작은 별이 남는다. 태양도 이 그룹에 포함된다.

별의 질량이 태양의 8~25배일 때는 0.08~8배일 때보다 핵융합 반응이 빠르게 진행되기 때문에 수천만 년 만에 내부의 원소를 다 사용한다. 최후에 초신성 폭발을 일으키고 그 뒤 중성자별이 남는다.

별의 질량이 태양의 25배 이상인 무거운 별에서는 핵융합 반응이 더 빨리 진행되기 때문에 불과 수백만 년 정도 만에 핵융합 반응이 끝난다. 그러면 대량의 물질이 중력 붕괴해 중심부에 블랙홀이 생기고, 극초신성이나 어두운 초신성이 된다.

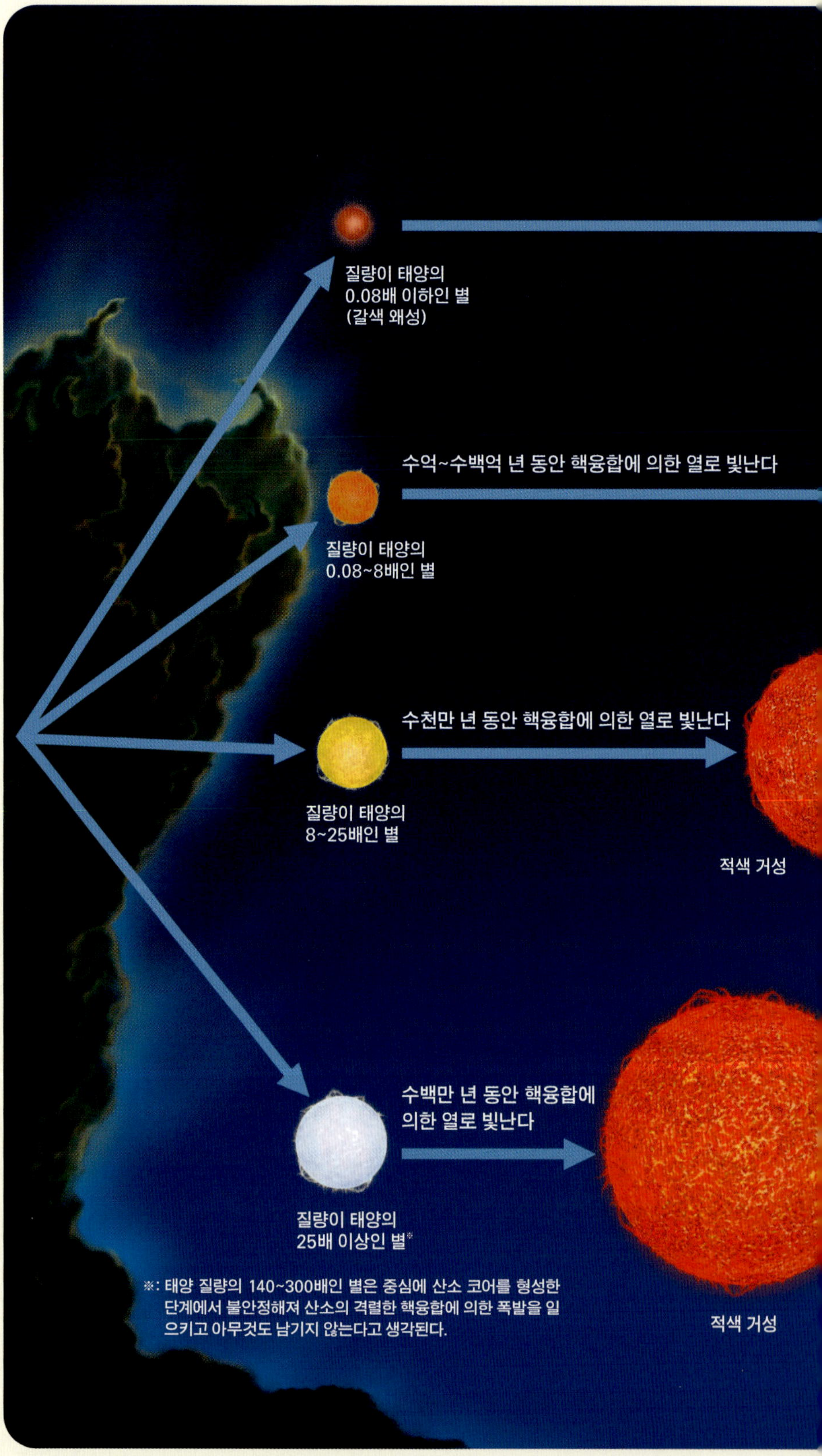

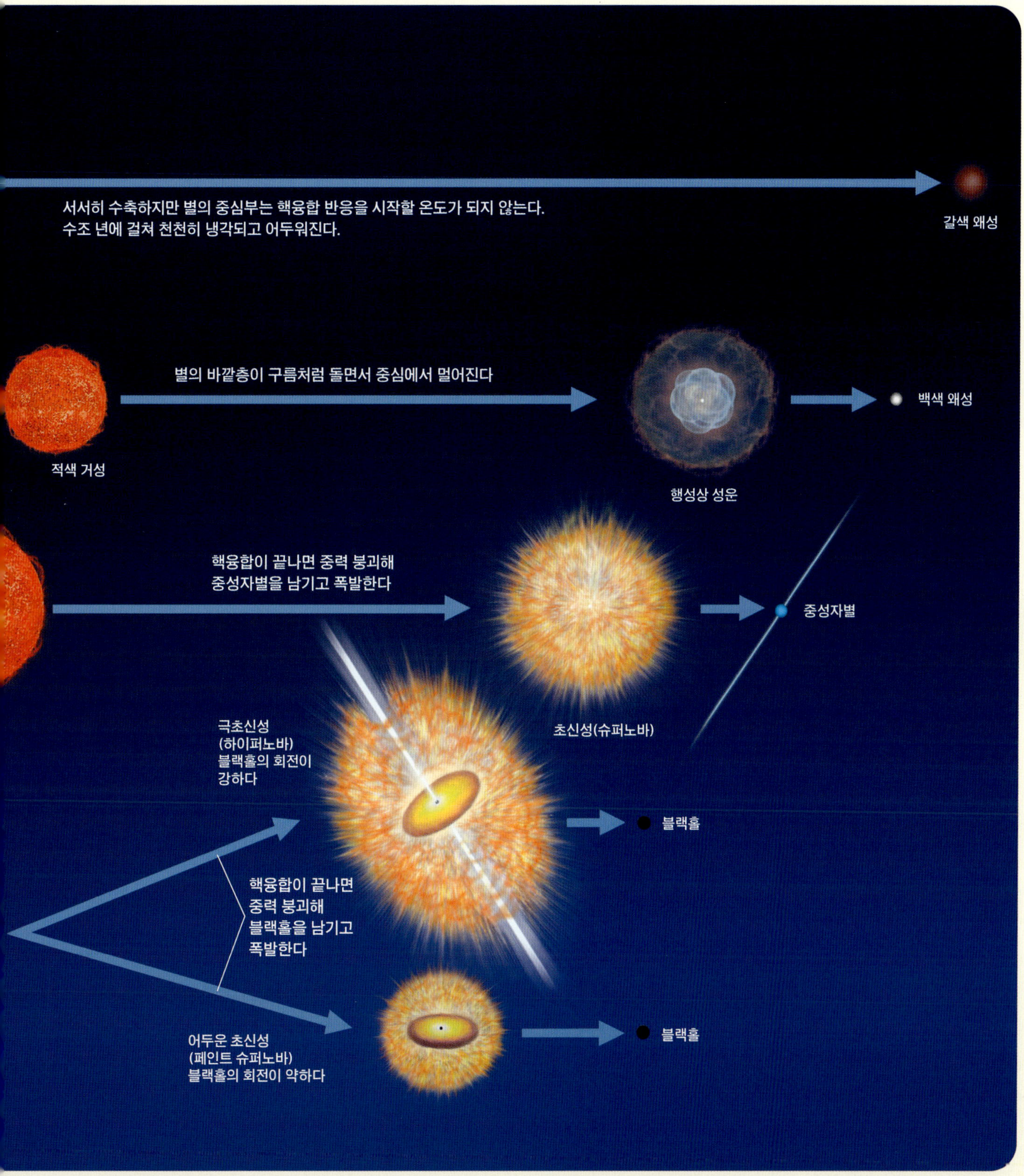
서서히 수축하지만 별의 중심부는 핵융합 반응을 시작할 온도가 되지 않는다.
수조 년에 걸쳐 천천히 냉각되고 어두워진다.
갈색 왜성
별의 바깥층이 구름처럼 돌면서 중심에서 멀어진다
적색 거성
백색 왜성
행성상 성운
핵융합이 끝나면 중력 붕괴해
중성자별을 남기고 폭발한다
중성자별
초신성(슈퍼노바)
극초신성
(하이퍼노바)
블랙홀의 회전이
강하다
블랙홀
핵융합이 끝나면
중력 붕괴해
블랙홀을 남기고
폭발한다
어두운 초신성
(페인트 슈퍼노바)
블랙홀의 회전이 약하다
블랙홀

초거대 블랙홀

은하의 중심에는 초거대 블랙홀이 있다

지금까지는 항성의 일생 최후에 생기는 블랙홀의 증거에 대해 살펴보았다. 이런 블랙홀은 태양의 수 배~수십 배의 질량을 가지며, '항성 질량 블랙홀'이라 한다. 전형적인 블랙홀이라 할 수 있다.

그러나 우주에는 더 무거운 블랙홀도 존재한다고 알려져 있다. 그들은 은하의 중심에 있으며, 질량이 무려 태양의 100만~수십억 배라고 한다. 이들은 '은하 중심 블랙홀'이나 '초대질량 블랙홀', '초거대 블랙홀' 등으로 부른다.

우주에는 1000억 개 이상의 은하가 있다고 생각된다. 은하의 형태는 다양해서, 타원 모양, 나선 모양, 불규칙 형상 등이 있다. 우리은하는 중심에 막대 모양의 구조가 있는 나선 모양이며, '막대 나선 은하'라고 한다. 나선 은하에는 회전하는 은하 원반이 있다.

이런 은하의 대부분에 초거대 블랙홀이 있다는 것이다. 도대체 어떻게 이런 존재가 생각되었을까? 다음 페이지부터 자세히 살펴본다.

작은 블랙홀과 거대한 블랙홀

항성이 진화의 최후에 '초신성 폭발'이라는 대폭발을 일으킨 뒤 태양의 10배 정도 질량인 블랙홀이 생긴다(오른쪽 페이지의 그림). 한편 대부분의 은하 중심에는 블랙홀이 있다고 생각된다(왼쪽 페이지의 그림). 이런 블랙홀은 질량이 태양의 100만~10억 배나 된다. 그러나 은하는 매우 먼 곳에 있어 관측이 어려웠다. 우리은하의 중심도 짙은 가스와 먼지에 가려 수수께끼의 베일에 싸여 있었다.

퀘이사의 발견

은하의 100배나 되는 에너지를 내는 수수께끼 천체가 발견되었다

항성 질량 블랙홀은 1930년대부터 이론적으로 생각되었지만, 은하 중심에 블랙홀이 있음이 시사된 것은 1960년대 들어서의 일이다. 네덜란드의 천문학자 마르턴 슈미트(Maarten Schmidt, 1929~2022)의 '퀘이사' 발견이 계기였다.

당시 전파 천문학의 발전으로 밤하늘의 전파원이 총체적으로 조사되었다. 그 가운데 광학 망원경으로 보면 항성처럼 점 모양으로만 보이는 한편, 항성과는 조금 다른 기묘한 빛의 특징을 나타내는 수수께끼 전파원이 발견되었다.

'3C 273'도 그런 전파원의 하나이다. 슈미트는 3C 273의 빛 성분(스펙트럼)을 조사하고 1963년 이 천체가 고속으로 멀어진다고 생각하면 수수께끼를 설명할 수 있음을 알아차렸다. 우주는 팽창하고 있어 멀리 있는 것일수록 빨리 멀어지는 것처럼 보인다. 3C 273은 약 20억 광년(우리은하 지름의 약 20만 배)이라는 매우 먼 곳에 있었던 것이다.

그렇게 멀리 있으면서도 3C 273은 주위의 별들과 큰 차이 없이 밝게 빛나 보인다. 방출하는 에너지를 예측하자 무려 은하 100개분 이상의 에너지를 방출하는 셈이었다. 한편 에너지를 방출하는 영역의 크기는 은하 크기의 1만분의 1 이하밖에 안 된다.

이런 매우 먼 곳에서 강렬하게 빛나는 점 모양의 천체는, 영어로 '준성 전파원(quasi-stellar radio sources, 準星電波源)'이라는 말을 줄여 퀘이사라 부르게 되었다. 퀘이사는 우주에서도 두드러지게 특이한 천체라 할 수 있다.

1969년이 되자 퀘이사를 블랙홀과 강착 원반으로 설명하는 이론이 등장했다. 그 뒤 퀘이사는 은하 안에 있음이 관측으로 밝혀졌으며, 현재는 중심부가 밝게 빛나는 여러 유형의 활동 은하 가운데 하나로 여겨진다. 활동성이 낮은 것까지 합치면 은하의 반수가 활동 은하라 생각된다.

큰 에너지를 방출하는 퀘이사

먼 곳에 있으면서 많은 에너지를 방출하는 퀘이사를 묘사한 그림이다. 퀘이사 중에는 우리은하보다 1000배 이상 밝게 빛나는 것도 있다. 퀘이사가 발견된 당시는 이 정도의 에너지를 방출하는 천체를 설명할 수 있는 이론이 없어 정체가 밝혀지지 않았다.

3C 273 왼쪽은 미국 키트피크 국립천문대의 4m 망원경으로 촬영한 가시광선 영상이다. 중앙에 3C 273이 있다. 제트가 보이는 것 말고는 주위의 천체와 차이가 없다. 오른쪽은 영국 멀러드 천문대의 전파 망원경 'MERLIN'으로 촬영한 3C 273. 왼쪽 위에 퀘이사 본체가 있고 오른쪽 아래에 걸쳐 제트가 뻗어 있다.

활동 은하핵이 빛나는 까닭

은하 중심부의 블랙홀이 활동 엔진

오른쪽 그림은 현재 생각되는 활동 은하의 구조이다. 중심부의 초거대 블랙홀 주위에서는 고온 강착 원반이 회전하면서 떨어져 들어간다. 22페이지에서 소개한, 항성과 쌍성을 이루는 블랙홀 주위와 비슷한 구조가 활동 은하의 중심부에 숨어 있는 것이다. 강착 원반의 가스가 마찰에 의해 초고온이 되어 격렬하게 빛난다.

강착 원반이 빛나는 원리는 수력 발전과 비슷하다. 수력 발전에서는 중력 낙하의 에너지가 전기 에너지로 변환된다. 블랙홀은 중력 낙하 에너지가 마찰에 의해 열에너지로 바뀌었다가 최종적으로 빛에너지로 전환된다.

강착 원반의 바깥쪽에는 '가스 토러스(torus)'라는, 가스나 먼지로 이루어진 도넛 모양의 원반이 있지 않을까 생각된다. 가스 토러스는 관측으로 확인되지는 않았다. 어떤 종류의 활동 은하의 차이를, 중심부에서 나오는 빛을 가스 토러스가 가리고 있는지 아닌지의 차이로 설명할 수 있기 때문에 생각해 낸 것이다.

활동 은하는 그 중심부에 거대 블랙홀이 있다고 생각하면 설명할 수 있다. 그러나 다른 은하까지의 거리는 매우 멀고 은하 중심부도 두꺼운 먼지로 뒤덮여 감춰져 있기 때문에 그 중심부를 자세히 관측하기는 매우 어렵다. 그래서 은하 중심부에서 거대 블랙홀의 존재를 확인하려면 관측 기술의 발달을 기다려야 했다.

활동 은하핵이 밝게 빛나는 메커니즘(1~3)

현재 생각되는 활동 은하핵의 구조를 3단계의 축척으로 그렸다.

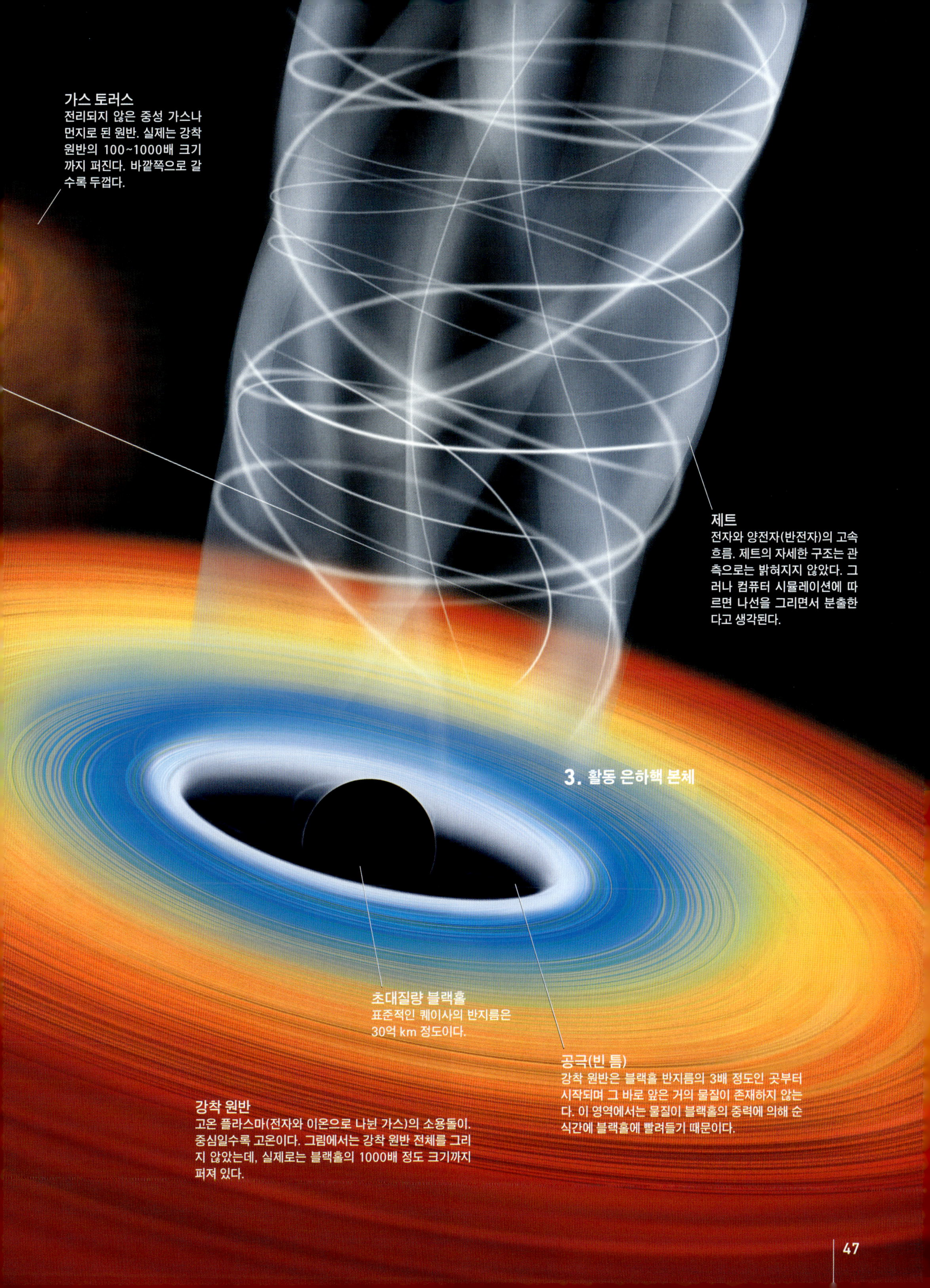
가스 토러스
전리되지 않은 중성 가스나 먼지로 된 원반. 실제는 강착 원반의 100~1000배 크기까지 퍼진다. 바깥쪽으로 갈수록 두껍다.
제트
전자와 양전자(반전자)의 고속 흐름. 제트의 자세한 구조는 관측으로는 밝혀지지 않았다. 그러나 컴퓨터 시뮬레이션에 따르면 나선을 그리면서 분출한다고 생각된다.
3. 활동 은하핵 본체
초대질량 블랙홀
표준적인 퀘이사의 반지름은 30억 km 정도이다.
공극(빈 틈)
강착 원반은 블랙홀 반지름의 3배 정도인 곳부터 시작되며 그 바로 앞은 거의 물질이 존재하지 않는다. 이 영역에서는 물질이 블랙홀의 중력에 의해 순식간에 블랙홀에 빨려들기 때문이다.
강착 원반
고온 플라스마(전자와 이온으로 나뉜 가스)의 소용돌이. 중심일수록 고온이다. 그림에서는 강착 원반 전체를 그리지 않았는데, 실제로는 블랙홀의 1000배 정도 크기까지 퍼져 있다.

전파 관측으로 거대 블랙홀의 가장 확실한 증거를 포착했다

은하 중심의 거대 블랙홀을 확인하기 위해서는 은하 중심의 질량을 자세히 알아야 한다. 그리고 항성 질량 블랙홀과 마찬가지로 좁은 영역에 큰 질량이 있음을 확인할 수 있으면 블랙홀일 가능성이 높아진다.

1984년 독일 전파 망원경의 관측으로 사냥개자리 방향으로 지구에서 2300만 광년 거리에 있는 나선 은하 'M106(NGC 4258)'이 그 중심으로부터 매우 강한 전파를 내고 있음이 밝혀졌다.

그 뒤 일본 국립천문대 노베야마 전파관측소의 45m 전파 망원경과 미국 초장 기선 전파 간섭계(VLBI)를 사용해 M106을 자세히 관측함으로써 중심 부근에서 동전을 얇게 편 듯한 형상의 가스 원반(강착 원반)이 발견되었다(오른쪽 위의 그림).

그리고 가스 원반을 자세히 조사하자 동전의 중심에 있는 구멍은 반지름이 약 0.4광년, 가스 원반은 시속 390만 km라는 맹렬한 속도로 회전하고 있음이 판명되었다. 그 결과 이 은하 중심의 0.3광년 영역에는 계산상 태양의 3900만 배나 되는 질량이 있어야 함이 밝혀졌다.

이처럼 좁은 영역에 태양의 3900만 배인 항성이나 성단을 밀어 넣기는 불가능하다. 즉 블랙홀이 아니고서는 설명할 수 없다. 이렇게 해서 1995년 은하 중심에 있는 거대 블랙홀의 확실한 증거가 처음으로 발견되었다.※

※: 그 조금 전인 1994년 허블 우주 망원경의 관측으로 M87 은하의 중심에 거대 블랙홀의 존재를 시사하는 유력한 증거가 얻어졌다. 단 구해진 M87의 밀도는 고밀도 성단으로도 설명할 수 있었다. 허블 우주 망원경의 성과는 다음 페이지에서 소개한다.

M106 중심부의 상상도. 관측을 통해 안지름 0.4광년, 바깥지름 0.8광년인 가스 원반이 있으며, 그 회전 속도는 안지름에서 초속 약 1000km, 바깥지름에서 초속 약 780km임이 밝혀졌다. 그 결과 중심에 태양 질량의 3900만 배인 거대 블랙홀이 있음이 확인되었다.

M106(NGC 4258)

지구로부터 약 2300만 광년 거리에 있는 나선 은하이다. 가시광선(노란색, 파란색: 허블 우주 망원경), X선(파란색: 찬드라 우주 망원경), 적외선(빨간색: 스피처 우주 망원경), 전파(보라색: 미국 칼 잰스키 초대형 간섭 전파 망원경군)로의 관측 결과를 합성해 만들었다.

중심에서 나온 제트(보라색)가 주변을 떠도는 가스와 부딪친 결과 가스가 수백만 °C의 고온으로 가열되어 X선(파란색)을 낸다. 빨간색의 적외선은 별 형성을 촉진하는 은하 내부의 따뜻한 먼지로부터 방출된다.

거대 블랙홀의 증거 ②

허블 우주 망원경이 블랙홀의 많은 증거를 포착했다

1990년 발사된 '허블 우주 망원경'은 우주 공간에서 관측하기 때문에 지상에서의 관측처럼 대기의 방해를 받지 않고 높은 공간 분해능의 영상을 얻을 수 있다. 이런 과정을 통해 차츰 블랙홀 후보 천체의 주변 구조에 대한 상세한 영상을 포착하게 되었다.

허블 우주 망원경은 은하 중심부에 있는 블랙홀의 질량도 측정했다. 이 망원경에는 스펙트럼을 얻어 천체와 가스의 시선 방향 속도를 측정할 수 있는 장치가 탑재되었다. 이 장치를 이용하면 시선 속도로부터 중심 천체의 질량을 추정할 수 있다. 그것을 사용해 여러 은하의 중심이 조사되었다.

그리고 1994년 'M87'이라는 타원 은하의 중심부에서 고속 회전하는 가스의 질량이 구해졌다. M87 중심부의 60광년 영역에는 태양의 24억 배 질량이 있다. 밀도는 $1pc^3$(세제곱파섹※)당 태양 질량의 100만 배로 계산되었다. 이것이 거대 블랙홀의 첫 유력한 증거가 되었다. 그 뒤 EHT의 직접 관측으로 현재는 M87의 질량은 태양의 약 65억 배로 추정된다.

그 뒤로도 허블 우주 망원경은 수많은 거대 블랙홀 후보를 포착하고 관측 결과로부터 은하와 거대 블랙홀의 밀접한 관련성을 밝혔다. 다음 페이지에서 소개한다.

※: 파섹(pc)은 천체의 거리를 나타내는 단위이다. 1pc은 3.26광년.

NGC 4261

4500만 광년 저편에 있는, 처녀자리 은하단 안에 있는 타원 은하. 왼쪽 영상은 가시광선과 전파의 합성 사진. 은하에서 아래위로 뿜어져 나오는 제트가 찍혔다. 오른쪽 영상은 허블 우주 망원경이 포착한 은하 내부 원반 모양의 구조.

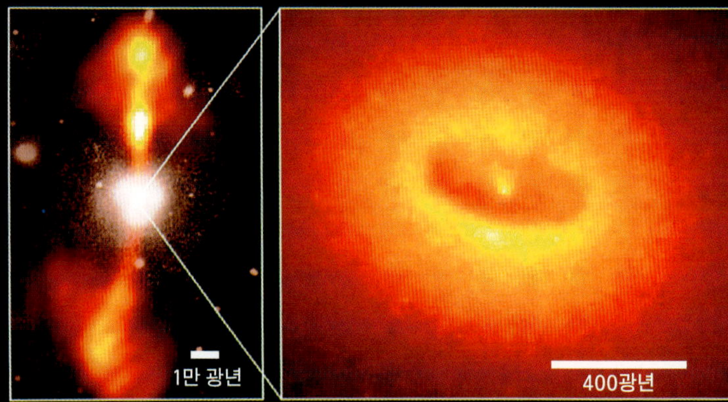

M87

허블 우주 망원경이 촬영한 M87의 중심부. 아래 오른쪽 영상에 중심부에서 제트가 뿜어져 나오는 모습이 포착되었다. 아래 왼쪽 영상은 중심부를 더 확대한 것이다. 빨간색 동그라미와 파란색 동그라미 부분의 가스 속도 차이로부터 중심부의 밀도는 $1pc^3$당 태양 질량의 100만 배로 계산되었다.

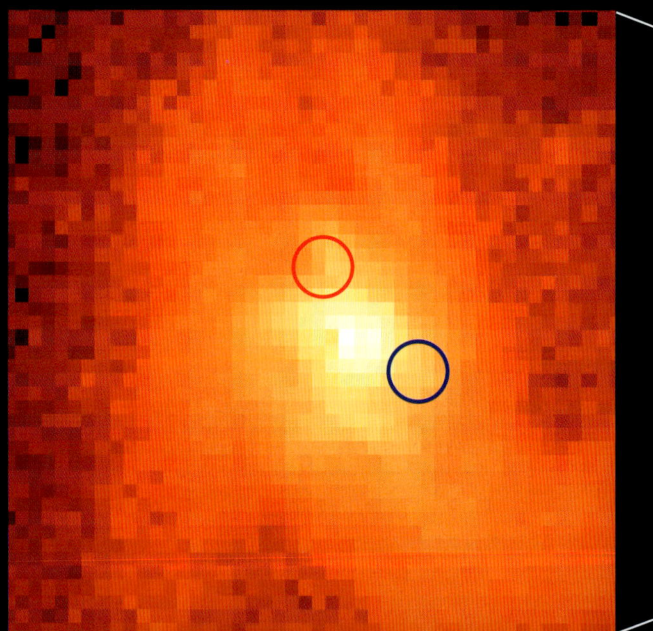

다양한 퀘이사의 모은하 허블 우주 망원경이 포착했다.

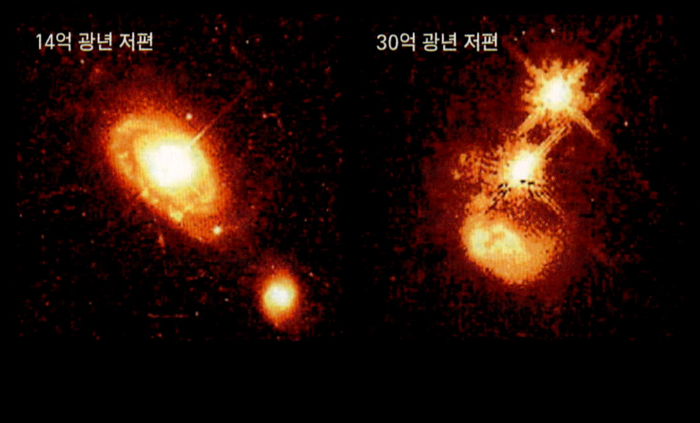

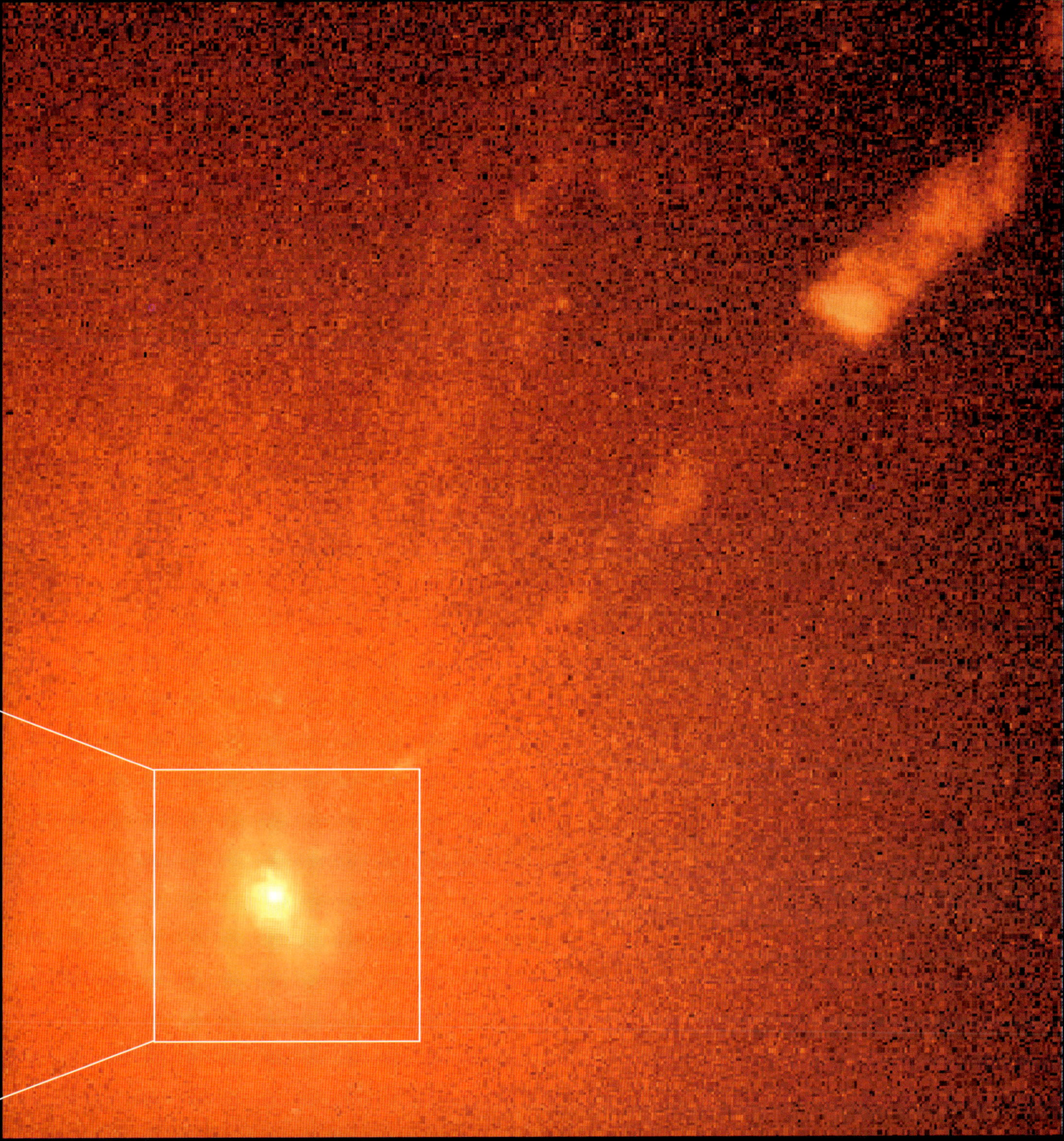

22억 광년 저편

15억 광년 저편

16억 광년 저편

20억 광년 저편

벌지와 블랙홀

은하의 벌지가 무거울수록 중심 블랙홀도 무겁다

다양한 은하에 있는 거대 블랙홀의 질량이 밝혀져 은하 질량과의 관계도 조사되었다. 그리고 2000년대 초에는 은하의 '벌지'와 거대 블랙홀의 질량 사이에 비례 관계가 있음이 상당히 확실해졌다.

우리은하 같은 나선 은하에서는 중심 부분이 부풀어 있다. 이 부푼 부분을 '벌지'라고 하는데, 벌지는 매우 밝게 빛나는 별의 대집단이다. 또 타원 은하는 대부분 벌지 성분으로 이루어진 은하이다.

이런 벌지의 크기가 클수록 중심에 있는 거대 블랙홀의 질량도 크다. 블랙홀의 질량은 모은하 벌지 질량의 약 1000분의 1이며, 블랙홀의 질량이 바뀌어도 이 관계는 크게 변하지 않는다. 현재는 이 관계를 '매거리언 관계(Magorrian relation)'라고 한다.

대부분의 은하 중심에 거대 블랙홀이 있는 것, 나아가 벌지와 거대 블랙홀 질량 사이에 강한 상관관계가 있는 것, 이 2가지 관측 사실은 은하 중심의 거대 블랙홀 형성에 대한 연구를 추진하는 실마리가 되었다. 거대 블랙홀은 은하 중심에서 주위와 관계없이 생기는 것이 아니라 은하의 형성과 밀접하게 관련되면서 생기고 진화했다고 생각하게 되었다. 이 내용은 3장에서 자세히 살펴본다.

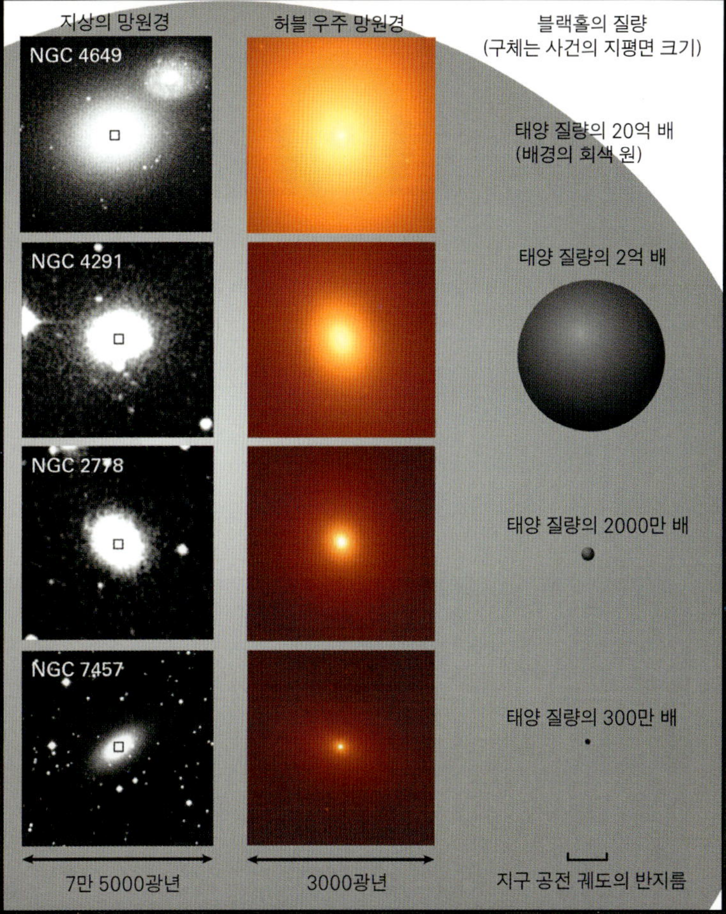

지상의 망원경으로 촬영한 은하 전체의 영상과 허블 우주 망원경이 촬영한 은하의 중심 영역 영상을 비교한 것. 은하의 벌지와 중심 블랙홀의 질량이 상관관계에 있음은 이전부터 생각되었지만, 허블 우주 망원경의 관측으로 그것이 상당히 확실해졌다. 참고로, 지구의 공전 궤도 반지름은 약 1억 5000만 km이다. 또 회색 구체는 블랙홀의 사건의 지평면(그보다 안쪽으로부터는 빛조차 빠져나올 수 없는 영역)의 크기이다.

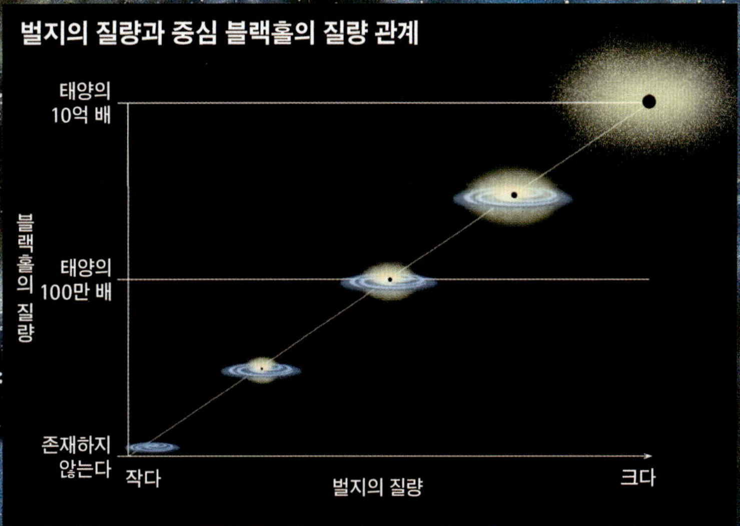

허블 우주 망원경의 관측 데이터로부터 은하 벌지와 중심 블랙홀의 크기에 상관관계가 있음이 밝혀졌다.

column5

블랙홀의 상대론 효과와 X선 관측

2020년 노벨 물리학상은 블랙홀이 우주에 실재하는 것을 이론과 관측으로부터 뒷받침한 연구자 3명에게 수여되었다. 일반 상대성 이론의 발표로부터 100년 이상 지나 블랙홀 연구가 드디어 노벨상을 수상한 배경에는 역시 2017년 EHT

MCG-6-30-15의 상상도

의 블랙홀 직접 촬영(88페이지)이 있다.

인류는 드디어 블랙홀을 직접 눈으로 볼 수 있는 단계에 이르렀지만, EHT 이외의 방법으로 '블랙홀의 증거'를 찾는 일도 여전히 천문학과 우주 물리학의 중요한 주제이다.

그런 블랙홀의 증거 찾기로서 블랙홀 주위에서만 보이는 물리 현상을 찾는 관측을 하고 있다. 예를 들어 블랙홀을 휘감는 가스 원반(강착 원반)에서 나오는 빛의 파장이 늘어지는 '중력 적색 이동(적색 편이)'이라는 현상이 사용된다.

'적색 이동'이란 천체에서 나온 빛의 파장이 길어지는(=빨간색 쪽으로 어긋나는) 현상이다. 적색 이동은 천체가 지구로부터 멀어지는 운동을 하거나 우주 팽창에 의해 빛이 끌어당겨지면 일어난다. 그러나 중력 적색 이동은 그것과는 달리 블랙홀 주위 같은 매우 강한 중력장에서만 일어나는, 일반 상대성 이론에 입각한 적색 이동이다. 만약 중력 적색 이동을 관측할 수 있으면 거기에 블랙홀이 실재하는 유력한 증거가 된다.

이 중력 적색 이동일지도 모르는 현상을 최초로 관측한 것이 일본의 X선 관측 위성 '아스카'이다. 아스카는 1995년 켄타우루스자리의 활동 은하 'MCG-6-30-15'의 중심부를 관측하고 철 원자에서 나오는 X선의 파장이 늘어나는 것처럼 보이는 스펙트럼을 발견했다.

이 스펙트럼의 특징은 그 뒤 X선 관측 위성으로도 확인되었지만, 최근에는 강착 원반으로부터 뿜어져 나온 물질이 X선을 흡수하는 효과 때문에 생겼다는 생각도 유력해지고 있으며, 블랙홀에 의한 중력 적색 이동인지 아닌지 30년 가까이 논의가 계속되고 있다.

2023년 발사된 일본의 X선 관측 위성 'XRISM[크리즘]'은 은하에서 나오는 이 X선을 더 정밀하게 관측할 수 있는 성능이 있어 X선 스펙트럼의 자세한 성질을 조사함으로써 이 문제에 결론을 낼 것으로 기대된다.

※: 블랙홀의 아주 가까이에서는 중력 적색 이동 이외에 가스 원반의 고속 회전에 따른 '특수 상대론적 도플러 효과'도 강하게 나타난다고 생각된다.

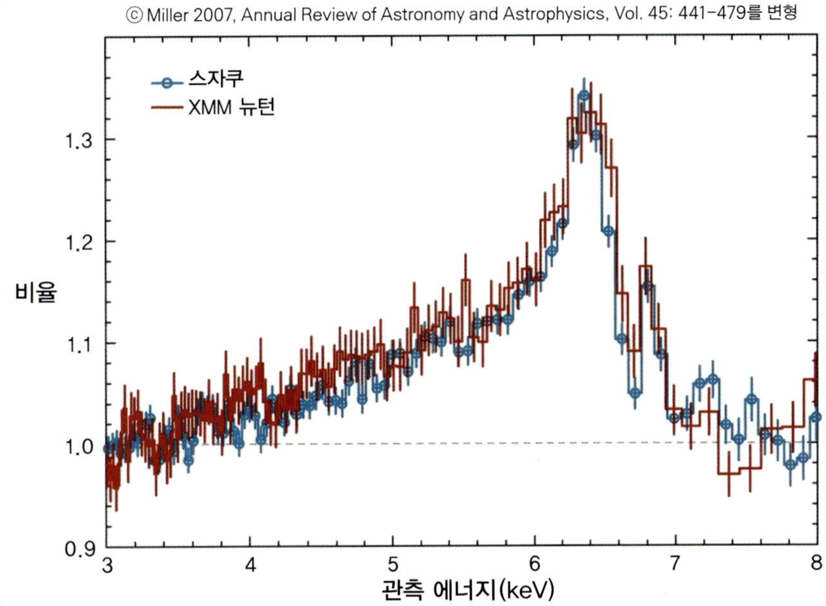

중력 적색 이동으로 스펙트럼이 달라진다?

강착 원반에서 나온 빛에는 철 원자가 내는 6.4keV의 에너지를 가진 X선이 포함된다. 블랙홀이 존재하면 중력 적색 이동과 특수 상대론적인 도플러 효과가 합쳐져 왼쪽(에너지가 낮은 쪽=파장이 길고 붉은 쪽)으로 갈수록 길어지는 좌우 비대칭의 스펙트럼이 된다.

이 그림은 '스자쿠'※와 'XMM 뉴턴'이 관측한 MCG-6-30-15의 X선 스펙트럼인데, 실제로 좌우 비대칭 형태임을 알 수 있다. 단 이런 스펙트럼은 중력 적색 이동이 아니어도 생긴다는 의견도 있어 결론이 내려지지 않았으며, 더 정밀한 관측이 필요하다.

※: 스자쿠는 NASA와 일본 JAXA(우주항공연구개발기구)가 공동 개발한 X선 천문 위성이다.

column6

초거대 블랙홀의 질량을 정밀 측정

질량은 태양의 1억 4000만 배! 앞으로 다양한 은하에서의 측정을 목표로 한다

지구로부터 약 4700만 광년 떨어진 곳에 있는 막대 나선 은하 'NGC 1097'. 이 은하 중심에 있는 초거대 블랙홀의 질량이 알마 망원경의 관측을 통해 정밀하게 측정되고 그 결과가 2015년 6월 《Astrophysical Journal》에 발표되었다. 은하 중심 블랙홀의 질량 측정은 은하와 초거대 블랙홀의 진화를 규명할 열쇠라고 기대된다.

우주에는 많은 은하가 있다. 그 은하들의 대부분은 중심에 태양 질량의 수백만~수백억 배에 이르는 '초거대 블랙홀'을 가지고 있다.

한정된 유형의 은하에서만 질량을 측정할 수 있었다

은하 중심에 초거대 블랙홀이 생긴 이유는 아직 확실하게 밝혀지지 않았다. 하지만 몇몇 은하에서는 벌지라는 은하 중심 부분의 질량이 클수록 초거대 블랙홀의 질량이 크다는 것이 밝혀졌다. 그래서 은하와 그 중심에 있는 초거대 블랙홀은 함께 성장하지 않았을까 생각된다.

은하와 초거대 블랙홀의 관계를 아는 데 중요한 정보가 초거대 블랙홀의 질량이다. 하지만 현재 정밀한 질량 측정을 한 초거대 블랙홀은 80개 정도밖에 없다. 그 대부분이 '타원 은하'라는 유형이다. '나선 은하'와 '막대 나선 은하'는 그 구조가 복잡하기 때문에 초거대 블랙홀의 질량을 정밀하게 측정할 방법이 아직 확립되지 않았다.

초거대 블랙홀의 질량을 구하려면 블랙홀 주변에 있는 물질의 속도를 관측해야 한다. 그러나 가시광선과 적외선으로 별의 움직임을 관측하는 방법에서는 분자 가스 등이 적은 타원 은하에서만 초거대 블랙홀의 질량을 구할 수 있었다.

알마 망원경으로 다양한 은하를 관측

하지만 전파 망원경의 발달로 별 대신에 분자 가스의 움직임을 관측해 초거대 블랙홀의 질량을 정밀하게 측정할 수 있음이 알려졌다.※ 그래서 일본 총합연구대학원대학교에서 초거대 블랙홀을 연구하는 오니시 박사 연구팀은 이 방법을 막대 나선 은하에 적용하는 일에 세계 최초로

화학로자리 방향에 있는 막대 나선 은하 NGC 1097은 지구로부터 약 4700만 광년 떨어진 곳에 있다. 은하 한가운데 생긴 막대 모양 구조의 전체 길이는 6만 광년 정도이다. 이번 관측에서는 은하 중심으로부터 1500광년 정도 범위에 있는 분자 가스의 움직임을 관측해 중심 부분에 있는 초거대 블랙홀의 질량을 계산했다. 이 영상은 가시광선의 영상에 알마 망원경의 전파 관측 결과를 겹친 것이다. 빨간색 가스는 우리로부터 멀어지는 방향으로, 보라색 가스는 가까워지는 방향으로 운동하는 것을 나타내며, 은하 중심의 분자 가스가 회전하는 모습이 관측되었다.

도전했다.

연구팀은 칠레의 아타카마 사막에 설치된 '알마 망원경'으로 막대 나선 은하 'NGC 1097'의 중심 부분에 있는 분자 가스를 관측하고 속도를 조사했다. 그 결과로부터 NGC 1097의 중심에 있는 초거대 블랙홀의 질량은 태양의 1억 4000만 배임이 밝혀졌다. 막대 나선 은하에 있는 초거대 블랙홀의 질량이 이 방법으로 계산된 것은 세계 최초이다. 이 성공으로 다양한 유형의 은하에서 중심에 있는 초거대 블랙홀의 질량을 산출할 수 있지 않을까 하는 기대가 커지고 있다.

이번의 정밀 측정을 위해 알마 망원경이 NGC 1097을 관측한 것은 불과 2시간 정도였다. 초거대 블랙홀의 질량을 계산하려면 주변 물질의 속도를 정확하게 측정해야 한다. 그래서 지금까지의 망원경으로는 장시간 관측해야 했다. "이에 비해 알마 망원경은 감도가 높아 짧은 관측 시간으로도 충분한 분자 가스를 검출할 수 있다."(오니시 박사)

은하와 초거대 블랙홀의 관계를 조사하기 위해서는 많은 은하의 중심에 있는 블랙홀의 질량을 측정해야 한다. 특히 최근에는 지금까지 거의 연구하지 않았던, 왜소 은하 같은 소질량 천체 안의 블랙홀 질량도 이 방법으로 측정하기 시작했다. 성장 초기 단계에 있다고 생각되는 소질량 천체까지 포함한 연구는 은하와 블랙홀의 성장을 규명하기 위한 중요한 열쇠가 될 것으로 기대된다.

※: 48페이지에서 소개한 질량 측정 방법은 매우 성능이 좋은 망원경으로 블랙홀의 아주 가까이를 관측하기 때문에 질량을 매우 정밀하게 측정할 수 있다. 반면에 망원경의 감도는 낮기 때문에 전파에서 매우 밝은 천체로 관측 대상이 한정된다. 이와 비교하면 이 방법은 더 넓은 범위를 보기 때문에 정확도는 떨어지지만, 단시간의 관측으로 많은 천체에 적용할 수 있다.

3 우리은하에도 있다! 초거대 블랙홀

지구로부터 가장 가까운 초거대 블랙홀. 그것은 우리가 살아가는 우리은하의 중심부에 위치한다. 관측 기술의 발전과 함께 태양계가 있는 은하 원반 부분의 풍경과는 전혀 다른, 중심부의 상세한 구조가 파헤쳐지고 있다. 그리고 초거대 블랙홀의 존재와 그 활동의 흔적이 밝혀져 왔다. 우리은하의 정체에 다가가 보자.

협력

미네시게 신 嶺重 愼 일본 교토 대학교 명예교수.

사이토 다카유키 齋藤貴之 일본 도쿄공업대학교 교수.

하다 가즈히로 秦 和弘 일본 국립천문대 조교수.

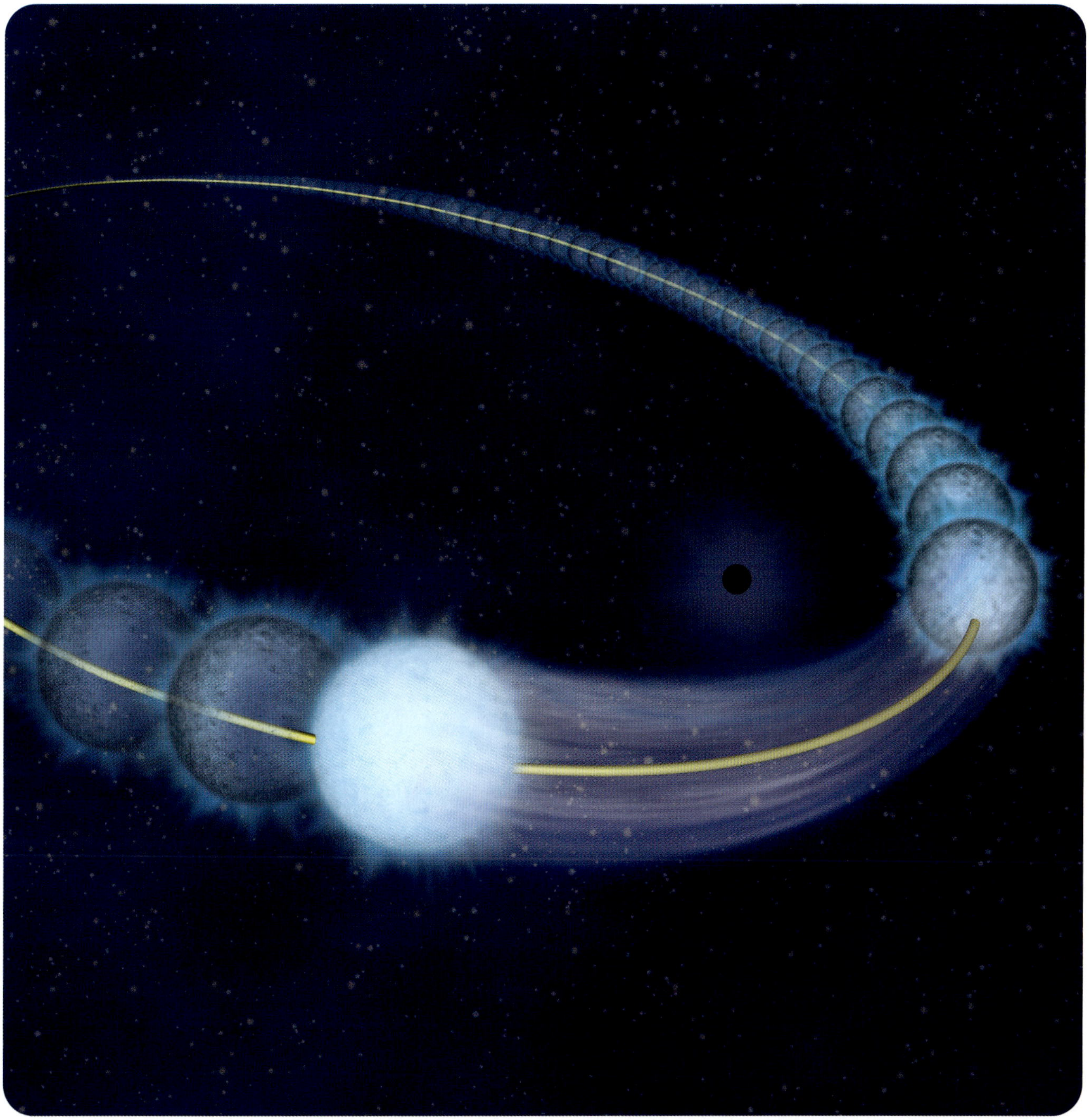

은하수의 정체

수백만 개의 블랙홀이 있다

우리은하는 우리 태양을 포함한 2000억 개나 되는 항성이 모인 나선 은하(정확하게는 막대 나선 은하)이다. 중앙이 부풀어 오른 원반 모양이며, 달걀프라이 같은 모습이다. 달걀프라이의 노른자에 해당하는 부분은 '벌지'라는 부푼 모양이고, 얇은 원반 부분은 팔 같은 구조이다.

우리은하의 지름은 10만 광년에 이른다. 우리 태양계는 중심으로부터 2만 8000광

별 사이에 블랙홀이 흩어져 있다

태양계 주변에 존재하는 블랙홀 후보 천체의 위치를 나타낸 그림이다. 블랙홀 후보 천체에서는 보통의 항성에서는 관측되지 않는 활동적인 현상이 관측된다. 심하게 변광하거나 제트 분출이 있다. 그들의 활동성에는 블랙홀이 관여하는 것 같다.

'실제로 블랙홀 그 자체를 본' 것은 아니므로 '블랙홀 후보'라 부른다. 그러나 이 후보 천체들은 블랙홀 이외의 천체로는 생각되지 않기 때문에 블랙홀이 확실시되고 있다.

그림에서 열거한 블랙홀은 찾기 쉬운 조건이 갖춰진 예이며, 관측하기 어려운 것까지 포함하면 블랙홀은 우리은하에만 수백만 개 있으면서 별들 사이를 떠돈다고 생각된다.

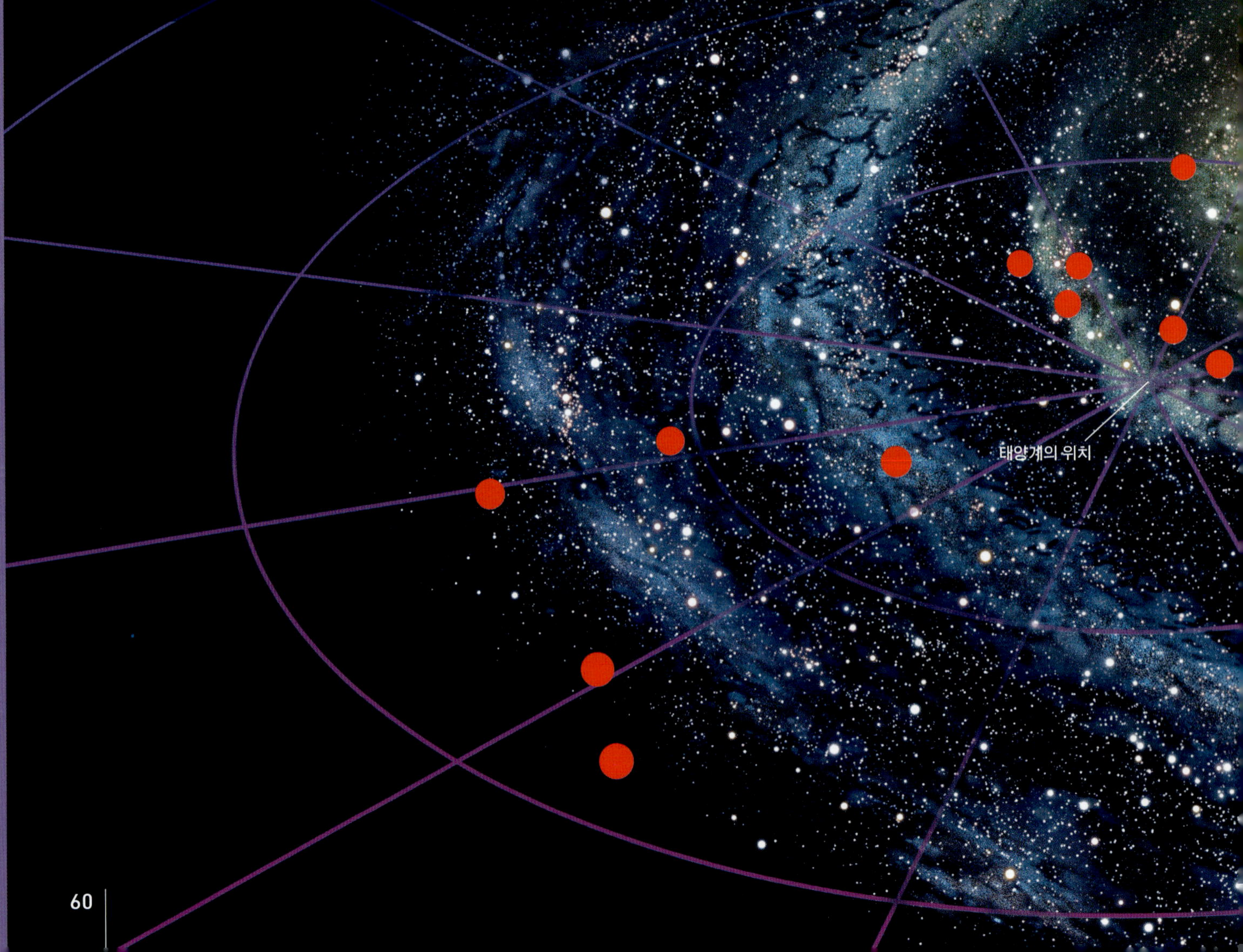

년의 거리에 있으며, 우리은하 안의 다른 별들과 마찬가지로 2억 년 정도 걸려 빙빙 은하 안을 선회한다고 생각된다.

그림에서는 태양계를 중심으로 우리은하 내부에서 블랙홀이 있을 것으로 생각되는 곳을 ●로 나타냈다. 이것 이외에 관측하기 어려운 것까지 포함하면 블랙홀은 우리은하에만 수백만 개 있으며 별들 사이를 떠돌고 있다고 생각된다.

지도의 ● 중에 우리은하의 중심에 있는 것 이외의 블랙홀은 태양 질량의 3~10배 크기로 '항성 질량 블랙홀'이다.

한편 은하 중심에 이 장의 주제인 초거대 블랙홀이 있다. 과학자들은 이 블랙홀의 정체에 어떻게 다가가고 있을까?

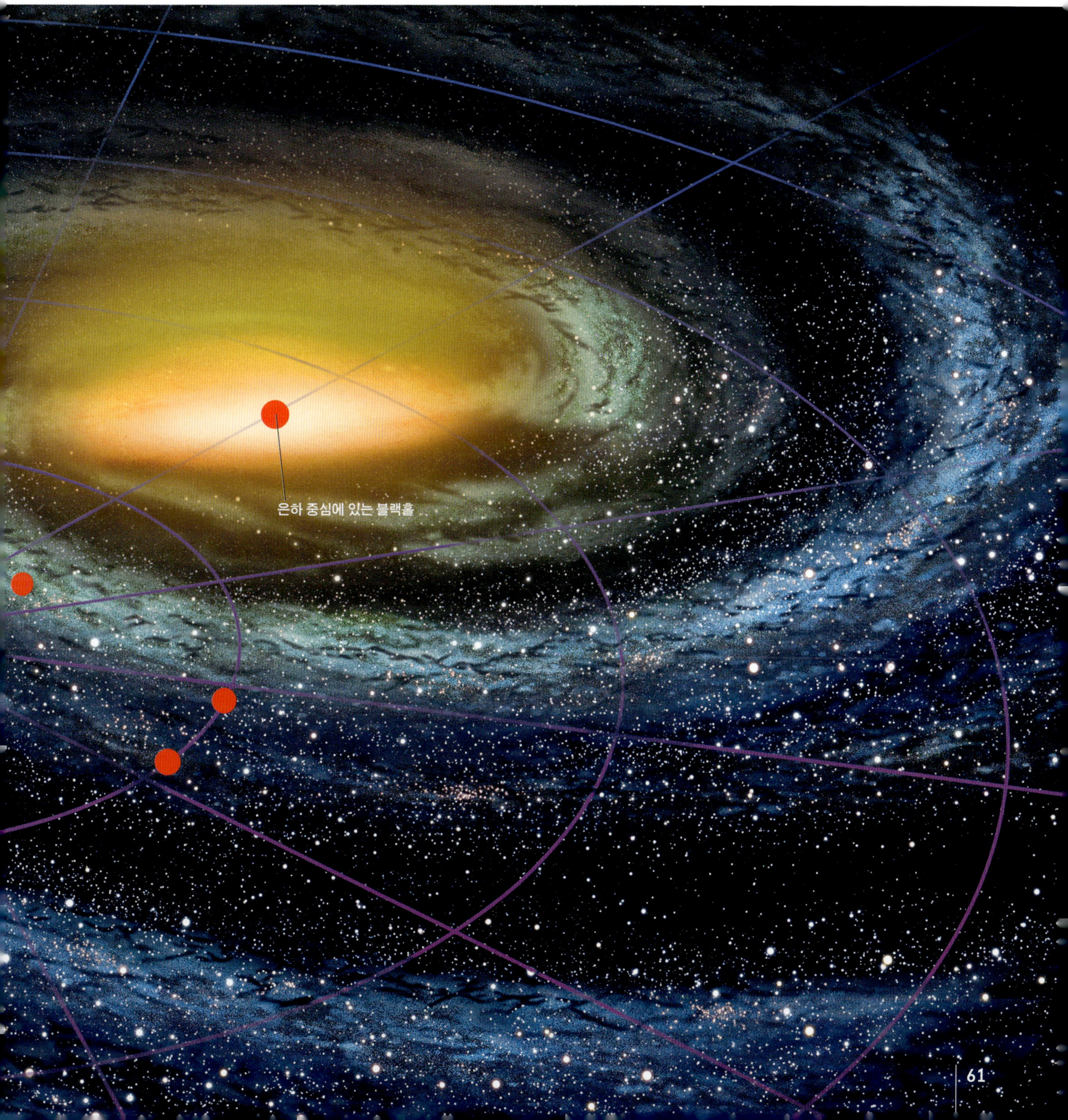

우리은하의 블랙홀

은하수는 우리가 살아가는 은하를 안쪽에서 바라본 모습

밤하늘을 가로지르는 은하수는 예로부터 사람들의 흥미를 자아내는 매우 불가사의한 존재였다.

동아시아에서는 '강'으로 보았으며, 서양에서는 제우스의 부인 헤라의 젖이 밤하늘에 뿜어져 나온 것이라는 그리스 신화에 근거해 '밀키 웨이(젖의 길)'라 불렀다. 현대에서는 인공의 빛이 증가해 은하수의 희미한 빛을 보기가 도시에서는 특히 어렵다. 과거에는 은하수의 존재감이 지금보다 훨씬 컸다.

'은하수의 정체는 무엇일까'라는 물음에 최초로 과학적인 답을 내놓은 사람은 천문학의 아버지라고도 하는 이탈리아의 갈릴레오 갈릴레이(1564~1642)이다. 1609년 갈릴레이는 이제 막 발명된 망원경을 사용해 어렴풋이 빛나는 은하수가 무수한 별의 집단임을 알아냈다.

그 뒤 다양한 관측이 거듭되어 은하수의 상세한 구조가 차츰 밝혀졌다. 그리고 오른쪽 그림과 같은 은하수의 정체, 우리은하의 모습이 알려졌다.

밤하늘의 빛의 띠, 은하수는 이런 우리은하를 안쪽에서 바라본 모습이다. 은하수의 띠 가운데 짙고 넓은 부분이 은하의 벌지 방향에 해당한다.

우리가 살아가는 은하의 모습이 띠처럼 보인다

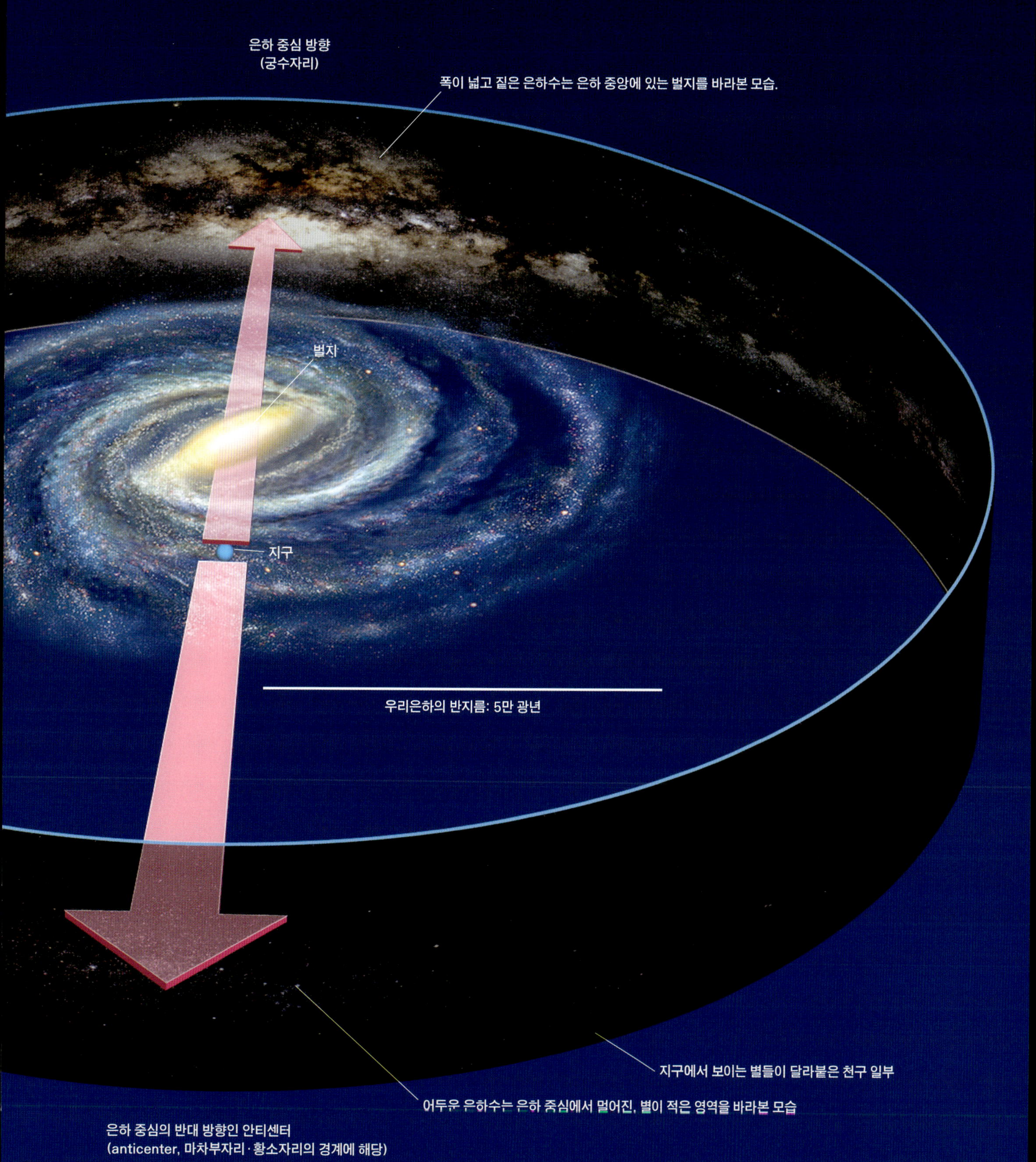
은하 중심 방향
(궁수자리)
폭이 넓고 짙은 은하수는 은하 중앙에 있는 벌지를 바라본 모습.
벌지
지구
우리은하의 반지름: 5만 광년
지구에서 보이는 별들이 달라붙은 천구 일부
어두운 은하수는 은하 중심에서 멀어진, 별이 적은 영역을 바라본 모습
은하 중심의 반대 방향인 안티센터
(anticenter, 마차부자리·황소자리의 경계에 해당)

우리은하의 '핵'

전파 관측으로 우리은하의 중심핵이 발견되었다

여름의 은하수 일부를 그린 그림이다. 검은색 구체는 블랙홀이라 생각되는 은하수 안의 대표적인 천체를 나타낸다(크기는 과장되어 있으며 위치는 대략적이다). 그림 왼쪽 위의 '백조자리 X-1'(26~27페이지)은 태양의 9배 이상 질량을 가진 블랙홀이라 생각된다. 한편 그림 오른쪽 아래 은하수의 중심부에 위치하는 '궁수자리 A*(Sgr A*)'는 태양의 약 450만 배나 되는 거대한 질량의 블랙홀이라 생각된다.

궁수자리 A*의 존재는 전파 관측으로

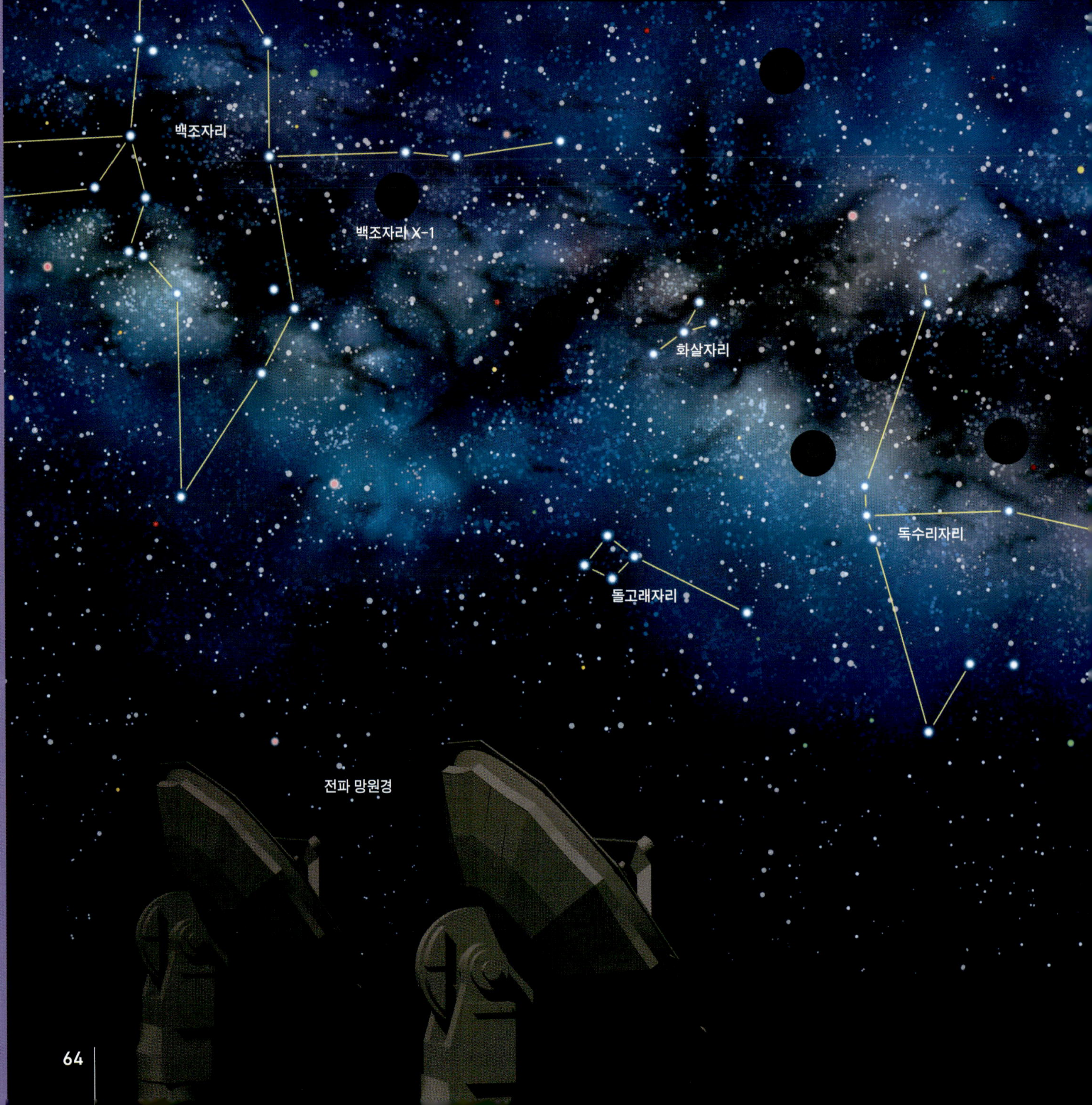

발견되었다. 그림 왼쪽 아래가 지상의 전파 망원경이다.

원래 전파를 이용한 천문학은 1931년 미국 벨연구소의 전기 공학자 칼 잰스키(1905~1950)가 우주에서 오는 전파를 처음 관측한 일에서 시작되었다. 장치는 전파 망원경이라 할 수 있을 정도의 것이 아니었기 때문에 전파원의 위치를 정확하게 구할 수는 없었다. 그러나 이 전파야말로 우리은하 중심핵으로부터의 전파였다.

이어 미국의 전기 공학자 그로트 레버(Grote Reber, 1911~2002)가 전파 망원경 1호라 할 수 있는 파라볼라 안테나를 스스로 만들어 전천을 관측하고 우리은하의 전파 지도를 그렸다. 그리고 1944년 궁수자리에 전파의 강한 피크가 있음을 발견했다. '궁수자리 A'의 발견이다.

그 뒤 관측 정밀도가 향상되어 1974년에는 미국 국립전파천문대(NRAO)의 전파 간섭계가 궁수자리 A에서 별처럼 작은 전파원을 발견했는데, 이것은 우리은하의 중심핵이라고 생각되었다. 이 전파원을 지금은 '궁수자리 A*'라고 부른다.

다음 페이지부터 관측 영상과 함께 은하 중심부인 궁수자리 A*에 다가간다.

우리은하의 중심 방향 ①

'달걀프라이의 노른자'를 클로즈업

이제부터 은하수 중심부를 향해 나아가 보자. 이 영상은 우리은하 중심 방향, 은하수가 가장 굵고 짙은 궁수자리와 전갈자리에 걸친 영역을 상세히 포착한 것이다. EOS(유럽남방천문대)의 스테판 귀자르(Stephane Guisard)가 구경 10cm의 다카하시 굴절 망원경 'FSQ-106ED'와 SBIG의 냉각 CCD 카메라를 사용해 촬영했다. 영상의 오른쪽에는 전갈자리의 안타레스가 빛나고 있다.

우리은하의 원반을 따라 어두운 띠가 왼쪽 페이지의 대각선 위로 뻗어 있다. 띠 중앙은 검게 틈이 난 것처럼 보이지만 별이 없는 것은 아니다. 짙은 먼지가 안쪽에서 나오는 빛을 가려 어두워 보이는 것이다. 이 띠 가운데에서는 고양이 발 성운(Cat's Paw Nebula)을 비롯해 붉게 빛나는 성운들도 보인다.

다음 페이지에서는 먼지로 가득 찬 이 어두운 띠를 가시광선보다 파장이 긴 적외선과 전파로 살펴보자.

우리은하의 중심 방향 ②

적외선과 전파로 은하 중심 방향을 보면?

가시광선으로 은하 중심 방향을 봐도 먼지와 가스 때문에 아무것도 보이지 않는다. 그러나 먼지에 흡수되기 어려운 적외선과 전파, X선 등으로 보면 은하 중심의 모습이 보인다.

이 영상은 은하 중심 방향을 3종류 파장의 적외선(0.125mm, 0.165mm, 0.215mm)으로 포착한 것이다. 칠레에 있는 ESO 파라날 천문대의 VISTA 서베이 망원경이 촬영한 수천 장의 영상이 이어져 있다. 좌우로 은하면이 뻗어 있고 그 중앙 부근이 유난히 밝게 빛나는 것을 알 수 있다.

오른쪽의 네 영상은 모두 같은 범위를 포착한 것이다. 스피처와 WISE의 적외선 영상에서는 별 형성이 활발한 영역이 빨간색으로 나타나 있다. 전파 영상에서는 불과 수십 K(0K은 −273°C)의 차가운 먼지와 가스를 포착했다.

다음 페이지에서 은하 중심부로 더 다가간다.

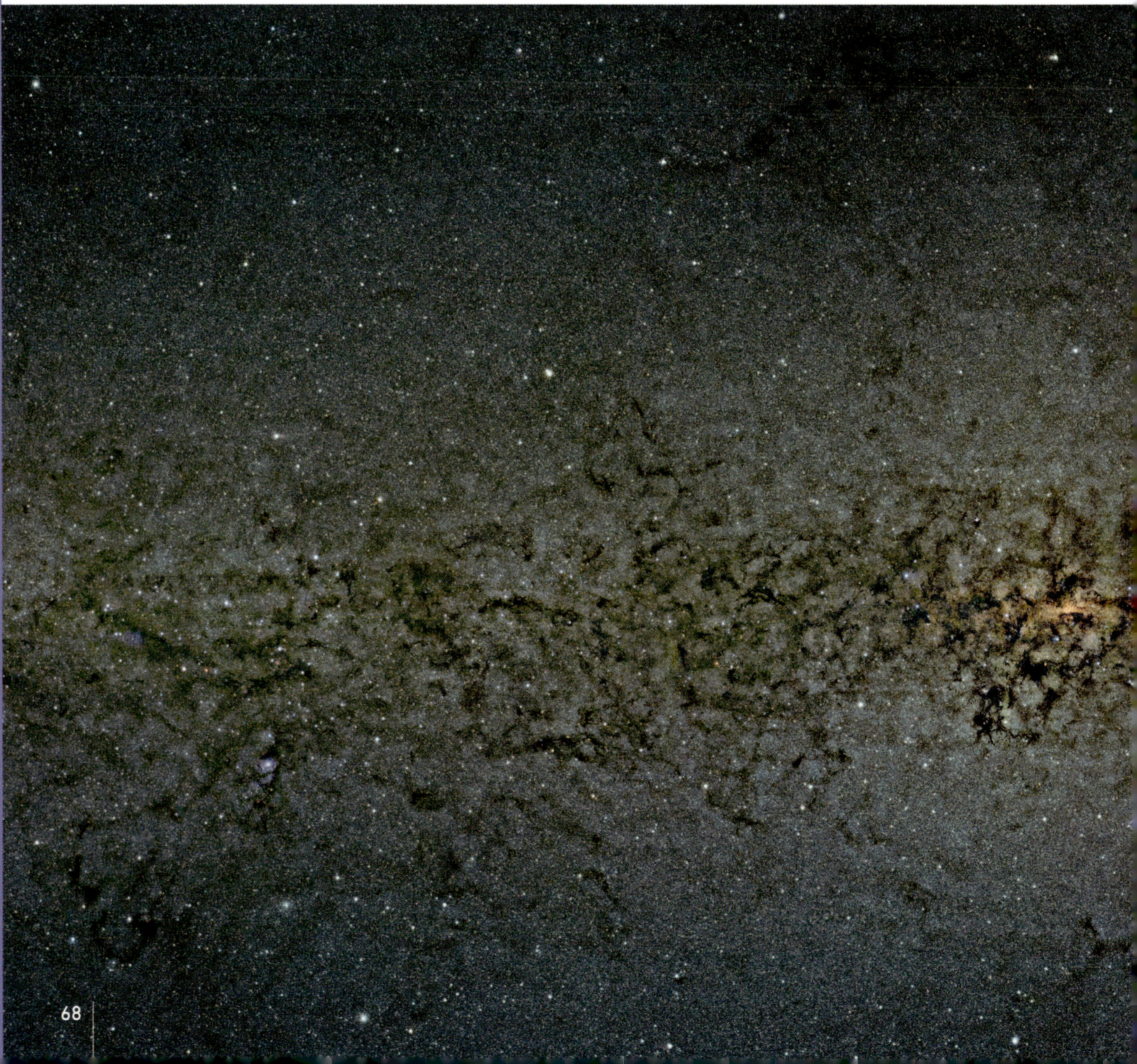

전파 APEX 망원경: 0.87mm
4파장의 적외선 스피처 망원경: 0.035mm(파란색), 0.045mm(녹색), 0.080mm(빨간색), WISE 망원경: 0.012mm(빨간색)
양면 페이지 영상과 같은 것(은하면 부근) 3파장의 적외선(VISTA 망원경: 0.125mm, 0.165mm, 0.215mm)
66~67페이지의 영상과 같은 것(은하면 부근) 가시광선
은하 중심

별의 탄생과 죽음이 활발히 반복된다

아래 영상은 은하 중심부의 지름 약 650광년 영역을 찍은 것으로 보라색과 주황색은 전파를 나타낸다.

주황색은 주로 수소 분자로 이루어진 20~30K의 차가운 '분자운'인데, 은하면을 따라 분포하는 것을 알 수 있다. 이 분자운은 수백만 년 뒤 별이 새로 태어날 별의 요람을 나타낸다.

이미 수명이 다한 별도 있다. 보라색은

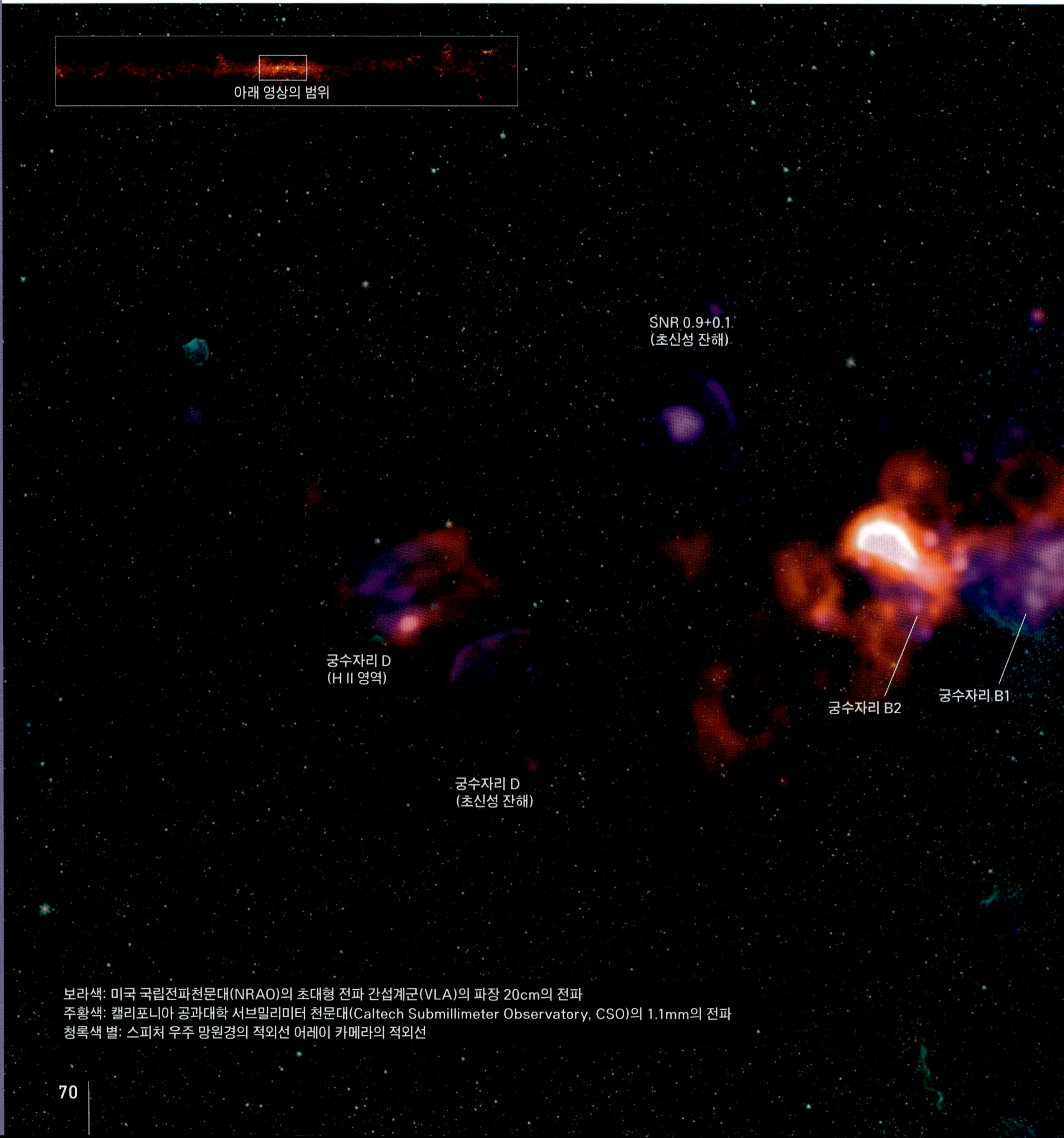

보라색: 미국 국립전파천문대(NRAO)의 초대형 전파 간섭계군(VLA)의 파장 20cm의 전파
주황색: 캘리포니아 공과대학 서브밀리미터 천문대(Caltech Submillimeter Observatory, CSO)의 1.1mm의 전파
청록색 별: 스피처 우주 망원경의 적외선 어레이 카메라의 적외선

대질량 별과 초신성 잔해 등에 의해 이온화된 수소 가스를 나타낸다. 또 '전파 아크'라는 특징적인 구조도 보인다. 전파 아크는 에너지가 큰 전자의 진로가 자기장에 의해 휘어졌을 때 나오는 빛(싱크로트론 복사광이라 한다)으로 빛난다고 생각된다. 이 부근(오른쪽 페이지)에서는 은하면에 수직인 힘줄 모양의 구조가 많이 보인다.

그리고 전파 아크의 오른쪽에는 밝은 전파원 '궁수자리 A'가 있다. 다음 페이지에서는 이 궁수자리 A에 다가간다.

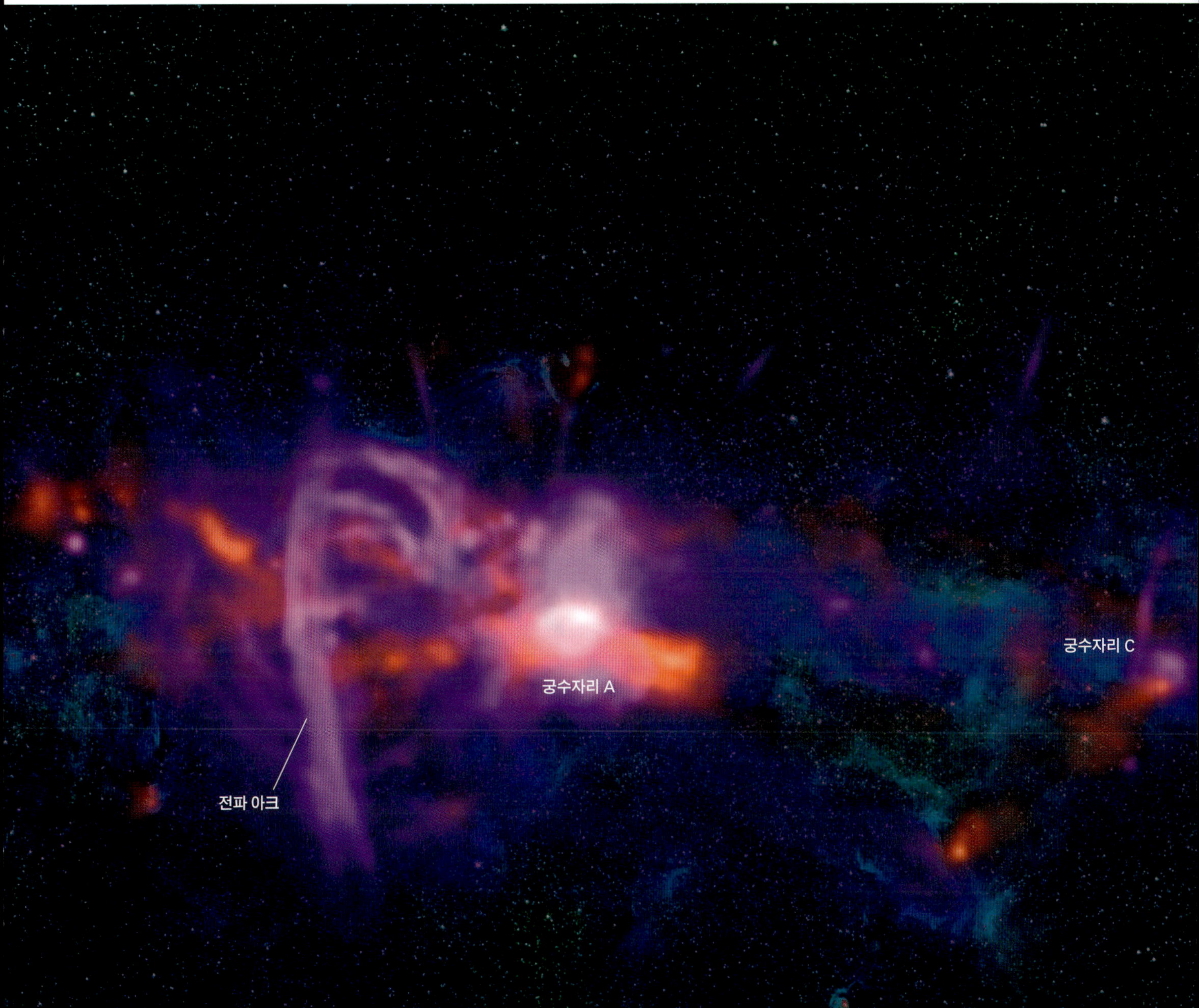

중심으로부터 반지름 100광년 이내

은하 중심부에는 별과 가스가 밀집해 있다

우리은하 중심 영역은 우리 태양 부근의 우주 공간과는 전혀 다른 세계이다. 우리은하 중심으로부터 수백 광년보다 안쪽은 밀도가 태양 주변의 약 1만 배 이상이라고 추정된다.

영상은 우리은하의 중심 영역을 세 우주 망원경으로 촬영한 데이터를 합성한 것이다. 이 영상에서는 많은 항성과 가스, 먼지의 복잡한 구조를 볼 수 있다.

영상 왼쪽에는 '아치스 성단(Arches Cluster)'이나 '다섯쌍둥이 성단' 같은 밀도 높은 별의 집단이 있다. 또 노란색의 거대한 호 모양 구조는 젊은 대질량 별의 집단에 의해 데워진 먼지와 가스를 나타낸다. 이 호 모양 구조는 앞 페이지에서 소개한 전파 영상에서 본 전파 아크와 궁수자리 A 사이의 영역이다.

영상 오른쪽 아래에서 푸르스름하게 빛

나는 영역이 궁수자리 A이다. 밝기 등이 다른 두 요소가 있음을 알 수 있다. '궁수자리 A 이스트'는 껍데기 구조이며 초신성 잔해이다. 그리고 우리은하 중심핵인 궁수자리 A*는 '궁수자리 A 웨스트' 안에 있다. 다음 페이지에서 자세히 살펴보자.

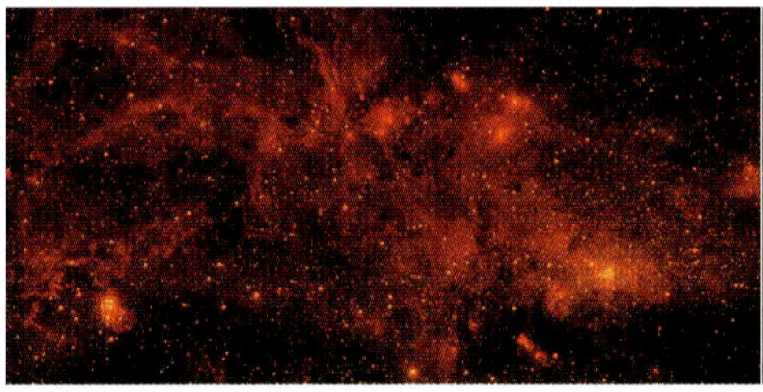
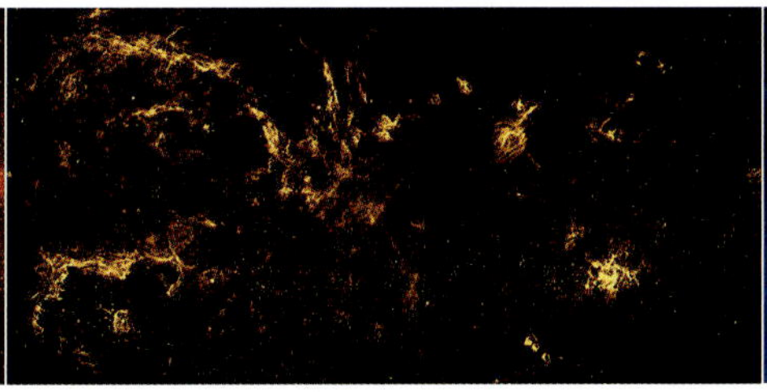

위의 세 영상은 왼쪽부터 차례대로 스피처의 적외선, 허블의 근적외선, 찬드라의 X선의 개별 영상이다. 왼쪽 영상에서는 전체에 걸쳐 가스와 먼지가 퍼져 있다. 중앙 영상에서는 젊은 별들이 호 모양으로 밀집한 모습을 분명히 알 수 있다. 오른쪽 영상에는 오른쪽 아래에 특히 밝게 빛나는 영역이 있다. 이것은 수백만 °C라는 초고온의 가스 덩어리이다. 이 중심에 초거대 블랙홀이 있다.

중심으로부터 반지름 10광년 이내

가스 구름이 고속으로 회전한다

'궁수자리 A 웨스트'에서는 초속 100 km 이상의 속도로 가스가 회전하고 있어 전파로 관측하면 중심을 향해 뻗은 세 가닥 나선 모양의 구조가 확실히 보인다(오른쪽 페이지 아래 영상). 이 구조를 '미니 스파이럴(mini-spiral)'이라 하는데, 이것은 우리은하 중심핵으로 떨어지는 이온화된 가스의 흐름이다. 이 영상에서 빨간색 타원 모양 부분이 궁수자리 A*이다.

1980년 무렵부터 중심부의 가스와 별들의 운동을 통해 은하 중심부의 질량이 구해졌다. 이윽고 1990년대부터 고해상도 근적외선 관측(오른쪽 페이지 영상)으로 중심부에 있는 별들의 운동이 개별적으로 자세히 관측되기에 이르렀으며, 중심의 초거대 블랙홀의 질량이 더 정확하게 추정되었다. 그 결과는 다음 페이지에서 소개한다.

미니 스파이럴의 이미지

우리은하 중심부의 별이 고밀도로 모여 있는 모습. 초거대 망원경(VLT)의 근적외선 영상. 네모로 둘러싸인 부분은 77페이지에서 소개하는 영상의 영역. 이 안에 궁수자리 A*가 있다.

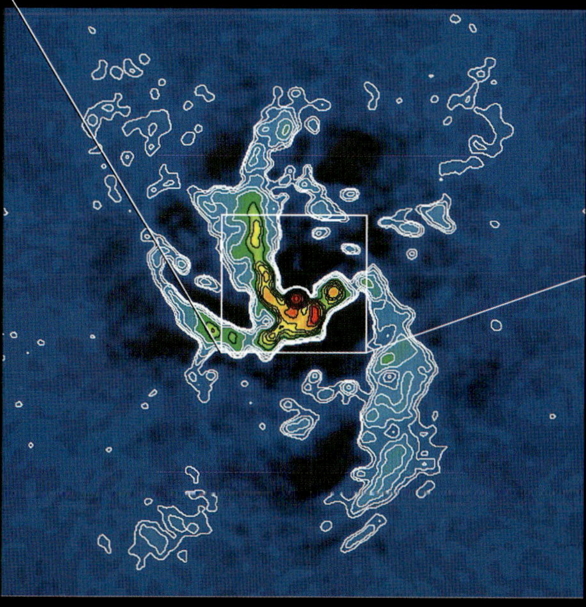

왼쪽은 칠레의 알마 망원경이 최초의 관측 시즌(2012년 5월)에 얻은 미니 스파이럴의 전파 영상(파장은 3cm)이다. 중앙의 빨간색 타원 부분이 궁수자리 A*. [JAXA 쓰보이 마사토(坪井昌人) 박사 제공]

태양 450만 개분 질량의 블랙홀이 있다

독일 막스플랑크연구소의 라인하르트 겐첼(Reinhard Genzel, 1952~) 박사 연구팀과 미국 캘리포니아 대학교 로스앤젤레스 캠퍼스의 앤드리아 게즈(Andrea Ghez, 1965~) 박사 연구팀이 1990년대부터 10년에 걸쳐 궁수자리 A* 가까이에 있는 S2라는 항성의 운동을 조사했더니 어느 1점을 초점으로 한 주기 약 15년의 타원 궤도를 그리고 있음이 밝혀졌다. 이 별이 초점에 가장 접근했을 때의 거리는 17광시(태양과 명왕성 사이의 거리의 3배)※인데, 그때의 속도는 적어도 초속

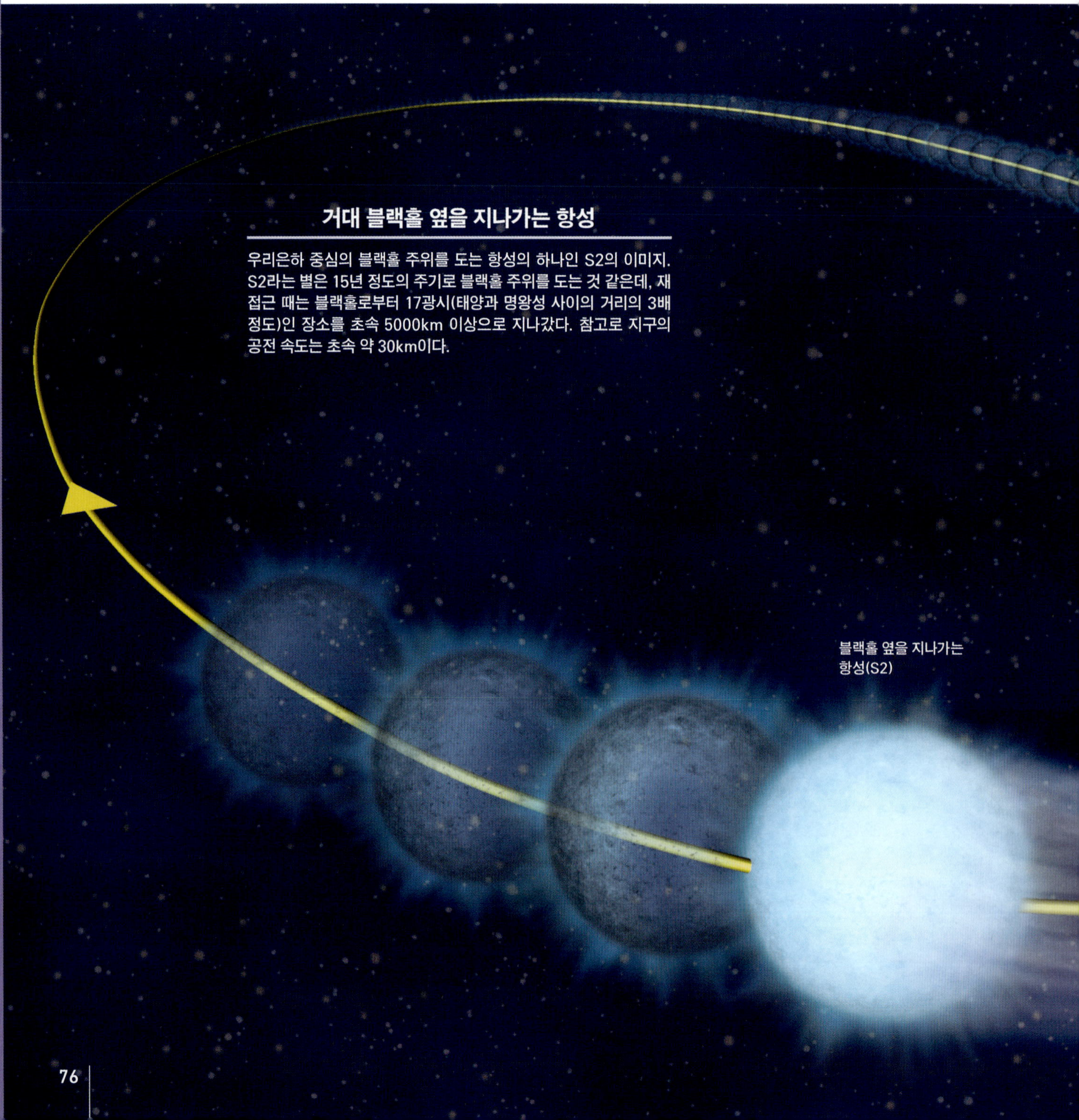

거대 블랙홀 옆을 지나가는 항성

우리은하 중심의 블랙홀 주위를 도는 항성의 하나인 S2의 이미지. S2라는 별은 15년 정도의 주기로 블랙홀 주위를 도는 것 같은데, 재접근 때는 블랙홀로부터 17광시(태양과 명왕성 사이의 거리의 3배 정도)인 장소를 초속 5000km 이상으로 지나갔다. 참고로 지구의 공전 속도는 초속 약 30km이다.

5000km 이상으로 맹렬했다.

이런 별의 운동은 초점의 위치에 많은 질량이 있음을 나타낸다. 별의 궤도와 운동으로부터 현재 질량은 태양의 약 450만 배라고 추정된다.

전파 망원경의 분해능도 높아져(전파 관측에 대한 자세한 내용은 86페이지) 2004년에는 중국 상하이천문대의 에릭셴 박사 연구팀이 실시한 미국 VLBA(The Very Long Baseline Array, 초장 기선 어레이 전파 망원경)를 사용한 관측으로, '궁수자리 A*'의 크기는 지구의 궤도 반지름(약 1억 5000만 km)과 같은 정도까지 좁혀졌다. 또 블랙홀 자체의 크기는 반지름 약 1000만 km로 수성 궤도 이하인 것으로 계산되었다.

이 결과는 초점에 있는 천체가 블랙홀이 아니고서는 생각할 수 없는 수치이다.

참고로 태양의 450만 배라는 질량은 거대하지만, 우리은하 원반의 질량(태양의 약 2000억 배)과 비교하면 미미하다. 따라서 거대 블랙홀의 중력이 우리은하 원반 전체의 회전에 큰 영향을 미치지는 않는다.

※: 17광시는 약 180억 km. 1광시는 빛이 1시간에 나아가는 거리.

우리은하 중심 부근에 있는 별의 운동

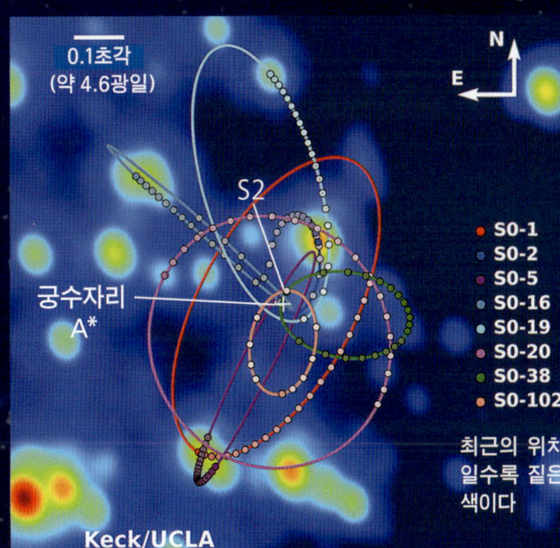

게즈 박사 연구팀이 1995년부터 2014년까지 관측한 우리은하 중심 부근에 있는 항성의 운동 모습. 배경 영상은 미국 W. M. 켁(Keck) 천문대의 망원경의 근적외선 영상. 각각의 별 공전 궤도면은 제각각으로 보이지만 어느 1점을 초점으로 한 타원 궤도를 이루며, 이 초점에 거대 블랙홀이 있을 것으로 생각된다.

column7

‘적응 광학’으로 궁수자리 A* 부근의 별을 본다

‘적응 광학’의 등장으로 지상 망원경의 성능이 크게 향상

대기의 영향을 받지 않는 우주에서는 매우 선명한 천체 영상을 얻을 수 있다. 그러나 ‘적응 광학’이라는 기술을 사용하면, 지상의 망원경으로도 허블 우주 망원경을 뛰어넘는 ‘성능(공간 분해능)’을 얻을 수 있다.

적응 광학의 메커니즘

가이드 별에서 오는 빛의 교란 정도를 파면(波面) 센서로 검출하고, 그 정보에 근거해 가변형 거울의 표면 형태를 바꾸어, 빛을 원래의 교란되지 않은 상태로 돌린다. 이렇게 함으로써 거의 같은 방향에서 오는, 관측하려는 천체의 빛을 교란되지 않은 원래 상태로 관측할 수 있다.

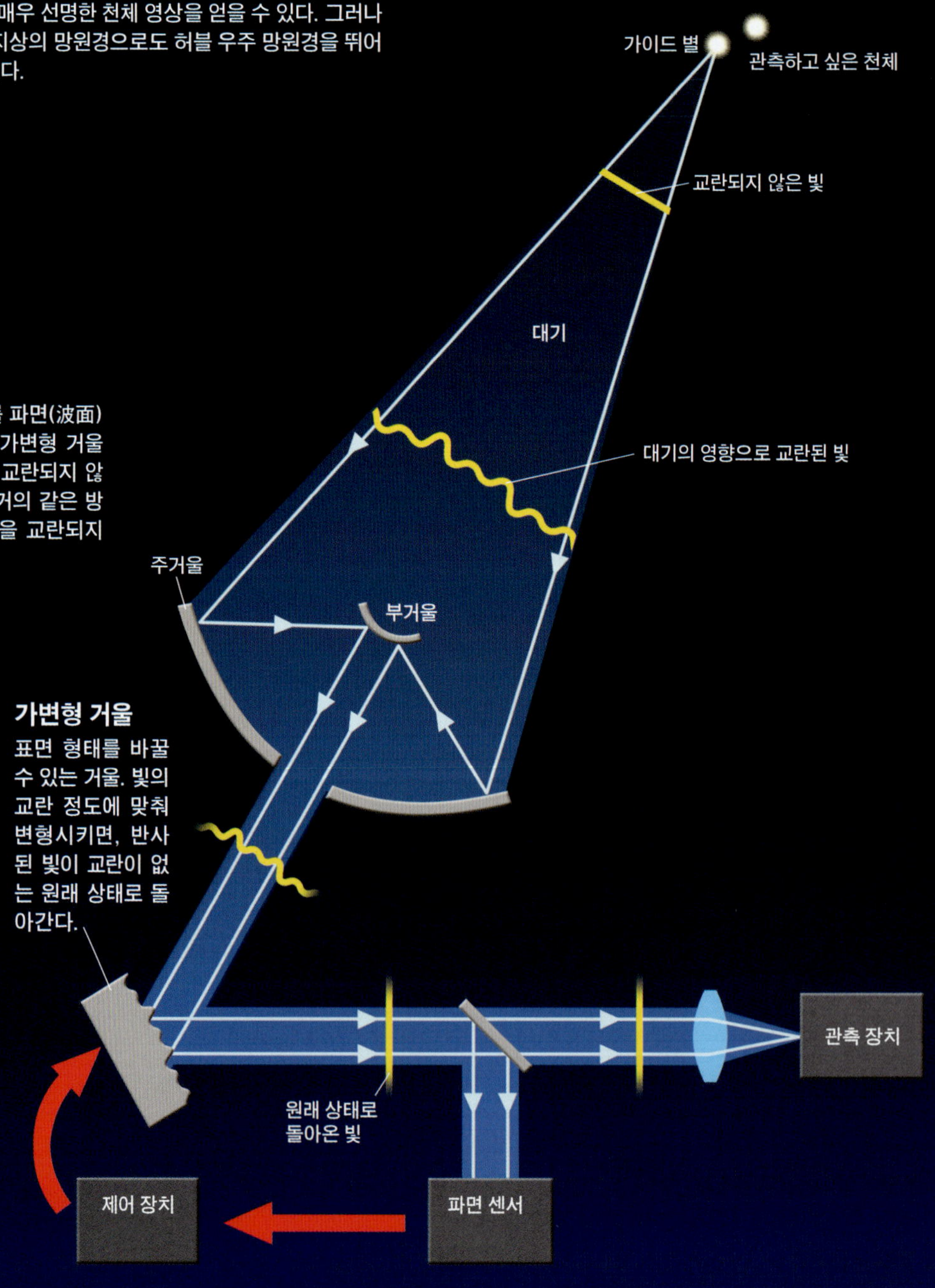

지구의 대기는 천체 관측에 방해가 된다. 따라서 허블 우주 망원경처럼 우주 공간에 있는 망원경은 선명한 천체 영상을 얻는 데 유리하다.

그러나 최근 지상의 망원경에서도 '적응 광학'이라는 기술을 사용해 대기의 흔들림을 처리할 수 있어, 공간 분해능(어느 정도 가까운 2개의 점을 각각의 점으로 식별할 수 있는 능력)이 크게 향상되었다.

우리은하 중심에 있는 거대 블랙홀을 연구하는 과학자들도 이 기법을 바탕으로 성과를 올리고 있다.

적응 광학에서는 먼저 관측하고 싶은 천체 옆에 밝은 '가이드(guide) 별'이 필요하다. 이 가이드 별에서 오는 빛을 사용해 그 순간 대기의 흔들림을 측정하고, 빛의 교란을 제거하도록 거울의 형상을 변화시킨다.

그렇게 해서 목적하는 천체에서 오는 빛을 보정해 깨끗한 빛으로 만들어 선명한 상을 얻을 수 있다. '빛 측정→거울 변형'은 1초에 1000회의 횟수로 진행된다.

밝은 가이드 별이 가깝지 않으면, 지상에서 레이저 광선을 쏘아 고도 90~100km('나트륨층'이라는 나트륨 밀도가 높은 장소)에 밝은 '인공 별'을 만들고 그것을 가이드 별 대신 사용하는 방법을 쓴다.

켁 망원경이 촬영한 우리은하 중심부의 영상

오른쪽은 미국 캘리포니아 대학교 로스앤젤레스 캠퍼스의 게츠 박사 연구팀이 켁 천문대의 망원경으로 촬영한 우리은하 중심부의 별들이다. 영상의 한 변은 1초각(77페이지의 영상과 같다)이다. 1초각 이내의 별들이 선명히 찍혀 있다. 켁 천문대는 2000년부터 적응 광학 기술을 갖췄고, 겟츠 박사 연구팀을 비롯한 은하 중심 연구 그룹이 최초로 이것을 사용했다.

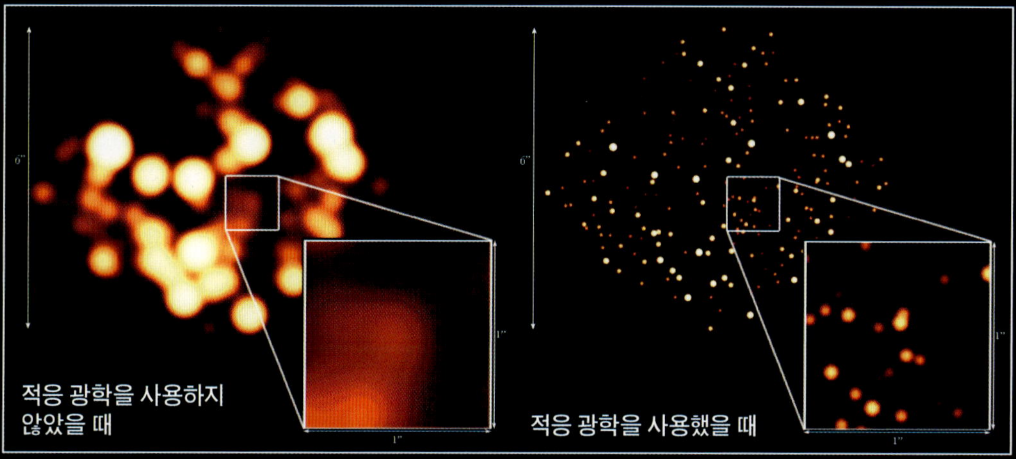

밤하늘에 '인공의 별'을 만드는 스바루 망원경

왼쪽은 '적응 광학'에 이용되는 인공의 가이드 별을 만드는 레이저 광선을 발사하는 스바루 망원경이다. 하와이의 마우나케아산 꼭대기에 있는 켁 천문대의 2대의 망원경 옆에 설치되었다. 레이저 광선을 상공의 나트륨층에 비추어, 거기에 빛을 내는 광점을 만든다(나트륨 원자가 빛을 낸다). 그리고 그 광점이 흔들리는 정도를 바탕으로 대기의 흔들림을 실시간으로 검출해, 목표 천체에서 오는 빛의 흔들림을 없앤다.

적응 광학을 사용하지 않았을 때 / 적응 광학을 사용했을 때

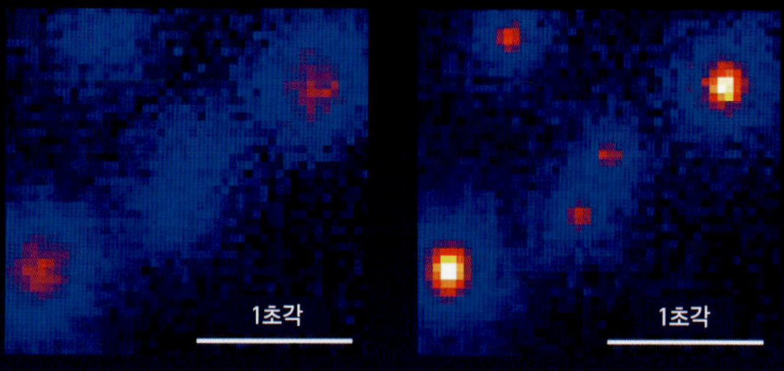

위의 두 영상은 스바루 망원경이 촬영한 구상 성단 M3의 일부. 적응 광학을 사용하지 않았을 때는 선명하게 보이지 않던 별이 적응 광학을 사용하면 중앙과 왼쪽 위에 뚜렷이 보인다.

밝기가 바뀌는 궁수자리 A*

300년 전, 궁수자리 A*는 100만 배나 밝았다

우리은하 중심의 거대한 블랙홀 '궁수자리 A*'는 태양의 약 450만 배라는 무게를 고려할 때, 블랙홀 주변에서 방출되는 에너지는 다른 은하 중심의 블랙홀에 비해 매우 낮다고 알려져 있었다. X선으로 관측하면 아주 어둡게 보인다.

그러나 300년 정도 전에는 현재보다 약 100만 배 밝았다는 증거가 발견되었다. 일본 연구팀이 궁수자리 A*에서 약 300광년 떨어진 거대 성운 '궁수자리 B2'가 궁수자리 A*에서 방출된 X선을 받아 빛나고 있음을 확인했다. 이 현상을 '빛의 메아리(Light Echo)'라고 한다.

참고로, 300년 전이라고 해도 지구에서 우리은하 중심까지는 대략 2만 8000광년이기 때문에, 현재 보고 있는 궁수자리 B2의 빛은 약 2만 8000년 전의 것이다. 2만 8000년 전이라고 하면, 지구는 최종 빙하기였으며, 인류는 아직 동굴에서 생활할 무렵이다.

300년 전에 우리은하 중심에서 도대체 무슨 일이 있었던 것일까? 자세히는 알 수 없지만, 과거 블랙홀 주변에서 일어난 초신성 폭발의 가스가 블랙홀에 대량으로 떨어지면서 블랙홀 활동이 일시적으로 활발해졌다고 추측된다.

이밖에도 궁수자리 A*의 폭발(플레어) 현상이 포착되었다. 예를 들어 2013년 9월 14일에는 400배의 X선 플레어가 관측되었다. 오른쪽 페이지의 영상이 그때의 모습이다. 2014년 10월에도 200배 밝기의 X선 플레어가 관측되었다.

이런 큰 X선 플레어는 왜 일어날까? 중심의 초거대 블랙홀의 중력에 의해 소천체가 찢기면서 그 잔해가 빨려들기 직전에 고온이 되어 X선을 방출한다는 설과 블랙홀 주변의 자기 재연결(Magnetic reconnection)에 의해 태양에서도 발견되는 X선의 폭발적 방출이 일어났다는 설이 있다.

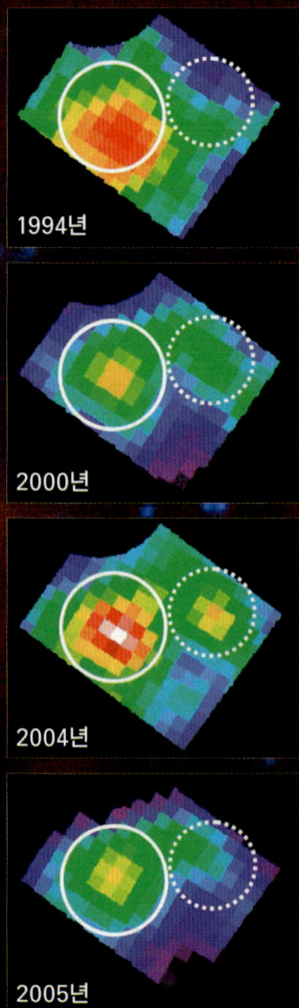

300년 전 궁수자리 A*의 밝기 증가로 인해 빛나는 성운 '궁수자리 B2'

일본 연구팀이 약 10년(1994년~2005년)에 걸쳐 일본의 X선 천문 위성 '아스카'와 그 후계기 '스자쿠', NASA의 찬드라, ESA의 XMM 뉴턴을 사용해 궁수자리 A* 부근을 관측하고, 데이터를 자세히 분석해 밝혀졌다.
궁수자리 A*에서 약 50광년 떨어진 성간 물질(이 페이지 위쪽의 찬드라 영상에서 파란색 아지랑이처럼 보이는 영역)에서도 2000년, 2004년, 2005년의 찬드라 관측을 통해 궁수자리 A*에서의 빛 메아리가 포착되었다.

(촬영)
1994년: 아스카
2000년: 찬드라
2004년: XMM 뉴턴
2005년: 스자쿠

2013년 9월 14일에는 궁수자리 A*는 400배로 밝아졌다

오른쪽 일련의 영상은 2013년 9월 14일에 찬드라 X선 천문 위성이 고에너지 X선으로 관측한 궁수자리 A*. 약 14시간에 걸친 관측 데이터의 일부이다. 궁수자리 A*가 급격히 밝아진다는 것을 알 수 있다. 두 페이지에 걸친 영상은 찬드라가 포착한 궁수자리 A*의 전체 모습이다. 낮은 에너지, 중간 에너지, 높은 에너지의 X선을 각각 빨간색, 초록색, 파란색으로 착색해 합성했다.

궁수자리 A*에 접근한 천체

우리은하 중심에서 일어날 것으로 기대된 '천체 쇼'는 어떻게 되었나?

2012년 1월, 독일 막스플랑크 연구소의 연구팀이 궁수자리 A*에 고속으로 접근하는 천체를 발견했다. 먼 곳에 있기 때문에, 이 천체의 자세한 모습은 알 수 없었지만, 지구 3배 정도의 질량을 지닌 지름 수백 천문 단위의 가스 구름으로 추측되었으며 'G2'라는 이름이 붙여졌다.

처음에 G2는 2013년 여름에 우리은하 중심의 거대 블랙홀에 최대 접근해 통과할 것으로 예상되었다. 거대 블랙홀은 매우 강한 중력을 지닌다. 그런 중력원에 천체가 접근했을 때 도대체 무슨 일이 일어날까. 지금까지 그런 현장은 목격되지 않았기 때문에 연구자들은 기대에 부풀어 그 결정적 순간을 기다렸다.

일본 도쿄 공업대학교 사이토 다카유키 특임 부교수는 G2가 거대 블랙홀 옆을 통과할 때 일어나는 현상을 시뮬레이션했다. 그에 따르면, 블랙홀의 강력한 조석력(138페이지)에 의해 G2는 길게 늘어나 100분의 1 이하의 두께까지 찌부러진다. 그 결과, 가스의 온도가 오르고 전자기파(빛)를 방출하기 때문에, 가스 구름은 약 1년의 통과 기간 동안, 최대 태양 절대 광도의 50배 정도 밝기로 빛날 것이라는 결론을 이끌어 냈다. 다만 유감스럽게도 성간 공간에 있는 먼지(dust)에 빛이 흡수되어 지구까지는 도달하지 않는다. 이밖에도 여러 연구팀이, 통과할 때 G2가 궤도를 벗어나 블랙홀에 끌려 들어간다는 다양한 시뮬레이션 결과를 내놨다.

G2 관측은 성간 흡수를 받는 가시광선을 제외한 모든 파장(전파, 근적외선, X선,

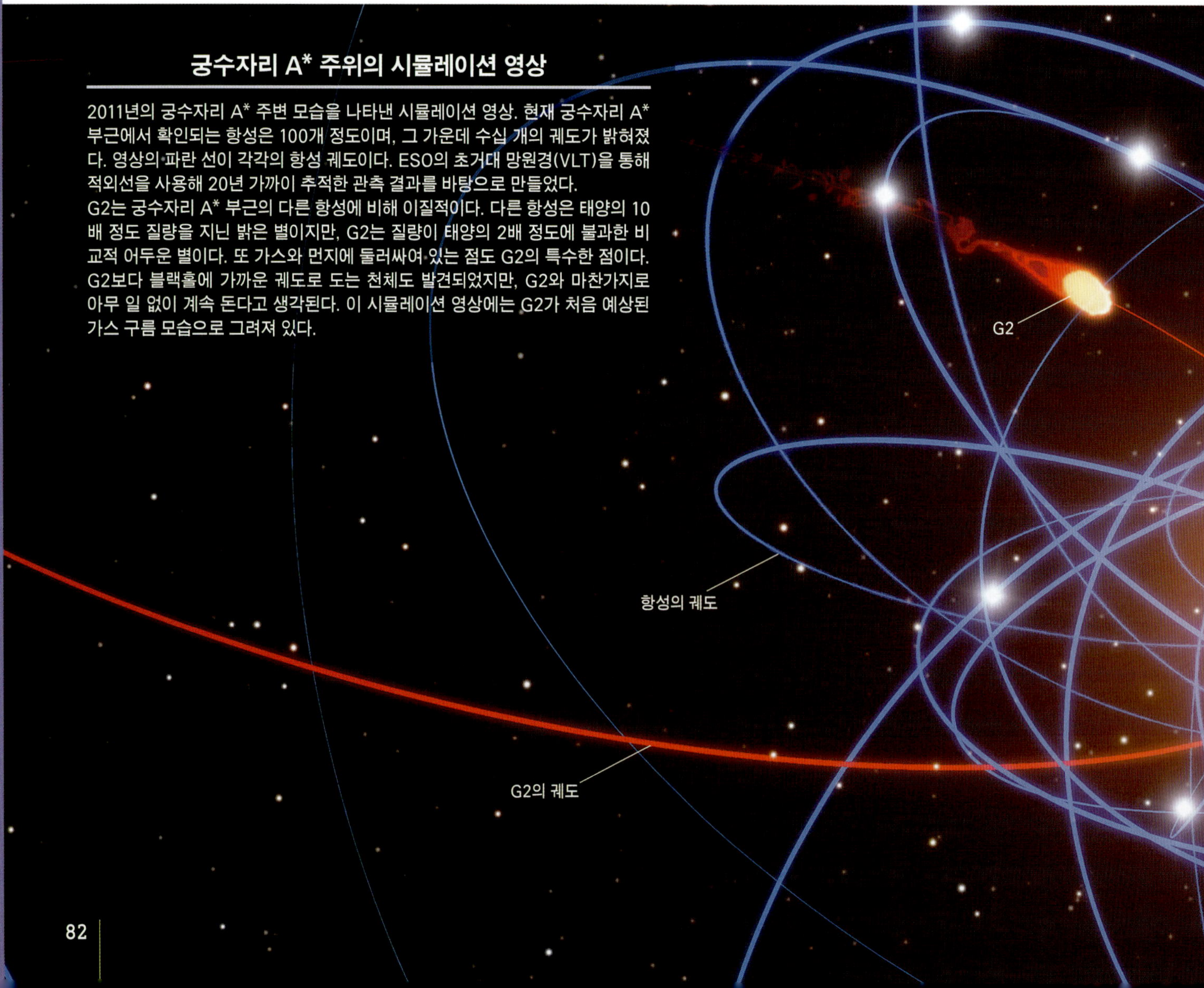

궁수자리 A* 주위의 시뮬레이션 영상

2011년의 궁수자리 A* 주변 모습을 나타낸 시뮬레이션 영상. 현재 궁수자리 A* 부근에서 확인되는 항성은 100개 정도이며, 그 가운데 수십 개의 궤도가 밝혀졌다. 영상의 파란 선이 각각의 항성 궤도이다. ESO의 초거대 망원경(VLT)을 통해 적외선을 사용해 20년 가까이 추적한 관측 결과를 바탕으로 만들었다.
G2는 궁수자리 A* 부근의 다른 항성에 비해 이질적이다. 다른 항성은 태양의 10배 정도 질량을 지닌 밝은 별이지만, G2는 질량이 태양의 2배 정도에 불과한 비교적 어두운 별이다. 또 가스와 먼지에 둘러싸여 있는 점도 G2의 특수한 점이다. G2보다 블랙홀에 가까운 궤도로 도는 천체도 발견되었지만, G2와 마찬가지로 아무 일 없이 계속 돈다고 생각된다. 이 시뮬레이션 영상에는 G2가 처음 예상된 가스 구름 모습으로 그려져 있다.

감마선)으로 이루어졌다. 그렇지만 실제로 G2가 거대 블랙홀을 통과할 동안, 예상되던 밝기 증가(增光)는 보이지 않았다. 궤도 이탈도 일어나지 않았으며, 길게 늘어나지도 않은 채 G2는 아무 일도 일어나지 않았다는 듯이 지나갔다.

결과를 분석하던 중 G2의 정체가 연구자들이 처음에 생각한 것과 달랐을 가능성이 높다는 결론이 나왔다. 밝기가 변하지 않았다는 점과 궤도 변화가 보이지 않았다는 관측 사실에서, G2는 가스 구름 단체가 아니라 그 중심에 항성이 있을 가능성이 높았다.

G2의 중심에 항성이 있다면, 지금까지 생각한 것보다 훨씬 중력이 강해지고, 그만큼 조석(潮汐) 반지름은 커진다. 조석 반지름이란 어떤 천체의 자기 중력과 블랙홀의 중력이 서로 버티어 대항하는(길항하는) 크기이다. 그 천체의 크기가 조석 반지름보다 작으면, 천체는 블랙홀의 영향을 받지 않는다.

G2는 블랙홀의 영향을 받지 않았기에 조석 반지름보다 작은 1~2천문 단위 이하의 천체로 생각되었다. "G2 중심에 항성이 있고 처음 생각한 것보다 크기가 훨씬 작다면, 설령 블랙홀의 강한 중력이 있더라도 지금의 궤도에서는 부서져 빛나는 빅 이벤트는 일어나지 않을 것이다."(사토 특임 부교수)

그리고 이 크기와 질량으로 봤을 때, G2는 원래는 쌍성이었던 별이 합체한 것으로, 합체할 때 만들어진 가스와 먼지를 주위에 두르고 있었다고 생각된다. 관측된 적외선은 중심의 항성에서 방출되어 주변의 가스와 먼지에 일단 흡수되었다가 재방사된 적외선인 셈이다.

전 세계 연구자의 주목을 받은 '떠들썩한 천체' G2는 그대로 블랙홀 둘레를 계속 돌면서 수백 년 후에 다시 블랙홀에 최접근할 때를 맞을 것이다.

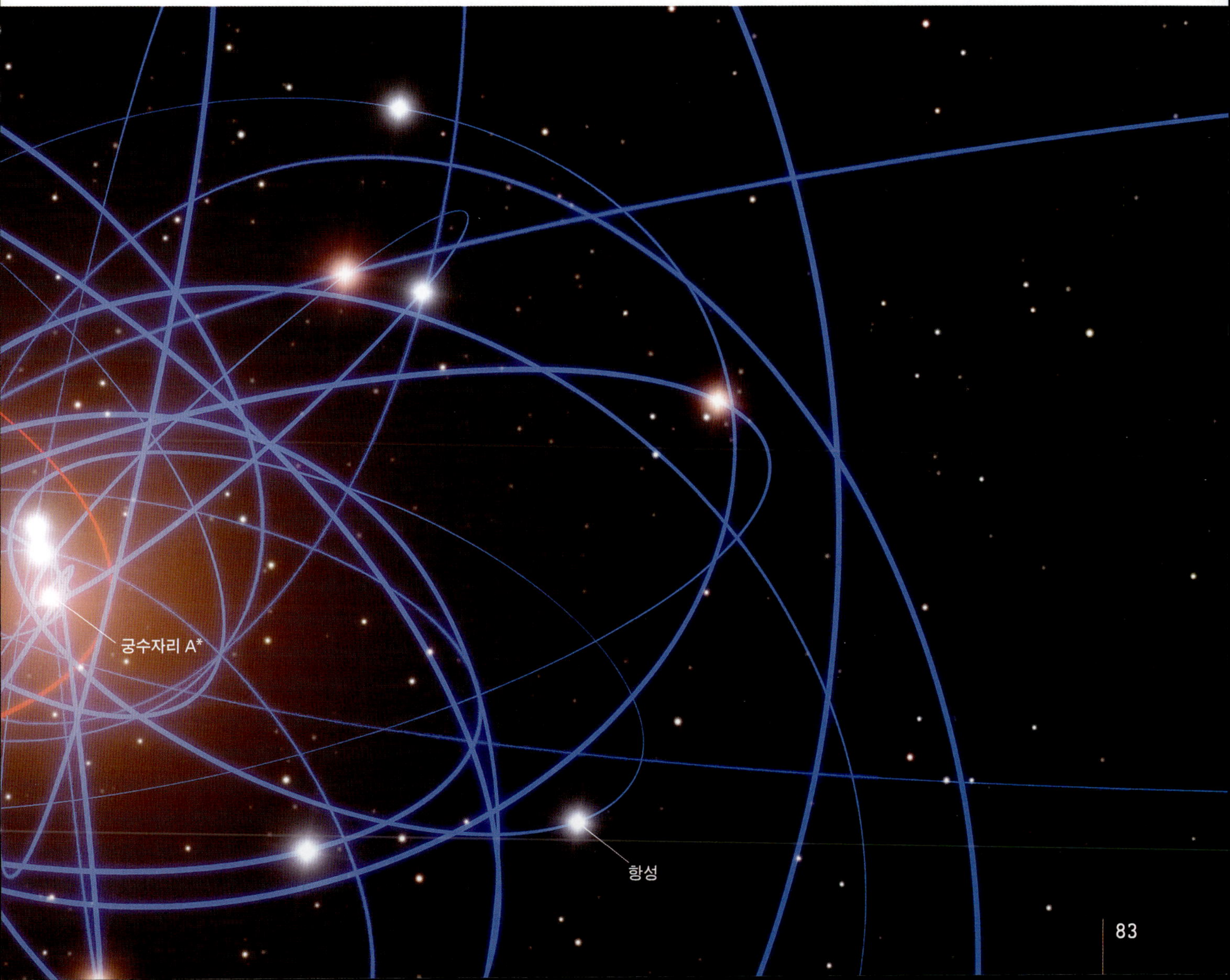

'검은 구멍'이 보이는 방식

'검은 구멍'은 멀리서 보면 어떻게 보일까?

망원경의 성능을 높이면 블랙홀은 어떻게 보일까?

만일 블랙홀이 존재하더라도 '사건의 지평면(Event horizon, 17페이지)'에서는 빛이 나오지 않기 때문에 보이지 않을 것이다. 그러나 블랙홀이라 생각되는 천체 주위에는 고온의 가스로 이루어진 '강착 원반'이 있어 빛(전자기파)을 방출한다. 따라서 사건의 지평면의 존재를 강착 원반의 빛에 에워싸인 '검은 구멍'으로 관측할 수 있다고 생각된다.

전자기파로 이 블랙홀의 '검은 구멍'을 직접 보려는 시도가 국제 프로젝트로 진행되었다. 이때 관측 대상의 최우선 후보가 된 천체가 우리와 가장 가까운 초거대 블랙홀인 궁수자리 A*이다.

'검은 구멍'의 모습은 일반 상대성 이론을 고려한 정확한 계산에 근거한 시뮬레이션을 통해 제시된다(아래 영상 참조).

이 시뮬레이션 영상을 보면, 강착 원반이 실제와는 다른 신비한 형태로 보인다.

블랙홀의 겉보기 크기

천체	질량(태양비)	겉보기 크기(슈바르츠실트 반지름. 탈출 속도가 광속이 되는 반지름)
백조자리 X-1	10배	0.1마이크로초각 이하
궁수자리 A*	450만 배	10마이크로초각
M31	3000만 배	1마이크로초각
M87	60억 배	8마이크로초각

제공: 일본 국립천문대 미요시 마고토

시뮬레이션에 근거한 블랙홀의 모습 (제공: 일본 토마코마이 공업고등전문학교 타카하시 노타 박사)

상대성 이론을 고려하지 않았을 때

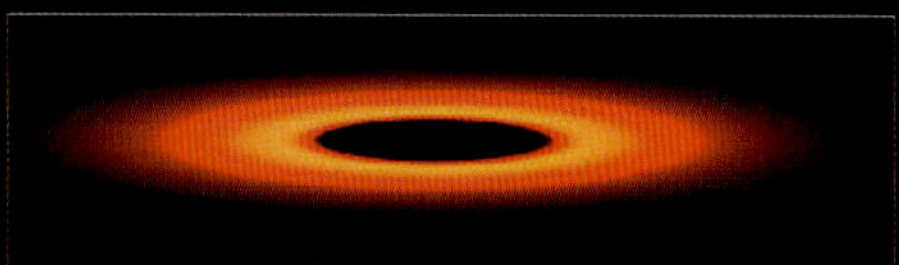

광속의 절반 속도로 자전하는 블랙홀을 수평면에서 10° 각도로 내려다봤을 때의 상대성 이론을 고려한 시뮬레이션 영상. 중앙의 검은 반원이 블랙홀, 그 바로 둘레가 가스가 거의 없는 영역이며, 빨간색과 노란색 부분이 강착 원반이다.

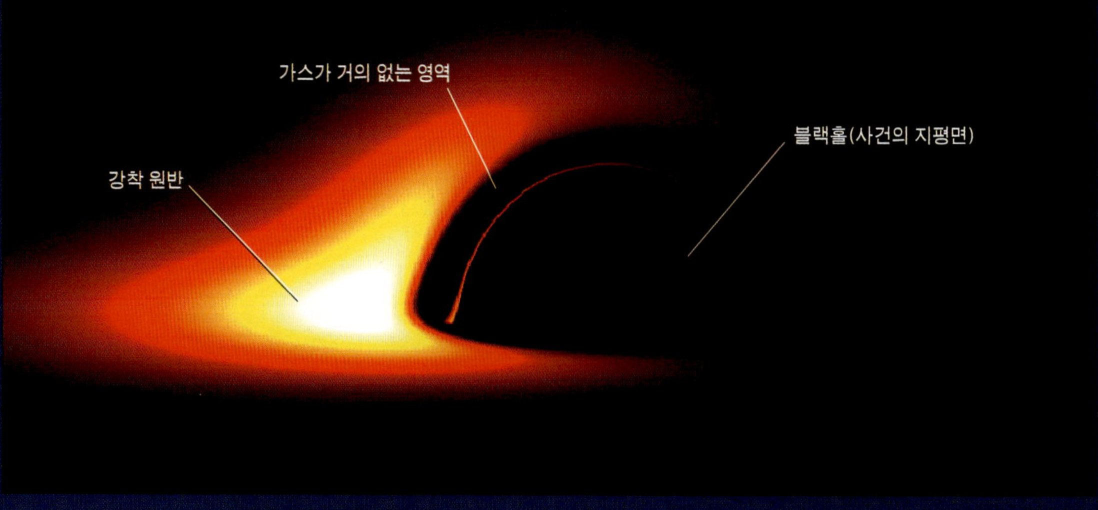

왜 이런 광경이 될까?

이것은 원반의 회전에 따른 '도플러 효과'와 일반 상대성 이론에 따른 '중력 때문에 빛이 휘어지는' 효과가 원인이다.

먼저, 원반을 가로 방향에서 보면, 원반의 한쪽 절반이 밝게 보인다(1). 왼쪽의 강착 원반은 뒤쪽에서 앞쪽을 향해 회전한다. 그러면 앞쪽으로 방출된 빛의 파장은 짧아진다(도플러 효과). 구급차가 달릴 때 앞쪽의 파장이 짧아져(진동수가 커져), 앞으로 전진하는 구급차의 사이렌 소리가 높게 들리는 것과 비슷한 현상이다. 회전 속도가 고속이기 때문에, 빛의 파장이 짧아짐과 동시에 에너지가 높아져 그 효과로 인해 밝게 보인다. 반대로 오른쪽은 앞에서 뒤쪽을 향해 회전하기 때문에, 빛의 파장이 길어짐과 동시에 에너지가 낮아져 그 효과로 인해 어두워진다.

또 한 가지, 블랙홀 뒤쪽에 있는 강착 원반이 솟아올라 보인다(2). 이것은 블랙홀의 강력한 중력, 즉 시공의 큰 휘어짐 때문에 블랙홀 반대쪽에서 오는 빛이 휘어져 우리 쪽으로 오는 듯한 효과 때문이다.

이처럼 블랙홀의 강착 원반을 멀리에서 보면, 도플러 효과와 일반 상대성 이론의 '중력 때문에 빛이 휘어지는' 효과가 겹쳐, 중심 부근의 강착 원반이 기묘한 형태로 비틀어져 보인다.

강착 원반이 비틀어져 보이는 이유

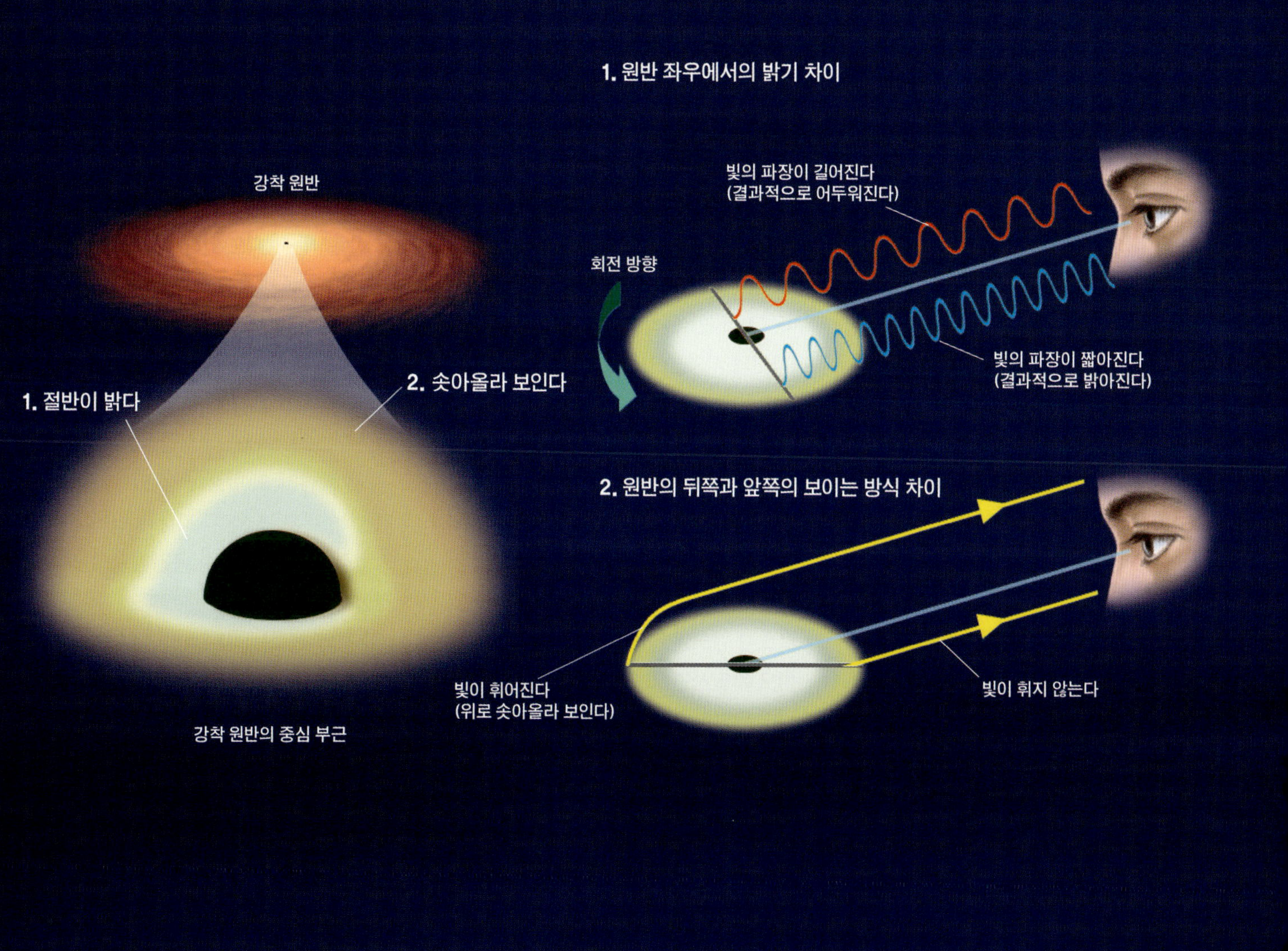

블랙홀의 '검은 구멍'을 실제로 보려면

그렇다면 실제로 '검은 구멍'을 보기 위해서는 어떤 방법이 있을까? 강착 원반은 장소에 따라 온도가 달라 다양한 파장의 빛(전자기파)을 방출한다. 관측하는 파장에는 여러 선택지가 있다.

빛(전자기파)은 파장에 따라 부르는 이름이 달라, 파장이 짧은 쪽부터 감마선, X선, 자외선, 가시광선, 적외선, 전파라고 부른다. 그리고 일반적으로 물질이 내는 빛(전자기파)의 파장은 온도가 낮을수록 길고 온도가 높을수록 짧아진다. 블랙홀 주위에 있는 강착 원반은 중심에 가까울수록 고온으로, 강한 X선을 방출한다. 따라서 X선 관측이 '검은 구멍'을 향한 지름길이다. 그러나 X선은 대기에 흡수되기 쉬워, 대기권 밖이 아니면 정밀하게 관측할 수 없다. 따라서 우주 망원경 개발에는 많은 비용이 필요하다.

가장 현실적인 방법은 서브밀리미터파 관측

유력한 방법은 전파 관측이라고 생각된다. 강착 원반의 '검은 구멍'에 가까운 부분에서는 물질의 온도와는 다른 요인(자기장과 전자의 상호 작용)으로 인해 X선만이 아니라 전파도 방출되기 때문이다.

게다가 전파는 천체를 세밀하게 보는 성능(분해능)을 높일 수 있는 '간섭계' 기술을 쉽게 이용할 수 있다. 간섭계란 복수의 망원경을 연결해 거대한 망원경과 같은 분해능을 실현하는 기술이다(오른쪽 페이지 그림). 원리적으로는 연결하는 망원경 사이의 거리를 벌릴수록 분해능을 높일 수 있다. 단, 집광 능력을 높일 수는 없다.

전파 간섭계로 '검은 구멍'을 보기 위해서는 전파 중에서도 '서브밀리미터파(submillimeter wave)'를 사용하는 것이 좋다. 서브밀리미터파란 '밀리미터(mm)'의 10분의 1(sub) 정도, 즉 파장 0.1~1mm의 전파를 말한다.

왜 서브밀리미터파 관측이 유망할까? 은하 중심에 있는 블랙홀은 질량이 거대한 만큼, '검은 구멍'도 커서 관측하기 쉬울 것으로 기대된다. 그러나 은하의 중심 영역은 구름 모양의 플라스마로 덮여 있기 때문에, 파장이 긴 전파는 플라스마를 통과하는 사이에 산란되어 '검은 구멍'의 형태가 '흐려져' 버린다. 이에 비해 파장이 짧은 서브밀리미터파는 플라스마에 의한 산란의 영향이 적기 때문에 '검은 구멍'의 형태를 정확히 관측할 수 있다.

'200만 이상의 눈'이 필요하다

지구에서 본 '검은 구멍'의 겉보기 크기는 M87의 중심 블랙홀과 우리은하 중심의 '궁수자리 A*'가 가장 크다고 생각된다. 그렇지만 둘의 경우에도 블랙홀 본체(사건의 지평면)의 반지름은 지구에서 본 각도의 크기로 겨우 10마이크로초각(3억 6000만분의 1°. 1초각은 3600분의 1°) 정도이다(84페이지의 표). 정확히는 블랙홀 본체의 약간 바깥쪽을 선회하는 빛의 궤도가 '검은 구멍'의 가장자리로 보일 것이기 때문에, 구멍의 반지름은 25마이크로초각 정도일 것이다. 이것은 인간의 시력으로 말하면 200만~300만 이상이 아니면 판별할 수 없는 작은 크기이다(60분의 1°를 구분할 수 있는 시력이 1.0에 해당한다).

그래서 2009년부터 시작된 것이 '이벤트 호라이즌 텔레스코프(EHT)'라는 국제 관측 프로젝트이다. EHT에서는 세계 각국에 있는 서브밀리미터파 전파 망원경을 연결해, 지구의 지름과 거의 같은 구경에 해당하는 전파 간섭계를 실현해, 블랙홀의 '검은 구멍'을 본다는 목표를 세웠다. '이벤트 호라이즌'이란 '사건의 지평면'을 말한다. 전파 간섭계에서는 동시 관측하는 망원경 쌍이 많으면 많을수록 정확한 전파 영상을 얻을 수 있다. 따라서 하와이에서 그린란드, 북미, 남미, 유럽, 남극까지, 세계 각지의 전파 망원경이 EHT에 참가하고 있다. 그리고 마침내 2019년, M87 은하의 중심 블랙홀의 '구멍'을 EHT로 실제로 영상화하는 데 성공했다(88페이지).

지상과 하늘에서 하나의 망원경을 만들 수도

간섭계 기술을 지상만이 아니라 우주에서 이용하는 계획도 있다. 대기권 밖에 쏘아 올린 천체 관측 위성의 망원경을 연결하거나, 천문 관측 위성끼리 연결해 관측하는 것이다.

전자의 예로는, 1997년에 일본 우주과학연구소(현 JAXA 우주항공연구개발기구)가 중심이 되어 쏘아 올린 전파 천문 위성 '하루카'가 있다. 지상에 있는 전파 망원경과 연결해 우주 공간에서의 전파 간섭계를 실현했다.

후자의 예로는 NASA의 'MAXI' 계획이 있다. 여러 X선 관측 장치를 쏘아 올려, 간섭 기술을 파장이 짧은 X선에서도 실현해, 원리적으로는 위에서 말한 서브밀리미터파 간섭계의 100배나 되는 분해능에 해당하는 0.1마이크로초각을 달성할 수 있다고 생각된다.

'지구 크기의 망원경'으로 블랙홀을 직접 본다

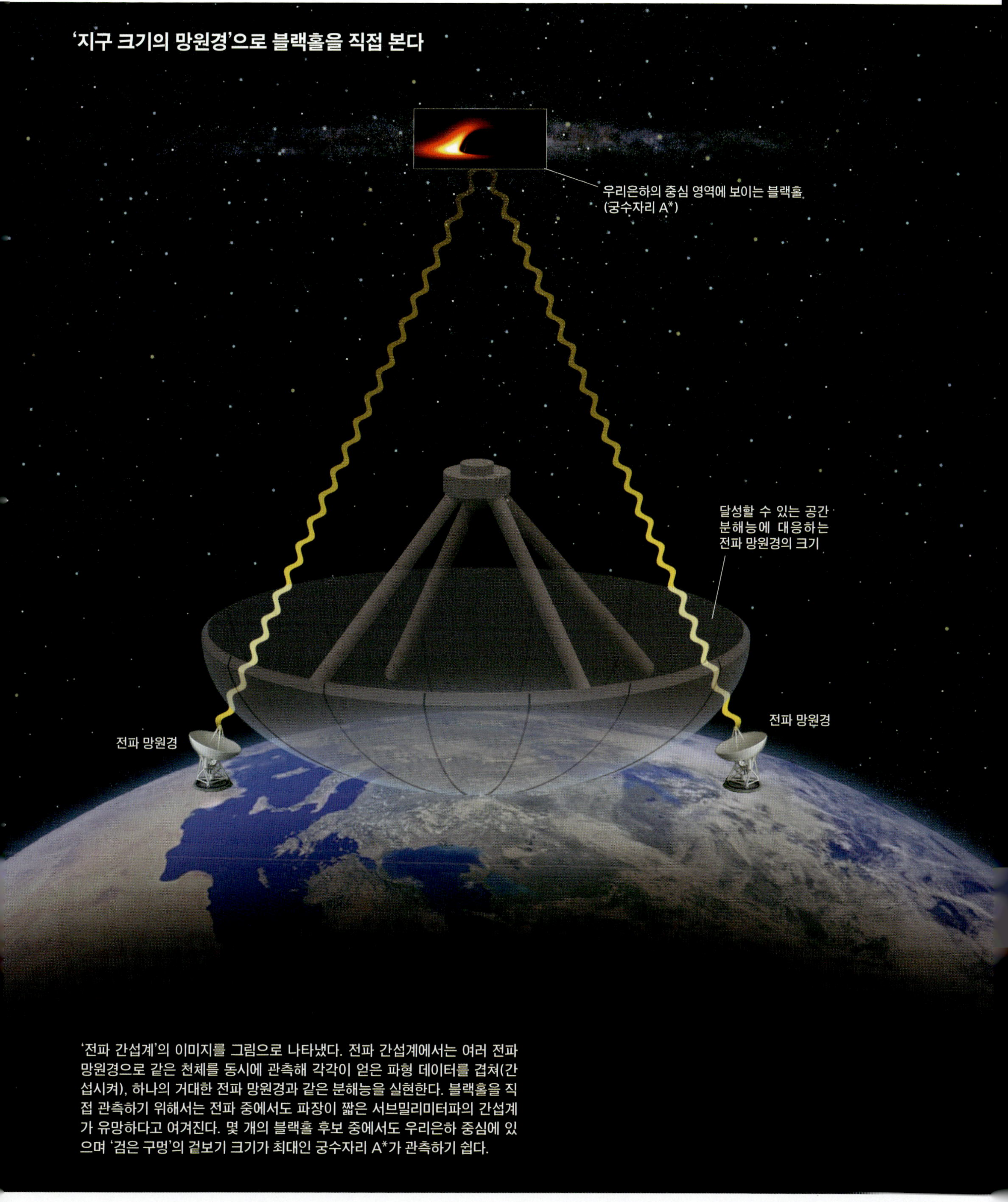

'전파 간섭계'의 이미지를 그림으로 나타냈다. 전파 간섭계에서는 여러 전파 망원경으로 같은 천체를 동시에 관측해 각각이 얻은 파형 데이터를 겹쳐(간섭시켜), 하나의 거대한 전파 망원경과 같은 분해능을 실현한다. 블랙홀을 직접 관측하기 위해서는 전파 중에서도 파장이 짧은 서브밀리미터파의 간섭계가 유망하다고 여겨진다. 몇 개의 블랙홀 후보 중에서도 우리은하 중심에 있으며 '검은 구멍'의 겉보기 크기가 최대인 궁수자리 A*가 관측하기 쉽다.

드디어 블랙홀이 '보였다'!

빛도 탈출할 수 없을 정도로 강하고 큰 중력을 가진 천체 블랙홀. 이 천체가 시공을 휘게 하고 물질을 포획하며 빛을 휘게 하는 모습도 일반 상대성 이론으로 설명할 수 있다. 단 실제로 그 모습을 포착한 영상은 없었다.

그런데 2019년 4월. 인류는 드디어 그 모습을 포착하는 데 성공했다. 2017년에 관측이 이루어진 뒤 긴 시간에 걸친 분석 결과로 나온 영상에는 타원 은하 'M87'의 중심에 있는 초거대 블랙홀 M87*의 '광자 고리'와 그 안쪽의 검은색 구멍이 찍혀 있었다(은하는 M87, 그 중심 천체는 M87*로 표기해 구별한다. *는 '스타'로 읽는다). 이 검은색 구멍이 인류가 처음으로 '본' 블랙홀의 모습이었다(오른쪽 페이지 영상).

블랙홀 가까이를 지나는 빛은 중력에 의해 진로가 휘어져 블랙홀 주위를 빙글빙글 돌 것으로 생각된다. 이것이 광자 고리이다. 그 안쪽에는 더 이상 다가가면 빛

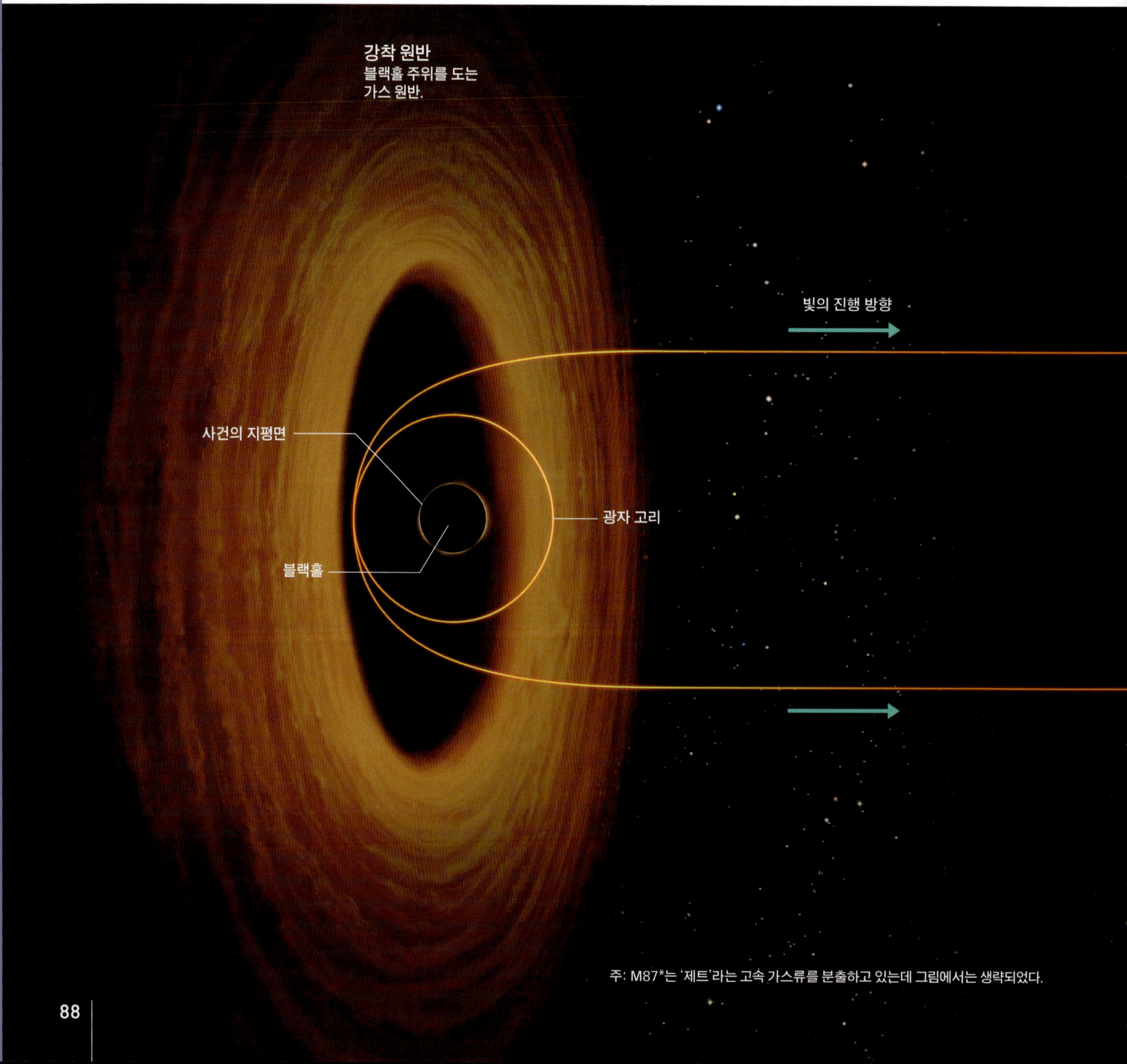

주: M87*는 '제트'라는 고속 가스류를 분출하고 있는데 그림에서는 생략되었다.

조차 탈출할 수 없게 되는 경계선, '사건의 지평면(이벤트 호라이즌)'이 있다(왼쪽 페이지 그림).

'시력 300만'의 망원경으로 블랙홀을 관측

블랙홀의 촬영에 성공한 것은 '이벤트 호라이즌 텔레스코프'[Event Horizon Telescope(EHT), 사건의 지평면 망원경이라고도 함]이라는 전파 간섭계이다. 전파 간섭계란 여러 대의 전파 망원경을 조합해 1대의 거대한 전파 망원경을 구성한 것이다. EHT는 국제적인 프로젝트로서, 지구상에 흩어져 있는 6지점 8대(2017년 시점)의 망원경을 사용해 파장 1.3mm의 서브밀리미터파로 M87의 중심 블랙홀을 관측했다. 그 '시력'은 무려 300만이나 되며, 이것은 대략 500km 떨어진 곳에 놓인 머리카락의 굵기를 잴 수 있을 정도로 매우 정밀한 것이다.

현재 인류의 기술로 촬영할 수 있는 블랙홀은 M87의 중심 블랙홀과 우리은하의 거대 블랙홀 궁수자리 A*이다. 2022년에는 EHT가 궁수자리 A*의 직접 촬영에도 성공했다는 발표가 있었다(90페이지).

그리고 2023년에는 세계 총 18대의 전파 망원경에 의한 '글로벌 밀리미터파 VLBI 관측망(GMVA)'이 M87의 중심부를 EHT보다 넓은 시야로 촬영해 블랙홀을 둘러싼 강착 원반과 그것에서 뿜어져 나오는 제트의 모습을 포착하는 데 성공했다.

밝은 고리와 검은색 구멍이 관측되었다

EHT가 촬영한 블랙홀의 영상에 찍혀 있는 것은 '광자 고리'와 그 안쪽의 검은색 구멍이다. 이 검은색 구멍 부분에 블랙홀이 있다. 광자 고리는 실제로는 공의 껍데기처럼 되어 있을 것으로 생각되지만, 여기서는 간단하게 하기 위해 생략했다.

인류가 눈으로 보는 역사상 두 번째의 블랙홀 그림자가 촬영되었다

2022년 5월 12일 오후 10시 07분(한국 시간), 기자 회견장의 스크린에 1장의 영상이 비춰졌다. 검은색 배경 안에 주황색 빛이 고리 모양으로 찍혀 있었다. 프랑크푸르트 괴테 대학교의 모리야마 고타로(森山小太郎) 연구원이 조용히 설명했다.

"이것이 우리은하의 중심에 있는 거대 블랙홀, 궁수자리 A*를 세계 최초로 시각적으로 포착한 모습입니다."

우리은하 중심에 있는 거대 블랙홀이 모습을 드러냈다

궁수자리 A*의 영상. 주황색 빛은 '광자 고리'(오른쪽 페이지 아래 그림), 그 중심에 있는 검은색 그림자 부분이 블랙홀 그림자이다. 단 색깔은 편의에 따라 입혔다. 궁수자리 A*는 우리은하의 중심에 존재하는 천체이며, 지구로부터의 거리는 약 2만 7000광년(1광년은 약 9조 5000억 km)이다.

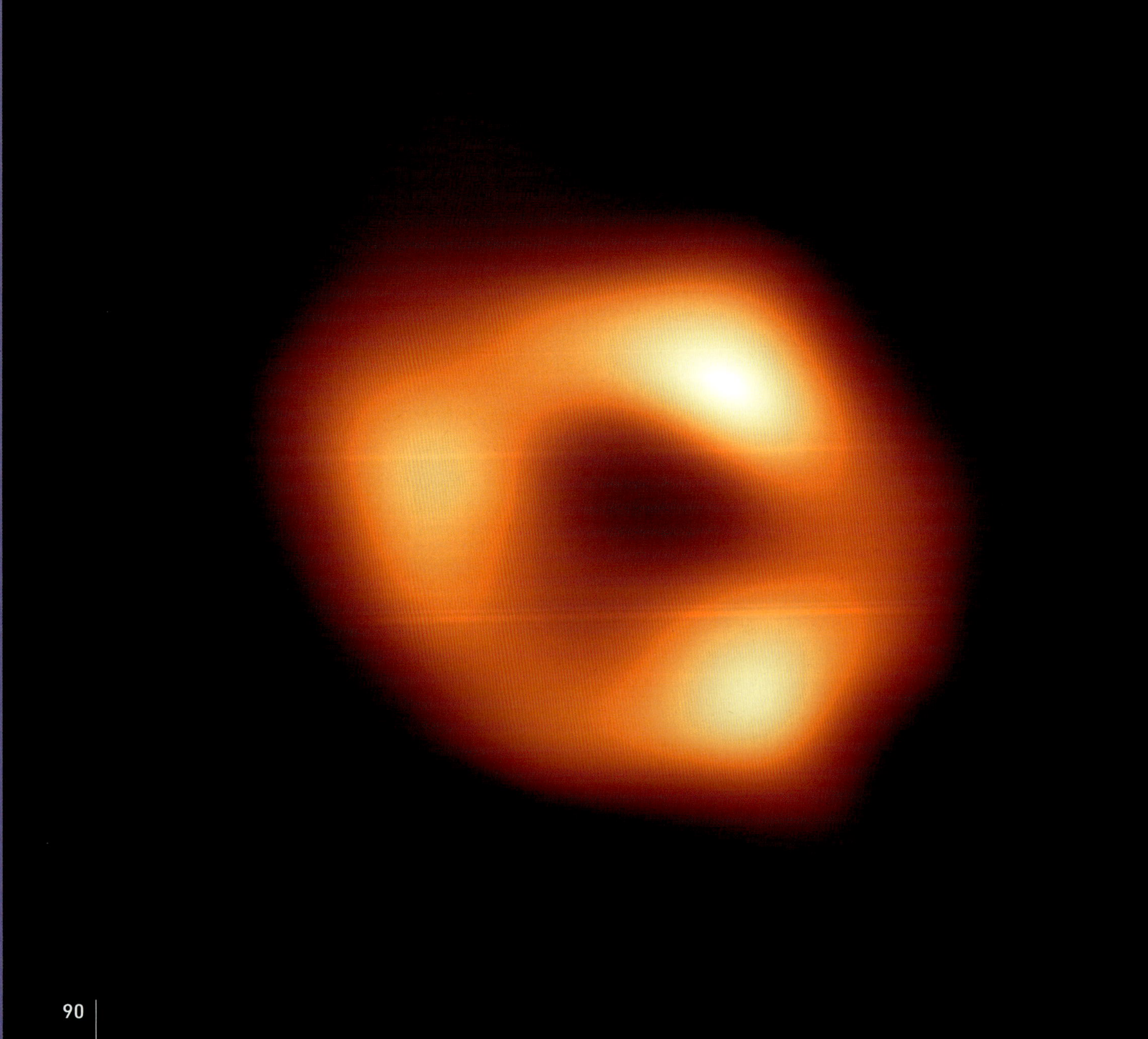

영상에 찍혀 있는 주황색 빛은 광자 고리(photone ring)라는 것으로, 블랙홀 주위에 있는 빛이나 전파가 블랙홀의 강력한 중력에 의해 휘어진 것이다. 그리고 그 한가운데의 검은색 부분 안에 거대 블랙홀 궁수자리 A*가 있다. 이 사진은 광자 고리의 역광에 의해 블랙홀의 그림자(black hole shadow)가 떠오른 상태를 보고 있는 셈이다.

지금까지의 연구 결과로부터 대부분의 은하 중심에는 태양 질량의 100만~100억 배 정도의 질량을 가진 '초거대 블랙홀'이 있을 것으로 생각된다. 2020년에 노벨 물리학상을 받은 독일의 라인하르트 겐첼 박사와 미국의 앤드리아 게즈 박사는 궁수자리 A* 부근의 천체의 움직임을 관측하고, 궁수자리 A*는 좁은 영역에 거대한 질량이 있는 천체라고 제시했다. 그러나 그들의 연구에서는 궁수자리 A*가 정말로 블랙홀인지 아닌지는 밝혀지지 않았다.

하지만 이번에 궁수자리 A* 부근에서 광자 고리와 블랙홀 그림자가 확인됨에 따라 궁수자리 A*가 초거대 블랙홀임이 최초로 증명되었다.

인류가 눈으로 보는 블랙홀 영상은 이것으로 역사상 두 번째이다. 이번 관측으로 밝혀진 블랙홀의 특징을 다음 페이지에서 살펴본다.

우리은하의 중심에 있는 궁수자리 A*

궁수자리 A*는 우리가 살아가는 우리은하의 중심에 위치한다. 가운데 영상은 2017년 4월 '동아시아 VLBI 관측망(EAVN)'이 촬영한 궁수자리 A*의 모습이다.

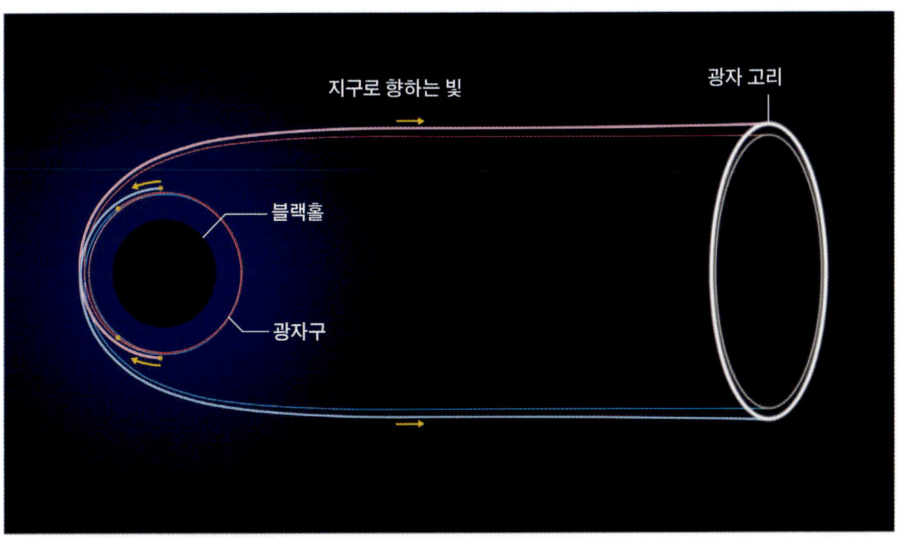

블랙홀 주위를 둘러싸는 빛이 만드는 '광자 고리'

블랙홀은 거대한 중력으로 주변에 있는 가스에서 방출되는 빛과 전파까지 끌어당긴다. 그 일부가 블랙홀 주위를 둘러싸는 것처럼 공 모양이 된 것을 '광자구'라 한다. 지구에서 광자구를 관측하면 지구를 향해 오는 빛이 고리처럼 되어 '광자 고리'로 관측된다.

인류 역사상 두 번째 위업. 첫 번째와 특징이 다른 블랙홀을 관측했다

이번에 궁수자리 A*의 블랙홀 그림자 촬영에 성공한 것은 전 세계의 80개 연구기관에서 300명 이상의 연구자가 참가하는 국제 공동 연구 프로젝트 'EHT'[Event Horizon Telescope(이벤트 호라이즌 텔레스코프, 사건의 지평면 망원경)]이다. EHT는 세계에 흩어져 있는 여러 전파 망원경의 관측 데이터를 서로 연결해 블랙홀을 관측했다(아래 그림).

궁수자리 A*의 영상은 2017년 4월 8개 망원경으로 관측한 데이터로부터 만들어졌다. EHT는 같은 시기에 지구로부터 5500만 광년 떨어진 타원 은하 'M87'의 중심에 있는 거대 블랙홀도 관측했으며, 그 영상은 2019년 4월 이미 발표되었다.

같은 시기에 관측되었음에도 불구하고 궁수자리 A* 영상은 M87의 블랙홀 영상보다 발표까지 약 3년이나 오래 걸렸다. 왜 발표 시기에 이렇게 차이가 났을까?

그 이유는 각각의 블랙홀 크기에 있다.

M87의 블랙홀은 질량이 태양의 약 65억 배로 초거대 블랙홀 가운데서도 엄청 큰 것이다. 그러면 주변 가스의 움직임이 비교적 느려 하루 정도 관측해도 변화가 없는 것처럼 보인다.

한편 궁수자리 A*는 무게가 태양의 약 400만 배로 M87에 비해 매우 작다(오른쪽 페이지 왼쪽의 그림). 그래서 주변의 가스는 수 분 단위로 블랙홀 주위를 돌아다니며, 그 영향을 받아 블랙홀의 겉모습은 수 분 단위로 변화한다. 그러면 1회 관측에 약 10시간의 시간이 필요한 EHT에게는 촬영 중 영상이 크게 흔들려 버리는 셈이라 올바른 영상을 얻기가 어렵다.

이것을 극복하기 위해 EHT에서는 이론 시뮬레이션 등을 활용해 변동하는 전파의 모습을 시간 평균하는 등의, 올바른 형태를 얻기 위한 영상 분석 기법을 개발했다. 미국, 일본, 캐나다 등의 연구자가 중심이 되어 개발한 4가지 소프트웨어를 이용해 총 20만 장의 영상을 작성했다. 그리고 그중에서 보다 정확성 높은 영상 약 1만 장을 선정해 다시 평균화했다.

이 약 1만 장의 영상은 대략 비슷한 구조를 가지는 한편, 완전히 똑같은 것은 아니어서 4개 그룹으로 분류되었다. 그 가운데 3개 그룹은 고리의 밝기 분포는 다르지만 지름은 거의 같은 고리 구조를 가지고 있었다(오른쪽 페이지 오른쪽 영상의 아래쪽, 왼쪽부터 1~3번째). 한편 명확한 고리 구조를 갖지 않는 영상도 얻어졌는데(오른쪽 끝), 관측 데이터와 시뮬레이션을 조합한 방대한 테스트를 통해 이것은 가능성이 매우 낮은 것으로 파악되었다. 이에 따라 고리 구조를 갖는 궁수자리 A*의 영상이 완성되었다. 얻어진 고리의 지름은 일반 상대성 이론의 예측과 잘 일치했다.

"영상화를 시작하고 얼마 후까지는 좀처럼 제대로 진행되지 않았지만, 영상 분석 기법과 얻어진 영상을 판정하는 기법을 개발하고 수많은 테스트를 거쳐 궁수자리 A*가 광자 고리 구조를 갖는 것을 매우 높은 정확도로 제시할 수 있었다. 마침내 여기까지 왔다고 생각하니 감개무량하다."(모리야마 연구원)

광자 고리는 거대 블랙홀의 바로 바깥쪽에 만들어지며, 시각적으로 얻을 수 있는, 블랙홀 그 자체와 가장 가까운 구조이다. 이 정도까지 블랙홀에 근접한 영상은 M87의 블랙홀에 이어 역사상 두 번째이다.

모리야마 연구원과 함께 궁수자리 A*의 영상 평가에 크게 공헌한 일본 도쿄 대학교 대학원 고후지 유타로(小藤由太郞) 대학원생은 "유형이 전혀 다른 초거대 블랙홀의 영상을 2개 얻음으로써 초거대 블랙

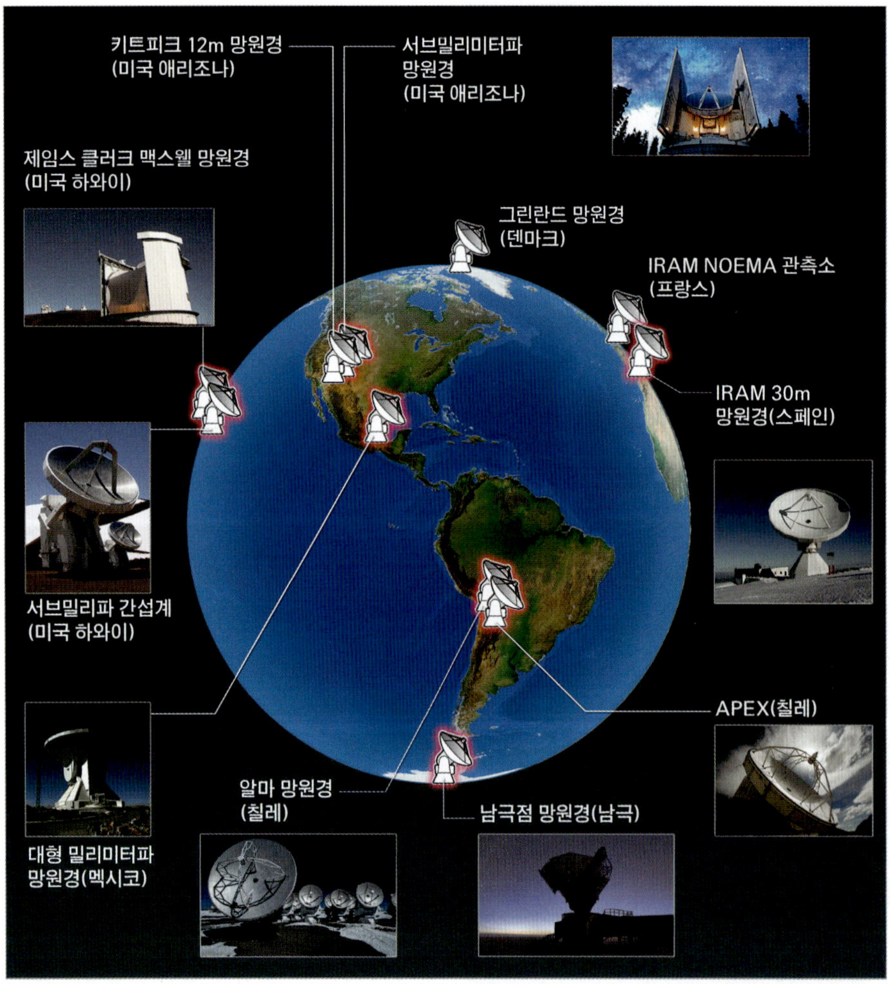

여러 망원경을 조합해 '지구 크기의 망원경'을 만든다

EHT는 지구 각지에 있는 전파 망원경이 관측한 데이터를 서로 연결함으로써 지구 크기의 대형 전파 망원경을 가상적으로 만들어 아주 멀리 있는 블랙홀을 관측한다. 궁수자리 A*의 영상을 촬영한 것은 위의 그림에서 빨간색으로 나타낸 8개 망원경이다. 2022년 현재는 망원경이 3개 더 늘어 총 11개가 되었다.

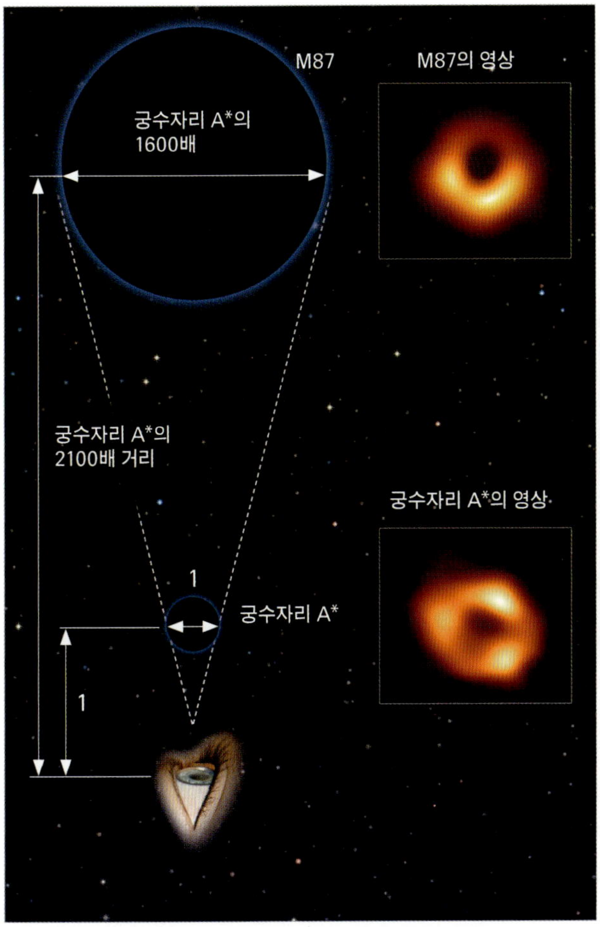

M87과 궁수자리 A*는 크기와 거리 모두 다르다

궁수자리 A*의 광자 고리는 지름 약 6000만 km로, M87의 블랙홀(광자 고리의 지름은 약 1000억 km)의 1600분의 1 정도 크기이다. 그러나 M87은 궁수자리 A*보다 지구로부터 2100배 정도 더 떨어져 있기 때문에 지구로부터의 겉보기 크기는 궁수자리 A*와 거의 같다(궁수자리 A* 쪽이 조금 크다).

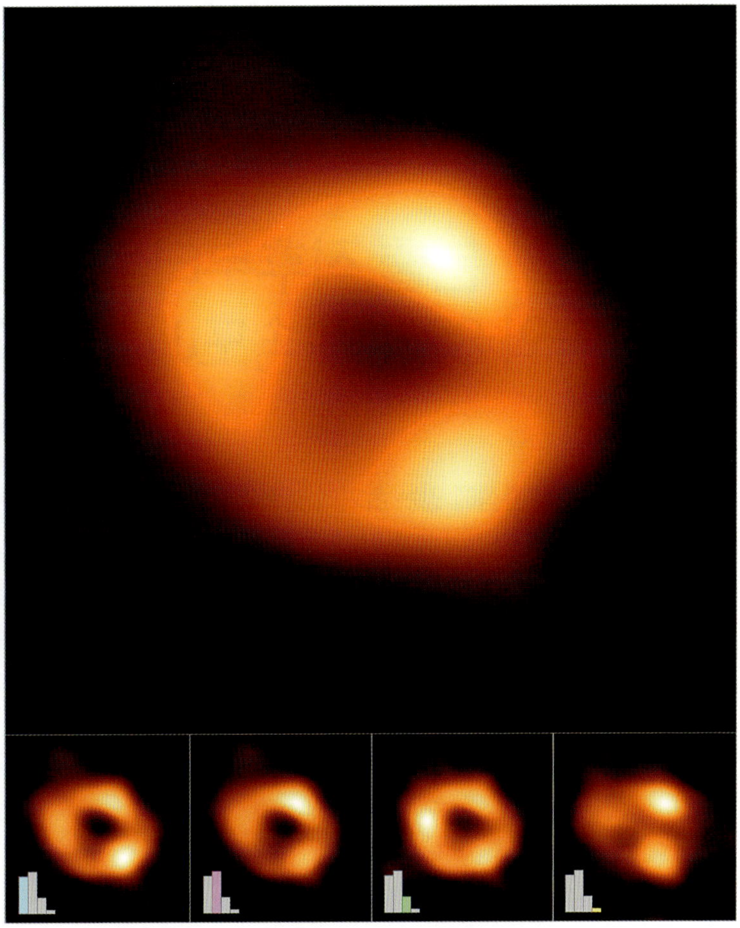

촬영된 대량의 영상은 4개 그룹으로 분류되었다

궁수자리 A*의 모습을 찾기 위해 선정된 1만 장의 영상은 그 특징으로부터 4개 그룹으로 분류되었다. 아래 단의 작은 영상 4개는 각 그룹마다 평균한 영상이다. 각각의 영상 아래에 제시한 채색된 막대그래프는 각 그룹의 영상이 전체에 차지하는 비율을 나타낸다. 광자 고리가 만들어지지 않는 그룹(오른쪽 끝)의 비율은 매우 낮다. 이들 4개 영상을 다시 평균화해 이번의 궁수자리 A*의 영상(위쪽)을 얻었다.

홀과 은하를 더 많이 이해하는 계기가 될 것"이라고 말했다.

한편 EHT의 관측 결과가 정말로 옳은지를 의심하는 의견도 있다. 2019년에 발표된 M87의 블랙홀 관측 데이터는 2022년 현재 8개 연구팀이 검증하고 있으며, 그 가운데 7개 팀(EHT 외부 4, 내부 3)이 EHT의 결과를 재현했다. 그러나 1개 팀은 광자 고리가 될 수 없다고 주장하는 논문을 2022년에 발표했다. EHT 일본 그룹을 이끌어 온 일본 국립천문대 미즈사와 VLBI 관측소의 혼마 마레키(本間希樹) 소장은 "EHT와 독립적으로 검증하는 것은 과학의 건전한 발전을 위해 매우 좋은 일"이라고 하면서 "우리는 몇 가지 영상 기법을 사용하고 있으며, 또 영상화 이외의 방법으로도 고리 구조를 확인하고 있으므로 결과가 잘못되는 경우는 없을 것이라 생각한다"고 말한다.

EHT는 M87, 궁수자리 A*의 관측을 계속하고 있다. 현재 참가 망원경은 2017년 당시보다 3개 늘었으며, 기록되는 데이터양도 늘어나고 있다.

더 짧은 파장에서의 관측, 영상 분석과 검증 기법의 발전을 통해 더 고해상도의 영상을 얻기 위해 노력하고 있다.

EHT에서는 세계의 많은 젊은 연구자가 활약하고 있다. 블랙홀 연구는 일반 상대성 이론의 검증, 은하 형성과 진화 같은 다양한 주제와 밀접한 연관이 있다. 젊은 연구자가 많이 참가해 연구자의 폭이 확대됨으로써 블랙홀을 목표로 하는 연구가 더욱 발전해 나갈 것이다.

column8

블랙홀 제트의 근원을 밝힌다!

분출 직후부터 광속의 80%의 속도에 이른다

M87의 중심에 있는 초거대 블랙홀 옆에서는 제트라는 고에너지 가스가 분출된다. 한일 합동 전파 관측을 통해, M87의 제트가 분출 후 바로 광속의 80%까지 가속된다는 사실이 밝혀졌다. 밝혀지지 않은 제트의 분출 메커니즘에 다가가는 성과라고 말할 수 있다. 이 성과는 2016년 3월 15일에 일본천문학회 춘계대회에서 보고되었다.

수많은 활동 은하 중에서도 격렬한 활동이 관측되는 은하가 지구에서 약 5000만 광년 떨어진 M87이다. M87의 중심에는 태양의 약 65억 배 질량을 지닌 초거대 블랙홀이 있다.

블랙홀은 그 주위에 있는 물질을 빨아들인다는 이미지가 강하지만, 전리된 플라스마 상태의 가스를 빔(beam) 모양으로 분출하기도 하는데 그 분출물을 '제트'라고 한다. M87의 초거대 블랙홀에서 나온 제트는 5500광년이나 되는 길이에 걸쳐 뻗어 있음이 확인되었다.

더구나 제트는 지구에서 움직임을 관측하면 겉보기 속도가 광속을 넘는다. 물론 광속은 자연계의 최고 속도이므로, 실제의 제트 속도가 광속을 넘을 리는 없다. 제트가 광속에 가까운 속도로, 거의 지구를 향해 분출할 때 이런 '착각'이 일어난다.

초거대 블랙홀은 강한 중력을 지닌다. 그럼에도 불구하고 그것을 떨치고 매우 빠른 제트가 분출되는 메커니즘은 자세히

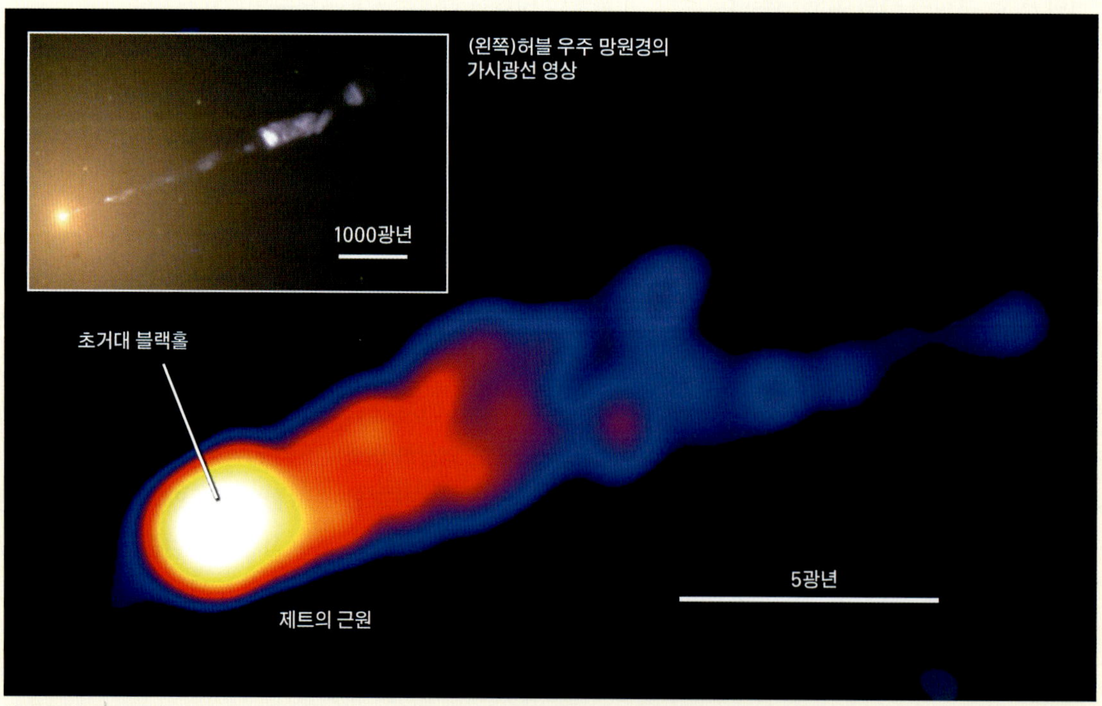

활동 은하 M87 중심에 있는 초거대 블랙홀에서 약 10광년 이내의 거리에 있는 제트의 활동 모습을 처음으로 정확하게 포착했다.

밝혀지지 않았다. 이것은 현대 천문학의 난제 중 하나로, 반세기 가깝게 논쟁의 표적이 되었다. 이론적으로는 초거대 블랙홀에서 발생하는 자기장 등의 영향으로 제트가 분출하지 않을까 생각된다.

지금까지의 관측 결과에서 제트의 겉보기 속도가 광속을 넘는 것은 초거대 블랙홀의 바로 옆에서가 아니라, 100광년 이상 떨어진 '하류 쪽'이라고 생각되었다. 또 제트가 분출하고 채 10광년이 지나지 않은 영역에서는 광속의 10~30%이라는 비교적 느린 속도라고 생각되었다. 그러나 최근 한일 합동 연구 그룹의 관측을 통해, 이 제트는 분출 지점에서 약 5광년 미만의 장소에서도 겉보기 속도가 광속을 넘고 있음이 밝혀졌다. 이때 제트의 실제 속도는 광속의 80%에 달했다. 이번 성과는 제트의 메커니즘을 밝히는 데 중요한 단서가 될 것이다.

고빈도 관측을 가능하게 한 전용 관측망

이 성과는 한국과 일본에 설치된 7개의 전파 망원경을 이용한 한일 공동 VLBI 관측망(KaVA) 최초의 본격 관측에서 얻었다. VLBI란 Very Long Baseline Interferomentry(초장 기선 전파 간섭계)의 약자로, 여러 전파 망원경을 동시에 사용해 관측하는 기술이다. 여러 전파 망원경의 수신 신호를 겹쳐, 1대의 거대한 전파 망원경으로 관측한 것과 같은 해상도를 얻을 수 있다.

현재 세계에는 VLBI 관측을 하는 전파 망원경이 여럿 있지만, 다른 관측도 하기 때문에 VLBI 관측에 할당된 시간은 짧았다. 따라서 지금까지 M87의 제트는 수개월~반년에 1회의 빈도로 관측할 수밖에 없었다. KaVA는 참가하는 모든 전파 망원경이 VLBI 관측 전용이기 때문에, 제트를 2~3주에 1회라는 높은 빈도로 관측할 수 있었다. 그 결과, 제트의 운동을 정확하게 추적할 수 있었다.

관측에 참가한 연구팀은 "앞으로는 더 세밀하고 노이즈가 적은 관측을 목표로 한다. 그것을 통해 제트의 변화 모습을 자세히 알 수 있을 것이다"라고 말한다.

한일 합동 VLBI 관측망과 관측 결과

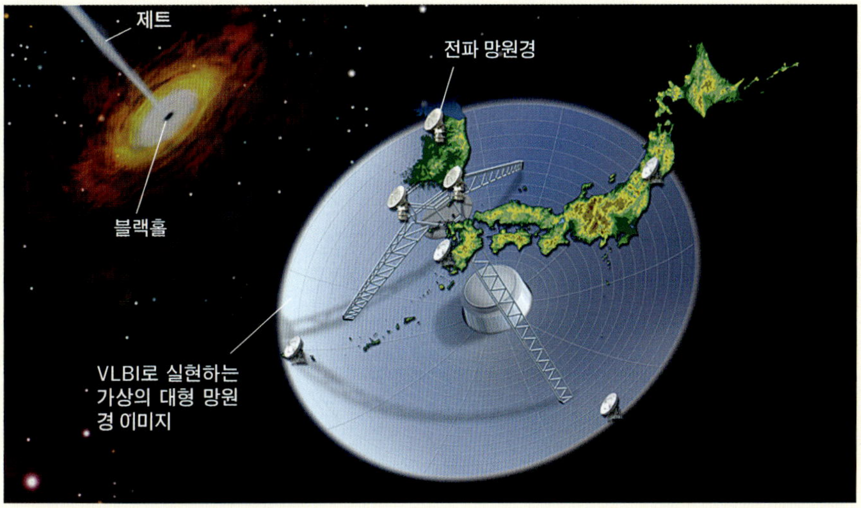

좀 더 자세히!
블랙홀의 정확한 위치는 어디일까?

현재 전파 망원경은 블랙홀을 직접 촬영하는 데 성공했다. 그러나 제트가 관측된 당시는 아직 제트의 근원 부분은 흐릿한 채여서, 관측 영상 어디에 블랙홀이 존재하는지 몰랐다.
2011년 일본 연구팀이 미국의 'VLBA(초장 기선 어레이 전파 망원경)'와 혁신적인 아이디어를 결합해, 거대 은하 M87의 블랙홀 위치를 정확하게 밝히는 데 성공했다(《Nature》 2011년 9월 6일호에 발표).
이론상, 관측하는 전파의 파장을 짧게 하면 관측할 수 있는 위치는 근원 쪽으로 쏠린다. 더 이상 쏠리지 않는 장소가 블랙홀의 본연의 모습이다. 그래서 연구팀은 6개 파장의 전파로 제트의 근원을 관측했다. 관측 결과, 파장 7mm의 전파로는 거의 쏠림이 진행되지 않아, 블랙홀은 제트의 근원(가장 밝은 부분) 위치에서 약 0.02광년(예상된 블랙홀 지름의 7배에 해당) 거슬러 올라가는 곳에 있는 것으로 밝혀졌다. 위치 결정 정확도는 블랙홀 지름의 2배이다.
그리고 2019년 4월, 파장 1.3mm 전파를 사용한 EHT를 통해 제트의 근원에 숨은 블랙홀의 촬영 영상이 공개되었다.

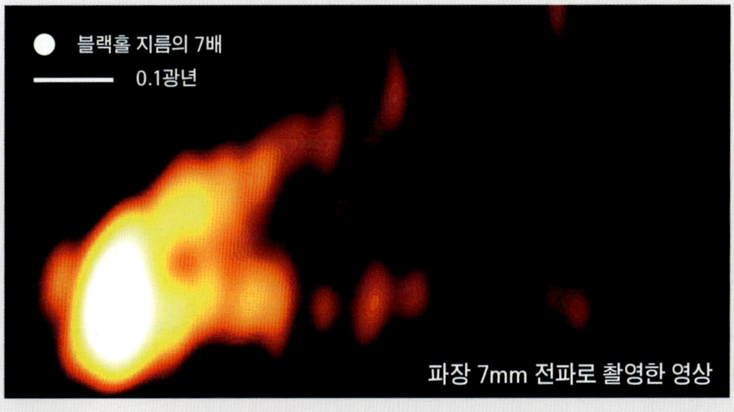

파장 7mm 전파로 촬영한 영상

4 초거대 블랙홀을 둘러싼 수수께끼

2장에서 항성 질량 블랙홀은 초신성 폭발의 결과로 생긴다는 것을 설명했다. 그러나 초거대 블랙홀의 형성 방법에 대해서는 아직 정설이 없다. 블랙홀의 진화는 은하의 진화와도 밀접하게 관련된다고 생각된다. 4장에서는 이 난제에 대해 생각한다.

협력

우메무라 마사유키 梅村雅之 일본 쓰쿠바 대학교 교수.

에비사와 겐 海老澤 研 일본 우주항공연구개발기구 우주과학연구소 교수.

혼마 마레키 本間希樹 일본 국립천문대 미즈사와VLBI관측소 소장.

우주 초기의
초거대 블랙홀

우주 탄생 극초기에 이미 초거대 블랙홀이 존재

대부분의 은하 중심에 있는 초거대 블랙홀. 그것들은 대체 어떻게 생겼을까?

2장에서 보았듯이, 항성 질량 블랙홀은 대질량 별의 일생 마지막에 일어나는 초신성 폭발 후에 만들어졌음이 밝혀졌다.

그러나 질량이 태양 수십억 배인 초거대 블랙홀을 만들 무거운 별이 만들어지는 천문 현상은 밝혀지지 않았다. 거대 블랙홀의 형성 시나리오는 별의 일생만으로는 설명할 수 없다.

최근 관측을 통해 초거대 블랙홀은 우주 탄생 7억 년 후에 이미 존재했음이 밝혀졌

약 7.47억 세의 우주에 초거대 블랙홀이 있었다

현재 발견된 가장 먼 퀘이사(Quasar)는 적색 이동 7.642(우주 탄생으로부터 6.7억 년)인 'J0313-1806'으로, 에리다누스자리 방향 131.3억 년 거리에 있다. 이 퀘이사의 초거대 블랙홀의 질량은 태양의 약 16억 배이다.

다. 빛(전자기파)의 속도는 유한하며 도달할 때까지 시간이 걸리기 때문에, 먼 우주를 망원경으로 관측하는 일은 과거 우주의 모습을 보는 것이다. 우주 나이 6.7억 세의 시대에 태양 질량 16억 배의 질량을 지닌 초거대 블랙홀과 약 8.7억 세에 120억 배나 되는 질량을 지닌 초거대 블랙홀이 발견되었다.

138억 년 우주 역사에서 보면 매우 짧은 기간에, 대체 어떻게 거대한 블랙홀이 생겼을까? 초기의 형성 시나리오를 생각할 때 이 문제는 큰 제약 조건이 된다.

J0313-1806의 상상도

초거대 블랙홀의 '씨앗'은 무엇?

원래 초거대 블랙홀은 맨 처음 어떤 블랙홀에서 시작되었을까? 초거대 블랙홀의 근원으로 생각되는 '씨앗 블랙홀'의 후보는 다음 2가지로 분류된다.

하나는 항성 최후에 남은 항성 질량 블랙홀※(1), 다른 하나는 거대한 가스 구름이 '직접 붕괴'해 만들어진 중간 질량의 블랙홀(2)이다.

초거대 블랙홀의 씨앗을 만들 수 있는 항성의 첫 번째 후보는 '1세대 항성(first star)'이다. 우주가 탄생한 후 약 3억 년이 지난 무렵에는 1세대 항성이 있었다. 1세대 항성은 매우 거대한 항성으로, 그 질량은 태양 질량의 수십 배~100배에 이르렀다고 생각된다. 잘하면 1000배 정도일 수도 있다. 이런 무거운 1세대 항성은 바로 수명이 다해, 태양의 수 배~100배의 블랙홀을 형성한다.

별이 고밀도 성단으로 태어난 경우에는 별끼리 합체해 대질량 별이 만들어지고, 그것이 미래에 초거대 블랙홀로 성장할 수 있는 씨앗 블랙홀을 만들었을 가능성도 제안되었다(105페이지).

또 하나 가스 구름의 '직접 붕괴' 메커니즘은 무엇일까? 우주 초기의 특수한 조건을 충족한 가스 구름은, 내부에서 성장한 가스 구름이 응축해, 태양의 1만~100만 배나 되는 '초대질량 별'이 생겨날 가능성이 있다. 이 별은 '별'이라고 불리지만, 보통의 항성처럼 핵융합을 일으킬 사이도 없이 바로 부서져 블랙홀이 된다. 그리고 순식간에 주위의 가스를 삼켜 단숨에 태양의 10만~100만 배의 질량을 지닌 블랙홀이 된다고 생각된다.

이런 직접 붕괴가 일어나기 위해서는 가스 구름이 초기 단계에서 별을 만드는 것이 아니라 대량으로 응축되어야 한다. 그 메커니즘으로는 '복사 저항(radiation resistance)'(빛 안에서 움직이는 것에서 생기는 저항, 오른쪽 그림의 설명 참조)이나 자외선에 의해 가스가 잘 식지 않는 효과에 따른 응축 등이 제안되고 있다.

※: 1장을 비롯한 이 책의 여러 곳에서 항성 질량 블랙홀의 질량을 '태양의 수 배~수십 배'라고 설명했다. 그러나 이 장에서는 항성 질량 블랙홀을 '별이 죽은 다음 생겨난 블랙홀'이라는 형성 메커니즘에 따라 정의한다. 현재의 우주에 있는 항성보다 무거운 1세대 항성이 남긴 블랙홀도 포함되며, 그 질량은 이론적으로는 항성의 질량에 따라 태양의 수 배~수백 배 폭을 지닌다. 단, 1세대 항성이 남긴 블랙홀도 전형적으로는 태양의 수십 배~100배라고 생각된다.

1. 항성에서 '씨앗'이 생겼다?

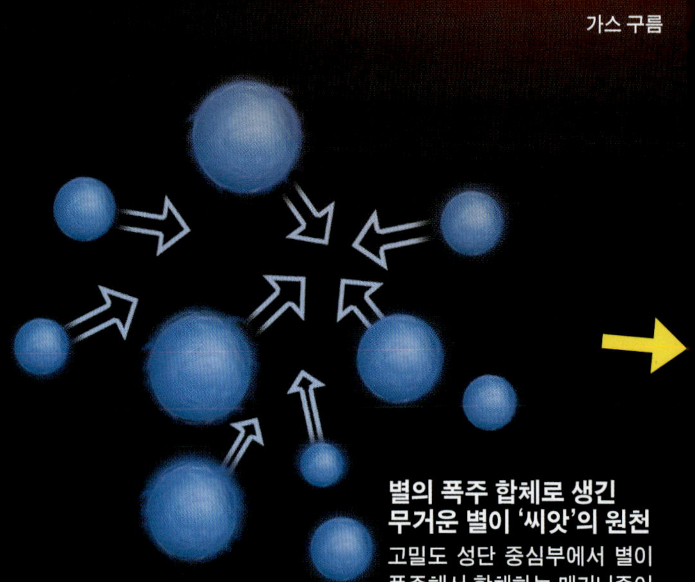

별의 폭주 합체로 생긴 무거운 별이 '씨앗'의 원천

고밀도 성단 중심부에서 별이 폭주해서 합체하는 메커니즘이 밝혀졌다. 이 합체로 만들어진 초대질량 별이 중력 붕괴를 일으켜 무거운 블랙홀이 생겼다.

2. 가스 구름의 직접 붕괴로 '씨앗'이 생겼다?

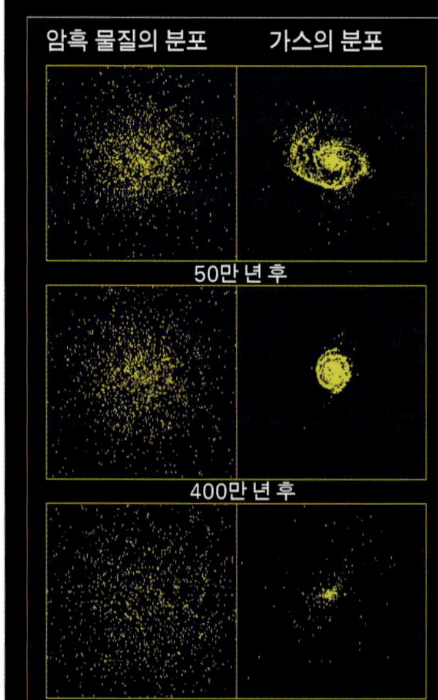

1990년대, 미국 하버드 대학교의 아브라함 로브 박사가 우주 초기에 가스 구름의 직접 붕괴로 중간 질량의 블랙홀이 만들어지는 메커니즘을 제안했으며, 로브 박사와 에드윈 터너 박사, 일본 쓰쿠바 대학교의 우메무라 마사유키 교수는 그 과정을 시뮬레이션으로 나타냈다. 왼쪽은 우메무라 마사유키 교수의 시뮬레이션. 가스 구름 안에 원반이 만들어지고 원반 내부에서 별이 생겨나면 별에서 나온 자외선으로 인해 가스는 이온화한다. 이때, 우주의 '맑게 갬'(탄생 후 약 30만 년 후에 빛이 자유롭게 날아다니는 상태) 이후 100만 년 정도밖에 지나지 않아 우주 전체를 가득 채운 '우주 배경 복사'가 대량으로 있기 때문에, 이온화한 가스는 우주 배경 복사로부터 '복사 저항'을 받는다. 이로 인해 각운동량(106페이지)을 잃은 가스가 원반 중심부로 떨어져 초대질량 별이 형성되었다. 이 별은 우주 나이 10만분의 1 정도의 시간에 중간 질량 블랙홀로 진화한다.

1세대 항성이 '씨앗'의 원천

1세대 항성의 항성의 근원이 되는 가스 구름에는 수소 분자 이외의 분자가 거의 없기 때문에, 빛의 방출로 인한 냉각이 일어나기 어렵다. 따라서 가스 구름은 거대하지 않으면 항성이 될 수 없고 대질량 별이 생기기 쉽다.

좀 더 자세히!
질량에 따른 1세대 항성의 운명

1세대 항성이 어느 정도의 질량을 지녔는지는 다양한 연구가 진행되고 있어, 아직 정확히 밝혀지지 않았다. 태양의 수십 배에서 100배는 되지 않았을까 생각된다.

1세대 항성이 어떤 최후를 맞았는지를 질량별로 제시한 이론 연구가 있다. 그것에 따르면, 1세대 항성의 질량이 태양의 25~40배인 경우, 핵융합의 연료가 바닥나 중력 붕괴에 의해 초신성 폭발을 일으킨 다음에 블랙홀이 남았다고 생각된다. 이때의 블랙홀 질량은 태양의 수 배~수십 배이다.

1세대 항성의 질량이 태양의 40~140배 및 260배 이상인 경우에는, 핵융합 연료가 바닥난 다음, 초신성 폭발을 일으키지 않고 그대로 중력으로 무너져 블랙홀이 된다. 이 블랙홀은 태양의 수십 배, 및 수백 배 정도의 질량을 지닌다.

1세대 항성의 질량이 태양의 140~260배인 경우에는 초신성 폭발은 일어나지만, 그 다음에는 아무것도 남지 않는다. 중심부가 초고온이 되어 '광자'가 '전자'와 '양전자' 쌍으로 바뀌고, 별을 지탱하던 빛의 압력이 빠지면서 단숨에 폭발을 일으켜 별 전체가 흩어져 버린다.

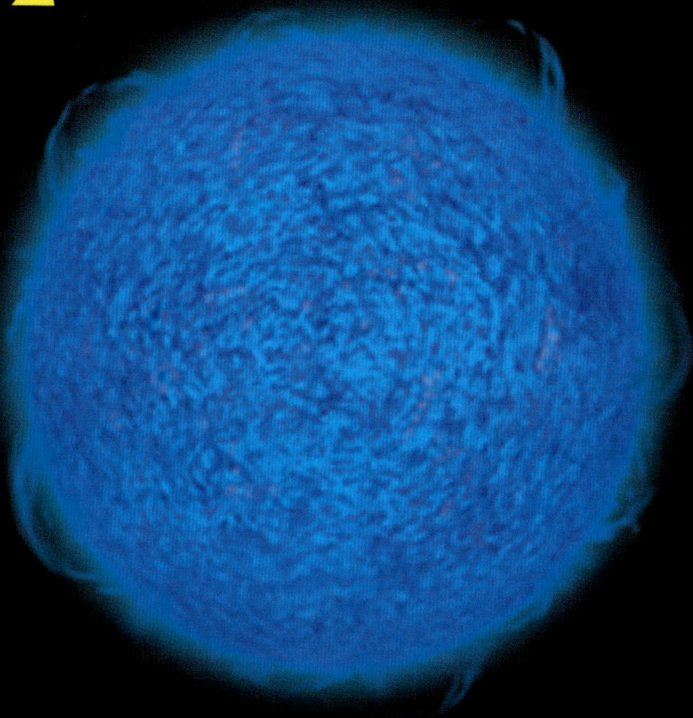

대질량 별

블랙홀

2016년 5월, NASA의 3개의 망원경 '찬드라', '허브', '스피처'의 관측 데이터를 바탕으로, 5억 세 미만의 초기 우주에서 가스 구름의 직접 붕괴로 씨앗 블랙홀이 만들어졌을 가능성이 있음이 발표되었다. 왼쪽 사진의 푸른 천체가 그중 하나이다. 위의 그림은 가스 구름 안 씨앗 블랙홀의 이미지이다.

column9

'암흑 헤일로' 안에서 1세대 항성이 태어났다

은하와 은하단은 정체불명의 물질 '암흑 물질(dark matter)'로 싸여 있다고 한다. 별과 은하는 그 암흑 물질 덩어리인 '암흑 헤일로'의 중심부에서 만들어졌다고 연구자들은 생각한다.

암흑 물질 덩어리 안에서 별이 생기는 과정을 그림으로 나타낸 것이 아래 1~4이다. 약 138억 년 전에 탄생한 후 얼마 지나지 않은 우주 공간에는 암흑 물질과

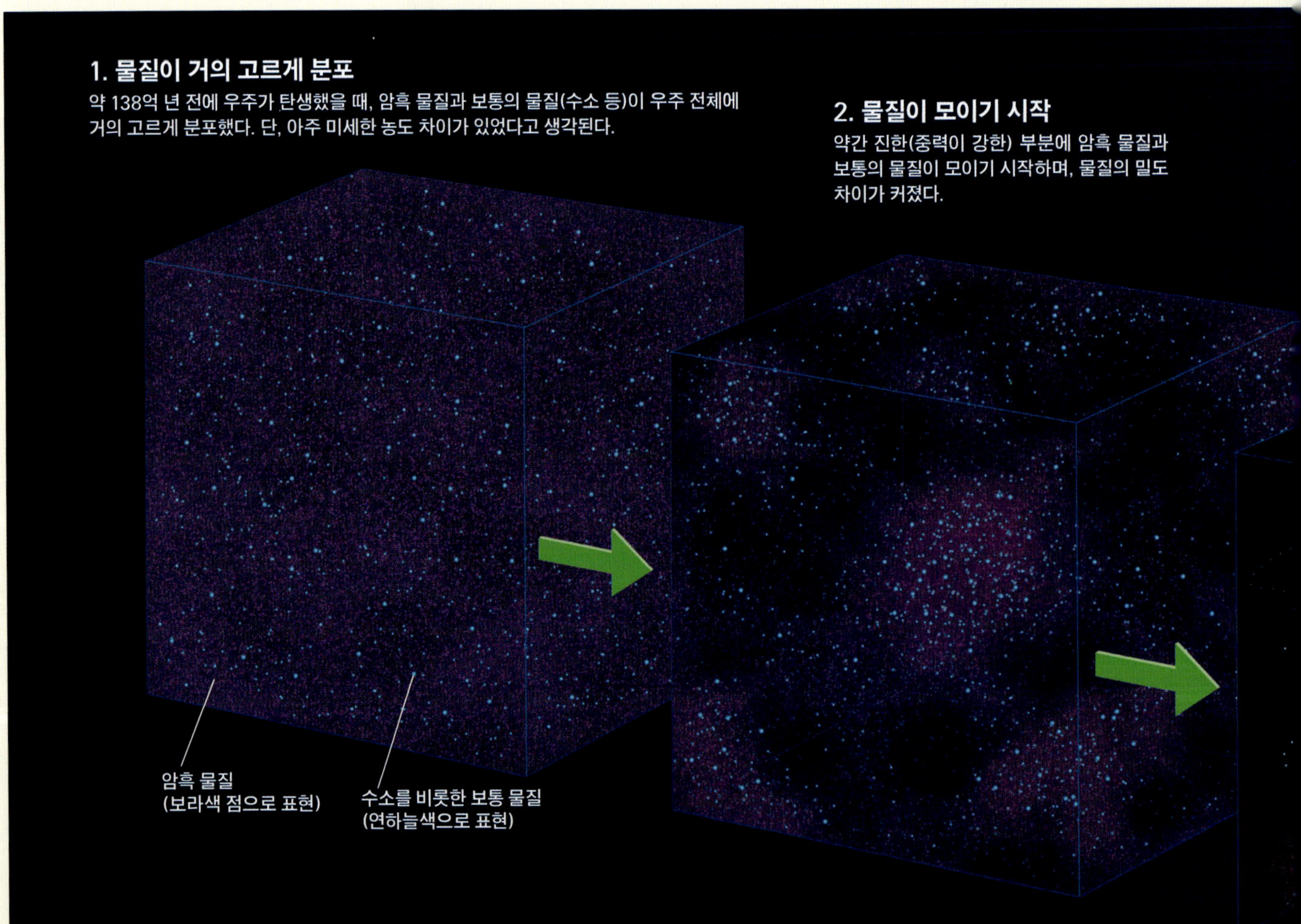

암흑 헤일로 안에서 최초의 별이 태어났다

암흑 물질 덩어리(암흑 헤일로) 안에 고농도로 모인 물질(가스 구름)에서 별이 태어날 때까지의 과정을 그림으로 나타냈다. 주로 수소 등으로 이루어진 가스 구름 안에서 1세대 항성(first star)이 태어났다. 우주에서 최초의 별이 생긴 것은 우주 탄생 이후 수억 년 이내이다. 1세대 항성의 수명은 300만 년 정도였으며 마지막에 '초신성 폭발'이라는 대폭발을 일으켜 수소와 헬륨, 그리고 별 내부에서 합성된 기타 원소를 주위로 흩뿌렸다고 생각된다. 이 원소들을 재료 삼아, 짙은 가스 구름 안에서는 그 후에도 계속 별들이 만들어졌다. 우주가 탄생한 후 8억 년 후(약 130억 년 전)에는 별이 모여 초기 은하가 생겼다.

보통의 물질이 거의 고르게 분포했다고 생각된다(1). 다만, 완벽하게 고르지는 않고 아주 미세하게 짙고 연한 얼룩이 있었다고 생각된다.

암흑 물질이 약간 진한 부분은 주변보다 중력이 약간 강해진다. 그러면 중력이 강한 곳으로 주변의 물질이 끌려온다. 그 결과, 암흑 물질이 약간 진한 부분으로 물질이 모인다(2).

암흑 물질이 모이면 덩어리(암흑 헤일로)가 생긴다. 그리고 이어서 작은(가벼운) 암흑 헤일로끼리 합체해, 큰(무거운) 암흑 헤일로로 성장한다(3). 암흑 헤일로 안에는 수소를 비롯한 물질이 고온의 희박한 가스 상태로 전체에 퍼져 있었다고 생각된다.

암흑 헤일로 안에 퍼져 있던 고온의 가스는 주위로 에너지(전자기파)를 방출하며 조금씩 냉각된다. 가스가 냉각되면 암흑 헤일로 중심 부근에 모인다. 이것이 별을 만드는 재료가 된다. 이런 형태로, 암흑 헤일로 중심부에 생긴 짙은 가스 구름 안에서 최초의 별이 탄생했다(4).

시뮬레이션에 따르면, 만일 암흑 물질이 우주에 존재하지 않았다면 별을 형성하기에 충분한 양의 물질이 모일 때까지 훨씬 긴 시간이 필요했을 것이라고 한다. 우주가 탄생하고 나서 약 138억 년 만에, 다종다양한 은하가 '붐비는' 우주가 생긴 것은 암흑 물질이 있었기 때문이다. 우리가 지금 이렇게 존재하는 것도 암흑 물질 덕분이라고 할 수 있다.

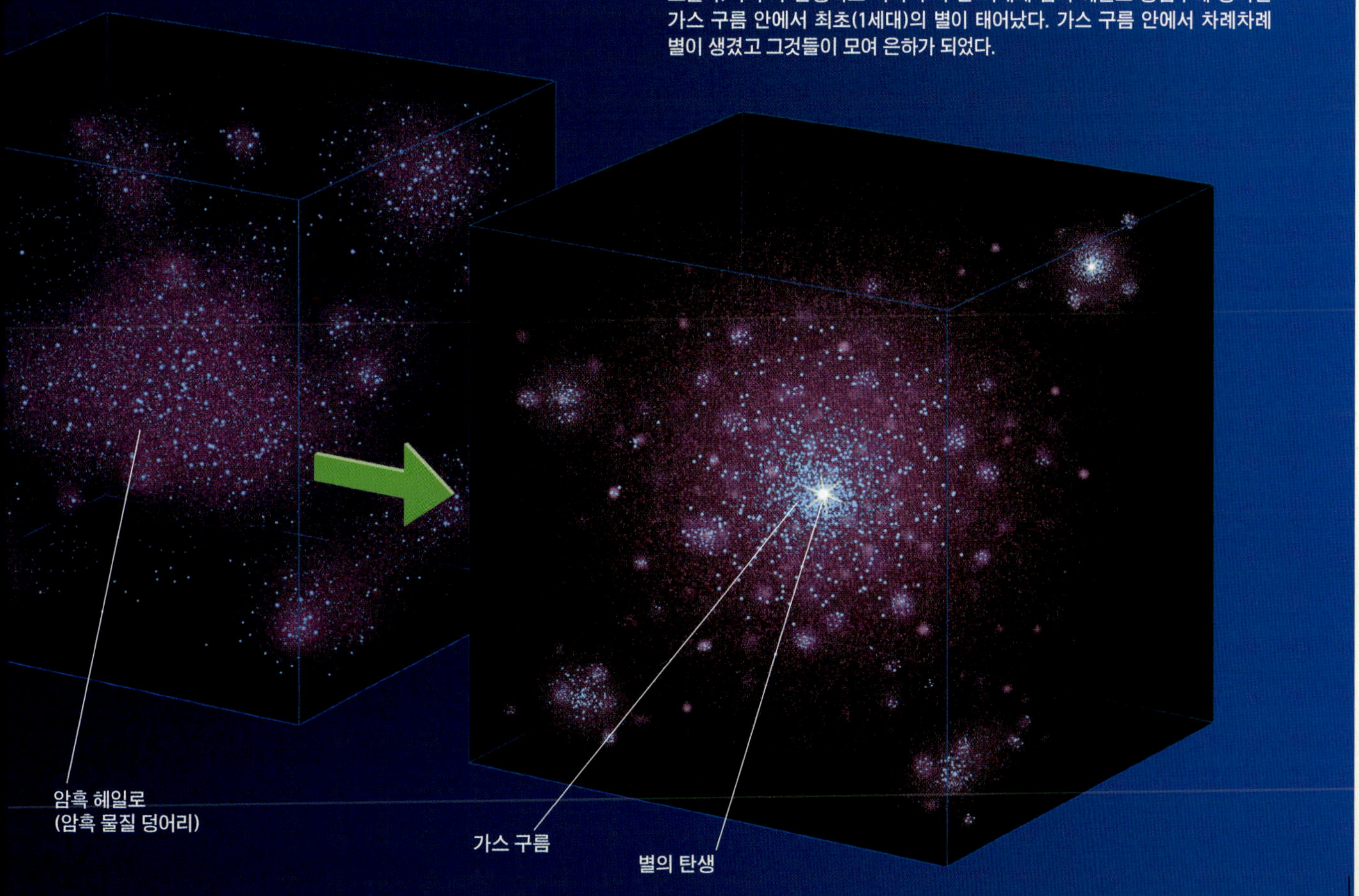

3. 암흑 헤일로가 성장

암흑 물질 덩어리인 암흑 헤일로가 생긴다. 작은 암흑 헤일로가 집합·합체하여 큰 암흑 헤일로로 성장한다. 덩어리가 커질수록(무거울수록) 중력이 강해지고, 암흑 헤일로 주위의 물질을 끌어당기며 점차 커진다.

4. 농축된 가스 구름 안에서 별이 탄생

암흑 헤일로 안의 가스는 전자기파를 방출하며 냉각되어(복사 냉각) 중심부에 모인다. 우주가 탄생하고 나서 수억 년 이내에 암흑 헤일로 중심부에 농축된 가스 구름 안에서 최초(1세대)의 별이 태어났다. 가스 구름 안에서 차례차례 별이 생겼고 그것들이 모여 은하가 되었다.

중간 질량 블랙홀

'제3의 블랙홀'은 존재할까

그런데 태양의 수 배~수십 배의 항성 물질의 블랙홀과 태양의 100만 배~10억 배의 초거대 블랙홀은 관측되었지만, 그 중간 질량을 지닌 블랙홀은 거의 발견되지 않았다. 그리고 그 이유도 밝혀지지 않았다.

중간 질량을 지닌 블랙홀 후보로 1990년부터 주목받은 것이 초광도 X선원(Ultra Luminous X Ray Resources, ULX)이다. ULX는 방출되는 X선으로 인해 항성 질량 블랙홀보다 약 100배 이상 밝게 빛나는 천체이다. 쌍성계 블랙홀은 그 질량이 클수록 X선으로 인해 밝게 빛난다. 따라서 ULX는 일반 블랙홀보다 질량이 수백 배 더 클 것으로 예상되었다. 오른쪽 페이지 영상은 1999년에 중간 질량 블랙홀 후보가 발견된 은하 'M82'이다.

단, 'ULX가 중간 질량이다'라는 가정은 ULX의 밝기를 바탕으로 유추한 것으로, 질량 그 자체를 계산한 것은 아니다. ULX에 대한 제2의 가설을 지지하는 일본 우주항공 개발기구의 에비사와 겐 교수는 이렇게 말한다. "지금까지 강착 원반이 발산하는 빛의 밝기는 질량에 따라 결정되는 한계※가 있다고 생각되었다. 원반의 밝기는 블랙홀이 가스를 빨아들이는 흐름의 양에 따라 강해지는데, 빨아들이는 흐름의 양에는 한계가 있다고 생각되었다. 그러나 기존 항성 질량 정도의 블랙홀 중에도, 한계 이상의 X선을 방출할 수 있는 특수한 강착 원반을 가진 블랙홀이 있을 것으로 생각된다. ULX의 정체를 확인하기 위해서는 블랙홀의 질량을 밝기가 아니라 그 주변 별의 운동을 통해 추정해야 한다."

은하와 초거대 블랙홀의 진화를 연구하는 일본 쓰쿠바 대학교의 우메무라 마사유키 교수는 다음과 같이 지적한다. "수명이 짧은 것은 관측될 확률이 낮다. 중간 질량 블랙홀이 발견되지 않는 이유는 그것이 바로 합체해 태양의 1만 배 정도로 거대화하기 때문일 수도 있다."

시뮬레이션을 통해, 만일 중간 질량 블랙홀이 실재한다면 중간 질량 블랙홀끼리 서로 끌어당겨 합체를 반복하며 은하 중심의 블랙홀이 될 수 있을 것으로 예상되었다.

※: 에딩턴 한계(중력과 복사압이 균형을 이룰 수 있는 막다른 상태)라고 한다.

쌍성계 블랙홀보다 100배나 밝은 X선원의 정체는?

현재, ULX의 정체를 둘러싼 2가지 가설이 있다. 어떤 가설이 옳은지는 결론이 나지 않았다. 앞으로 ULX의 밝기만이 아니라 질량을 계산하는 데 성공하면 결론이 날 것으로 기대된다.

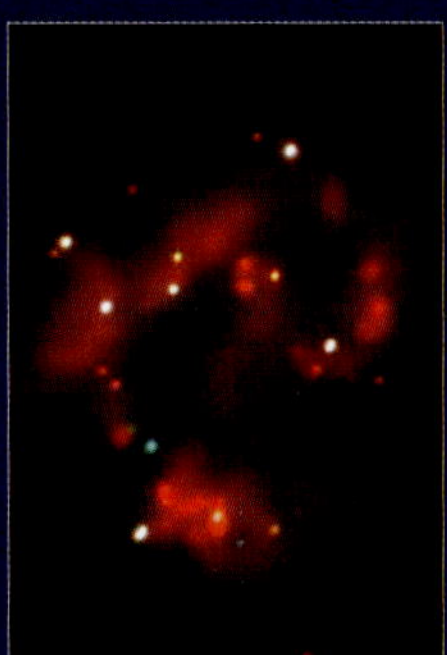

2001년에 관측된 ULX(초광도 X선원)
하얀 천체는 모두 기존 블랙홀의 약 100배나 밝게 X선으로 빛난다.

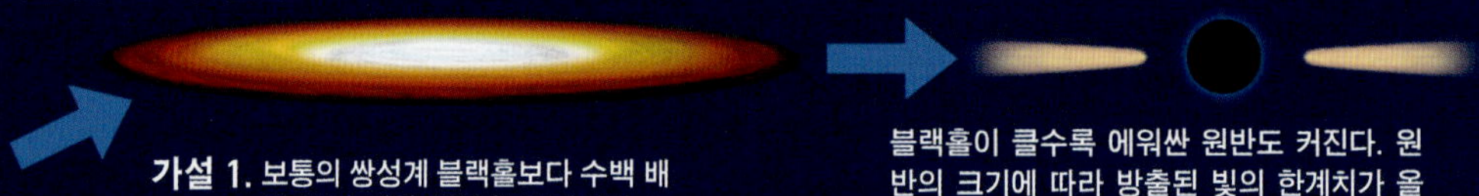

가설 1. 보통의 쌍성계 블랙홀보다 수백 배 큰 중간 질량 블랙홀 둘레에서 표준적인 원반이 빛나고 있다.

블랙홀이 클수록 에워싼 원반도 커진다. 원반의 크기에 따라 방출된 빛의 한계치가 올라간다. 따라서 ULX는 기존 쌍성계 블랙홀에 비해 수백 배 큰, 중간 질량 블랙홀일 가능성이 있다.

가설 2. 약간 무거운 쌍성계 블랙홀 둘레에 비정상적으로 밝게 빛나는 강착 원반이 존재한다.

보통의 쌍성계 블랙홀은 원반의 크기에 따라 방출된 빛의 한계가 결정된다. 단, 원이 기존보다 두꺼워지면, 쌍성계 블랙홀이어도 일반적인 빛의 한계를 넘어 10배 밝게 빛날 수 있다고 생각된다. 이 경우에는, 블랙홀의 질량은 기존 쌍성계 블랙홀보다 약간 무겁고 태양의 30배 정도가 된다.

중간 질량 블랙홀의 '제1후보'가 숨어 있는, 스타 버스트 은하 M82

영상은 M82를 다양한 파장으로 촬영한 데이터를 합성한 것이다. M82는 '스타 버스트(starburst, 폭발적으로 별이 형성되는) 은하'로 불리는 은하의 하나이다. 무거운 별이 최후에 일으키는 초신성 폭발에 의해, 은하 원반 중심 부근에서 양쪽 극 방향으로 가스가 분출되고 있으며, 은하 자체는 표준적인 렌즈 모양이다.

1999년, 일본 나고야 대학교의 마쓰모토 히로노리 부교수와 교토 대학교의 쓰루 다케시 교수 연구팀이 M82 중심에서 500광년 정도 떨어진 위치에 있는 X선원이 '중간 질량 블랙홀'이라고 보고했다. 그 후, 스바루 망원경을 사용한 관측을 통해, 중간 질량 블랙홀 주위에는 비교적 젊은 성단이 있음도 발견되었다.

이 발견들을 바탕으로 2004년 일본 이화학연구소 연구팀이 초거대 블랙홀 형성에 대해 다음과 같은 시나리오를 제안했다. 먼저, 은하끼리의 접근과 충돌 등으로 폭발적인 스타 버스트가 일어나 밀도 높은 성단이 순식간에 대량으로 만들어진다. 성단 안에서는 무거운 별이 중심으로 떨어지고 그것들이 합체해 생긴 별에서 중간 질량 블랙홀이 만들어진다. 이 중간 질량 블랙홀은 성단과 함께 은하 중심부로 떨어진다. 성단은 조석력 등으로 파괴되며 별이 벌지(bulge, 불룩한 부분)를 만들고, 블랙홀은 합체를 반복해 초거대 블랙홀이 생긴다는 시나리오이다.

2가지 성장 방법

합체를 통해 단숨에 커지는 방법과 가스를 빨아들여 커지는 방법이 있다

'씨앗 블랙홀'이 형성된 다음에는 어떻게 초거대 블랙홀로 성장할까? 블랙홀이 성장하는 방법은 크게 나누어 2가지이다. 하나는 블랙홀끼리 중력으로 끌어당겨 합체하는 방법(1), 또 하나는 블랙홀이 주위의 가스와 항성 등을 삼키는 방법(2)이다.

사실, 초거대 블랙홀은 그 질량의 대부분을 성장의 최종 단계에서의 '가스 빨아들임'으로 얻는다고 생각된다.※1 그러나 그 최종 단계가 될 때까지, 어디에서 어떤 방법으로 성장했는지에 대한 통일된 견해는 아직 없다.

가스 빨아들임과 합체라는 방법은 둘 다 언뜻 간단하게 실현된다고 생각할 수 있다. 어쨌든 블랙홀은 중력이 강해 빛마저도 빨아들이고 마는 천체이기 때문이다. 하지만 그렇게 단순하지는 않다.

먼저, 우주에 존재하는 천체는 모두 회전하며 원심력이 작용한다. 따라서 가스나 천체가 좁은 영역에 모여 있으려면 회전의 힘('각운동량'이라고 한다)을 빼는 메커니즘이 필요하다.

또 블랙홀은 우주에서 매우 작은 천체이다(같은 질량의 항성에 비해 반지름이 10만분 1에 지나지 않는다). 만일 2개의 은하가 충돌하더라도 은하 안에서 블랙홀이 만날 확률은 매우 작다. 더구나 운 좋게 블랙홀끼리 만나 서로의 중력으로 가까워진다 해도 당장은 서로의 둘레를 도는 쌍성이 되어 안정된 상태를 이룬다고 생각된다.※2 이 쌍성이 어떤 작용 때문에 수천 km의 거리(항성 질량 블랙홀의 경우)까지 가까워지면, 마침내 '중력파'를 방출하면서 접근해 합체한다.

그리고 형성된 초거대 블랙홀은 은하 중심부에 존재하고 게다가 그 질량은 은하의 벌지(불룩한 곳, bulge)와 밀접한 관계를 지닌 크기여야 한다(52페이지).

다음 페이지에서는 계속해서 블랙홀의 합체에 대해 살펴보자.

※1: '퀘이사'(중심부에 활동하는 초거대 블랙홀이 있다)의 밝기에서 퀘이사가 어느 정도의 가스를 빨아들이는지 짐작할 수 있다. 우주에서 관측되는 퀘이사의 밝기를 모두 더해 그 빨아들인 가스량을 추측하면, 전체 우주의 블랙홀 질량과 거의 같은 값이 된다. 이 점에서 현재 블랙홀의 전체 질량의 대부분은 퀘이사 단계, 즉 가스를 빨아들여 커졌다는 주장이 있다.

※2: 블랙홀끼리의 쌍성은 가스 외층을 지닌 항성끼리의 쌍성보다 안정적이다.

은하 중심의 블랙홀은 합체와 가스를 빨아들여 거대화했다

블랙홀이 거대화하는 모습을 그림으로 나타냈다. 성장하는 방법에는 블랙홀끼리의 합체(1)와 가스 흡수가 있다. 단, '은하 안에서는 매우 작은 존재인 블랙홀이 어떻게 충돌·합체를 반복할 수 있을까', '빨아들인 가스는 어디에서 어떻게 공급되었을까', '왜 대부분의 은하에서 거대 블랙홀은 중심에 하나만 존재할까' 같은 의문은 아직 밝혀지지 않았다.

1. 블랙홀끼리의 합체

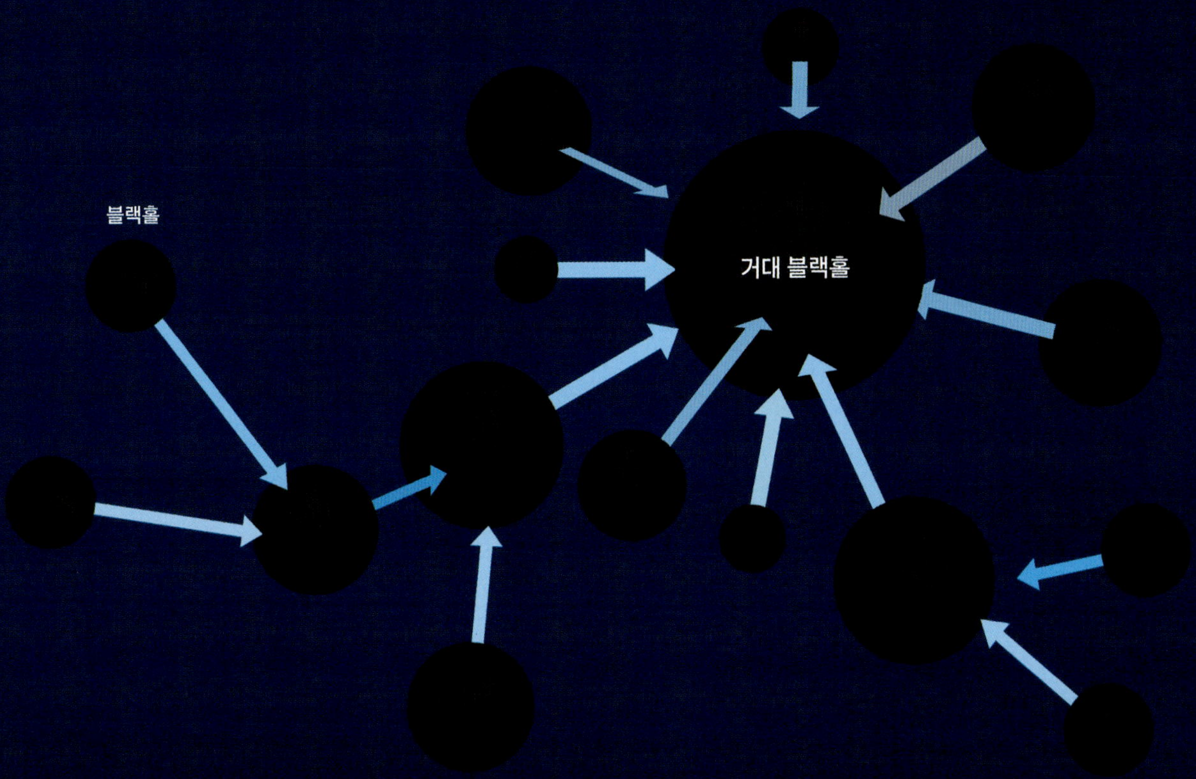

2. 주변의 가스를 빨아들임

중력파로 본 '합체'

중력파를 방출하면서 블랙홀이 합체

'중력파(Gravitational wave)'는 아인슈타인의 일반 상대성 이론이 예언한 다양한 현상 중 하나이다. 일반 상대성 이론에서는 '중력은 시공간의 휘어짐'이라고 설명한다. 이 이론에 따르면, 운동 등을 통해 질량을 지닌 물체의 물질과 에너지 분포가 바뀌면, 시공간의 휘어짐도 달라진다. 시공간 왜곡의 변화는 '파동'이 되어 시공간으로 전달된다고 생각된다. 이 파동이 중력파이다.

한국 시간 2016년 2월 12일 새벽, 하나의 뉴스가 전 세계에 퍼졌다. 미국의 중력파 관측 장치인 'LIGO[라이고]'가 시공간의 잔물결인 '중력파'를 직접 관측하는 데 성공했다는 소식이었다.

2015년 9월 14일에 검출되어 'GW 150914'로 이름 붙여진 이 중력파는 서로의 주위를 도는 2개의 블랙홀이 충돌·합체할 때 생긴 것으로 보인다. 계산하면 2개의 블랙홀의 질량은 각각 태양의 29배와 36배이며, 합체해 질량이 태양의 62배인 블랙홀이 되었다. 합체를 통해 잃은 태양 3개 분량(=29+36−62)의 질량은 방대한 에너지로 변환되어※ 중력파로서 방출되었다. LIGO 의 발표에 따르면, 이 중력파의 1초당 에너지는 가장 높을 때, 관측 가능한 우주(우리에게 빛이나 신호가 도달하는 범위의 우주) 전체에서 1초당 방출되는 가시광선 에너지의 50배나 되었다. 중력파의 발생원은 대마젤란은하 방향, 지구에서 약 13억 광년 떨어진 곳으로 생각된다.

LIGO의 이 중력파 검출은 중력파를 처음으로 직접 검출했다는 의의뿐만 아니라, 블랙홀에 대한 최초의 직접적 증거라는 의의가 있다. 더 나아가 블랙홀이 합체한다는 점과 질량이 30태양 질량 정도인 항성 질량 블랙홀 중에도 무거운 블랙홀이 있다는 점도 처음으로 밝혀졌다.

※: 아인슈타인의 유명한 식 '$E=mc^2$'에 따르면, 물질의 질량(m)과 에너지(E)는 변환 가능, 즉 같은 것이다(c는 광속).

중력파에 의해 신축하는 공간 중력파는 공간의 신축이 파동이 되어 주위로 퍼져 나가는 현상이다. 중력파가 시공간을 통과하면, 공간은 '세로로 늘어나고 가로로 수축한다', '원래로 돌아온다', '가로로 늘어나고 세로로 수축한다'. '원래로 돌아온다'를 반복한다.

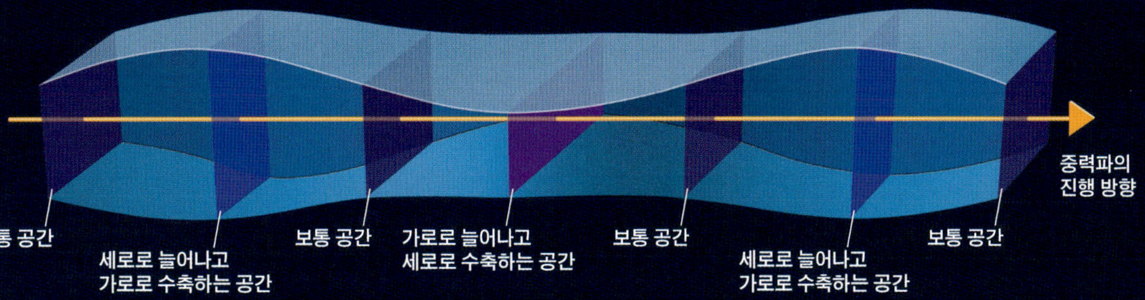

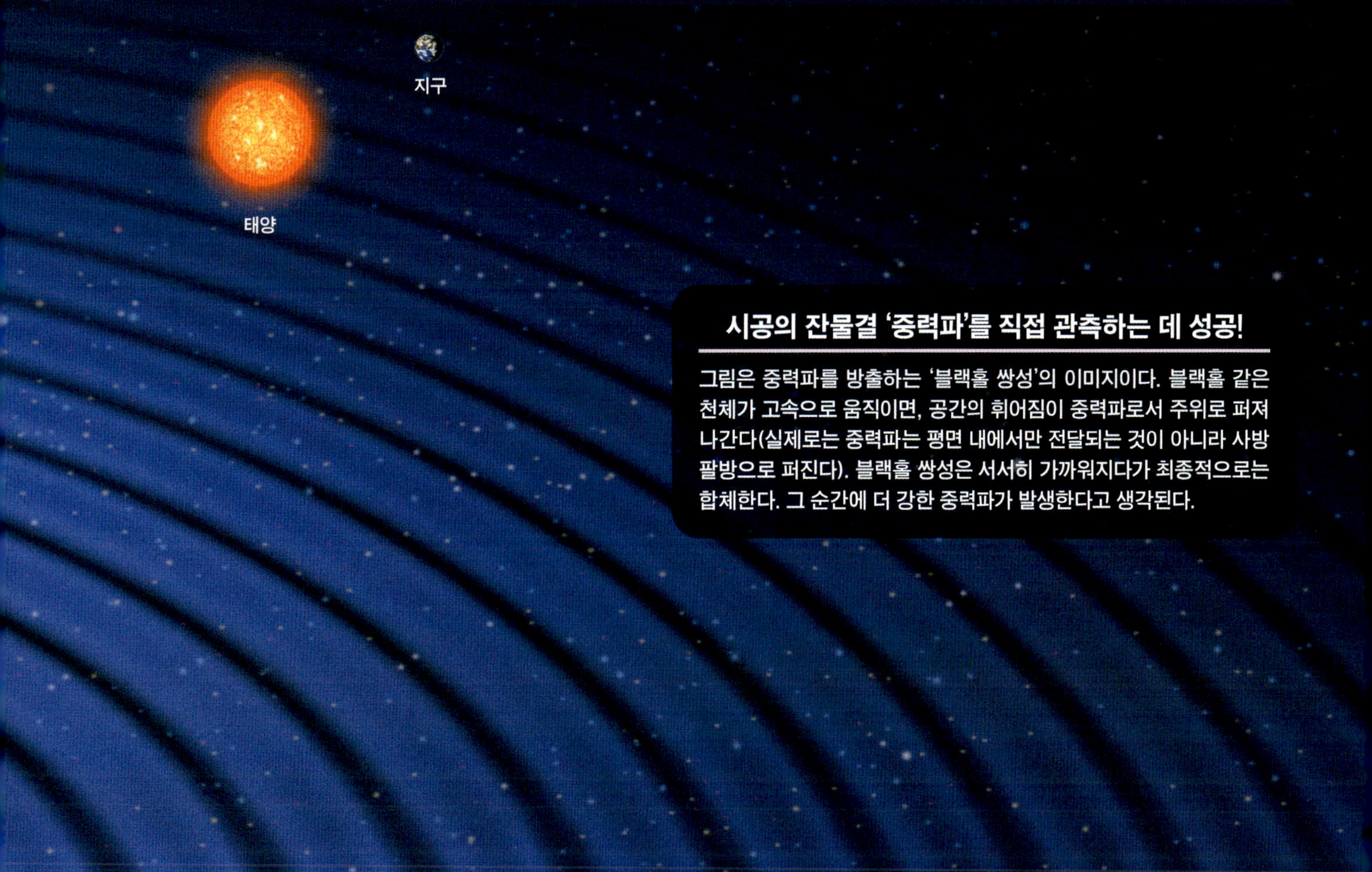

시공의 잔물결 '중력파'를 직접 관측하는 데 성공!

그림은 중력파를 방출하는 '블랙홀 쌍성'의 이미지이다. 블랙홀 같은 천체가 고속으로 움직이면, 공간의 휘어짐이 중력파로서 주위로 퍼져 나간다(실제로는 중력파는 평면 내에서만 전달되는 것이 아니라 사방팔방으로 퍼진다). 블랙홀 쌍성은 서서히 가까워지다가 최종적으로는 합체한다. 그 순간에 더 강한 중력파가 발생한다고 생각된다.

LIGO가 실제로 검출한 공간의 신축

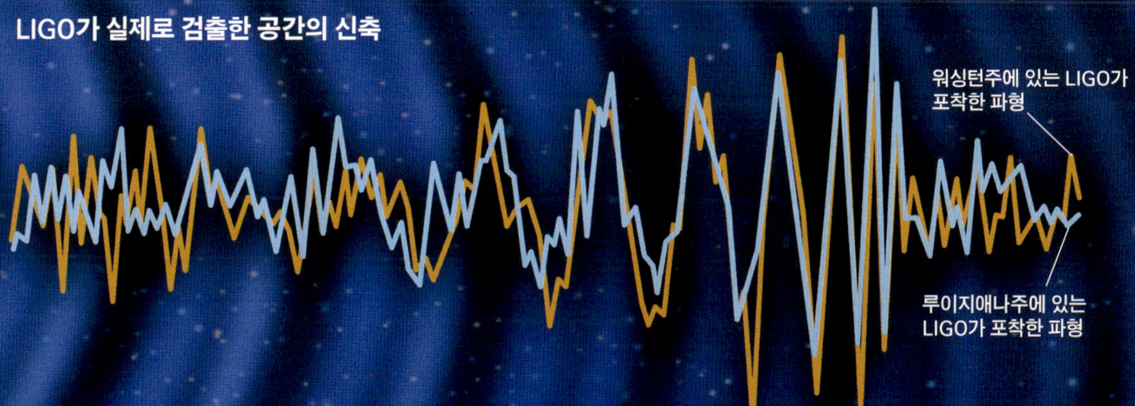

위의 파형은 LIGO가 실제로 관측한 중력파(공간의 신축 크기)이다. LIGO는 미국 루이지애나주와 워싱턴주 두 곳에 건설되었다. 양쪽 장치가 거의 같은 파동을 검출했다는 점에서, 틀림없이 중력파를 검출했다고 결론 내려졌다. 파형을 보면, 파동이 점점 커지고 극대를 맞은 후 빠르게 파동이 작아짐을 알 수 있다. 극대 파형일 때, 2개의 블랙홀이 합체했다고 생각된다.

중력파
천문학의 시작

'시공간의 잔물결'을 포착하는 '중력파 천문학'으로 새로운 형태의 블랙홀을 처음 관측

고대에서 현대까지 천문학은 우주에서 오는 빛(전자기파)을 포착해 우주와 천체의 성질을 연구하는 학문이었다. 그러나 20세기 후반, 우주선과 중성미자 같은 '소립자'를 포착하는 새로운 천문학 분야가 시작되었다. 인류는 빛으로 우주를 보는 '눈'에 이어, 소립자로 우주를 보는 새로운 '눈'을 손에 넣었다.

그리고 21세기에 인류는 우주를 포착하는 '제3의 눈'을 손에 넣었다. 그것이 중력파이다. 중력파는 일반 상대성 이론을 완성한 알베르트 아인슈타인(1879~1955)이 1916년에 예언한 현상으로, 운동 등을 통해 중력이 강한 천체의 중력장이 크게 변하면 그 변동이 '시공간의 휘어짐'이라는 형태로 우주 안에서 광속으로 퍼진다는 것이다.

'다중 신호 천문학'이 미래를 연다

중력파에 의한 시공간의 휘어짐은 태양과 지구 사이의 거리가 수소 원자 1개 분량만큼 수축하는 정도의 매우 작은 변화이다. 따라서 그것을 관측하기는 매우 어렵다. 그러나 아인슈타인의 예언으로부터 100년 후인 2016년 미국의 'LIGO'와 유럽의 'Virgo[비르고]'라는 중력파 망원경이 중력파를 검출하는 데 사상 처음으로 성공했다. 지구에서 약 14억 광년 떨어진 우주에서 2개의 블랙홀이 합체할 때 방출된 중력파를 포착한 것이다. 이 성공으로 '중력파 천문학'의 막이 열렸다.

2021년 11월 시점에서, 총 91건의 중력파 이벤트가 관측되었다(아래 일람표). 그 가운데 중요한 것이 2019년 5월 21일에 발생해 2020년 9월 2일에 보고된 'GW190521'이라는 중력파 현상이다.※ 이것은 태양 질량의 약 95배와 약 69배의 질량을 지닌 2개의 블랙홀이 충돌해, 약 156배의 질량을 지닌 블랙홀이 생긴 현상이다. 사실 태양 질량의 100배 정도 질량을 지닌 '중간 질량 블랙홀'이라는 블랙홀은 실제로 관측된 예가 없어, 이것이 사상 최초의 관측이었다.

빛-소립자-중력파로 우주를 동시에 보는 '다중 신호(Multi-messenger) 천문학'은 앞으로 더 중요해질 것이다.

※: LIGO 웹사이트(https://www.ligo.org/detections/GW190521.php)

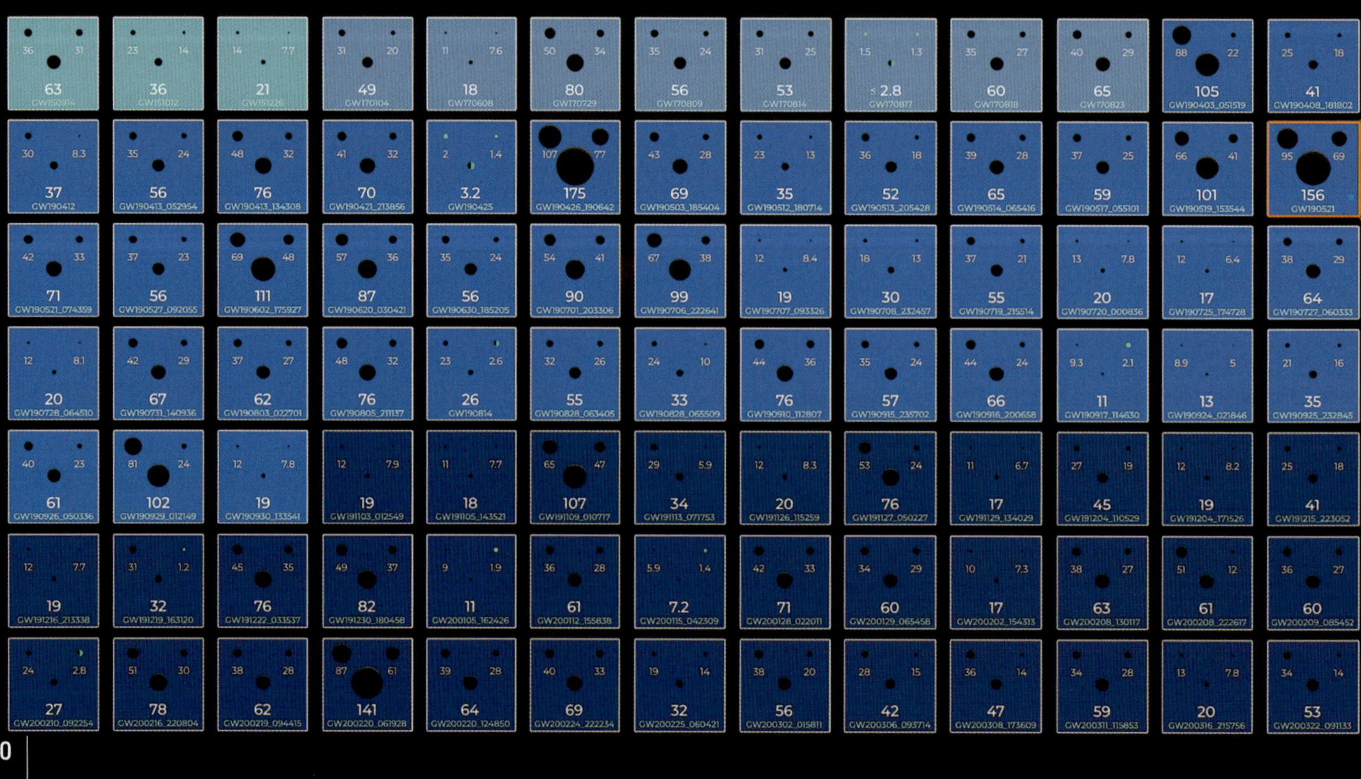

최초 관측 후 6년, 90건 이상의 중력파 현상이 관측되었다

왼쪽 페이지 아래에는 지금까지 관측된 91건(이 가운데 1건은 미확정)의 일람표를 나타냈다. 오른쪽 페이지에는 그중에서 GW190521을 끄집어내 소개했다.

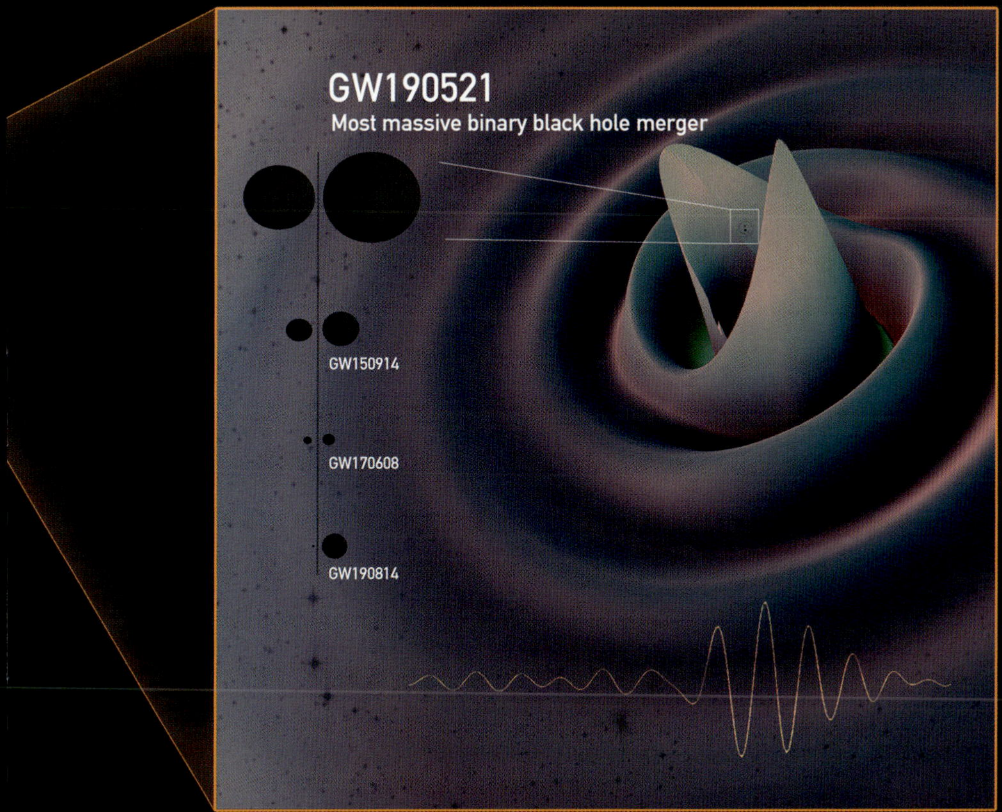

관측 사상 최대 규모인 수수께끼로 가득 찬 블랙홀 합체

GW190521은 관측 사상 최대 규모의 블랙홀 합체 현상이다. 왼쪽 영상은 GW190521 때 발생한 블랙홀 합체 현상의 시뮬레이션 영상이다. 영상 하부에는 실제로 관측된 중력파의 그래프가 그려져 있다. 세로축이 진동의 크기, 가로축이 시간의 경과이다.

합체하기 전의 태양 질량 95배의 블랙홀이 어떻게 만들어졌는지는 알 수 없다. 이 블랙홀 자체가 다른 2개의 블랙홀 충돌로 만들어졌을 가능성도 있다. 만약 그랬다면 블랙홀이 차례차례 충돌하면서 진화하는 모델이 성립한다. 이 블랙홀들을 계속 연구하면 블랙홀의 형성과 진화의 메커니즘에 대한 이해가 깊어질 것으로 기대된다.

은하와의 공진화 ①

은하의 성장·합체가 성장의 열쇠?

현재, 초거대 블랙홀의 형성에 대한 결정적인 시나리오는 없지만, LIGO가 항성 질량 블랙홀이 합체하는 일이 있음은 확인했다. 여기에서는 항성 질량의 씨앗 블랙홀이 성장해 초거대 블랙홀이 되는 시나리오를 생각해 보자.

2장(52~53페이지)에서 보았듯이, 초거대 블랙홀은 대부분의 은하 중심부에 있으며 그 질량은 그 모은하 벌지(bulge)의 질량과 비례 관계에 있다. 이것은 은하와 블랙홀이 서로 영향을 미치면서 성장함을 시사한다.

우주에서 은하끼리의 충돌·합체는 빈번하게 일어났다고 생각된다. 은하는 충돌·합체를 반복하면서, 수억 년 또는 수십억 년이라는 세월을 거쳐 작은 것에서 큰 것으로 성장했다.

그때, 블랙홀도 합체·성장했을 수 있다. 혹은 블랙홀에 효율적으로 가스를 공급해 성장하는 메커니즘이 만들어졌을 수도 있다.

블랙홀의 성장 과정은 그것이 어떤 환경에 놓여 있었는지에 따라 크게 달라진다. "고밀도 가스 안에 블랙홀이 있으면, 그 중력 때문에 공기 저항과 같은 효과가 작용해 떨어져 있는 블랙홀이 서로 접근해 합체가 일어날 가능성이 있다. 반면에 가스 밀도를 더 높일 수 있으면, 가스 흡수에 의한 성장이 먼저 일어난다."(우메무라 교수)

앞으로 은하와 초거대 블랙홀을 자세히 관측하면, 초거대 블랙홀의 형성에 관한 수수께끼가 서서히 풀릴 것이다.

1. 접근하는 원시 은하들

좀 더 자세히!

LIGO가 처음 관측한, 태양의 30배 질량을 가진 블랙홀의 기원은?

LIGO가 최초로 관측한 2개의 블랙홀은 그 질량이 태양의 약 30배로, 보통의 항성 질량 블랙홀 중에서도 무거운 것이었다. 대체 이 블랙홀들은 어떻게 만들어졌을까?

현재, 다양한 가설이 제기되었다. 질량이 큰 1세대 항성에서 생긴 블랙홀 쌍성이 긴 시간에 걸쳐 마침내 합체했다는 견해가 있다. 2개의 블랙홀이 태어났을 때부터 쌍성을 만들 필요는 없기 때문에 서서히 가까워졌을 수 있다.

중력파 검출이 발표되고 나서 얼마 후 처음부터 2개의 블랙홀이었던 것이 아니라, 하나의 대질량 별이 분열해 생겼다는 가설도 제안되었다. 사실, LIGO의 중력파 검출 0.4초 후에 미국의 감마선 관측 위성 '페르미'의 국제 연구팀이 '감마선 폭발'을 관측했다. 이 감마선이 중력파와 같은 천체에서 발생한 경우를 잘 설명하는 이론으로 발표되었다. 그러나 이후 감마선의 발생원은 같은 천체가 아니라는 분석 결과가 발표되었다.

충돌·합체를 반복하며 성장하는 은하

작은 원시 은하(은하의 씨앗)끼리 충돌·합체하며 최종적으로 큰 은하로 성장하는 모습을 그렸다(1~4). 우주에서 최초로 생긴 것은 비교적 소수의 항성으로 이루어진 '원시 은하(은하의 씨앗)'라고 생각된다. 어느 정도 수의 항성으로 이루어진 집단이 언제 탄생했는지는 밝혀지지 않았다. 단 천문 관측을 통해서는, 우주가 탄생하고 약 3억 년 후에는 이미 은하라고 부를 수 있는 것이 존재했음이 밝혀졌다. 이 원시 은하는 근처의 원시 은하와 중력으로 서로 끌어당겨 충돌·합체를 반복해 서서히 큰 은하로 성장했다.

2. 충돌·합체하는 원시 은하들
3. 다시 충돌·합체하는 원시 은하들
4. 합체를 반복해 생긴 큰 은하

은하와의 공진화 ②

왜 은하의 벌지 질량과 함께 블랙홀의 질량이 증가할까?

은하 벌지의 질량과 그 중심부에 있는 초거대 블랙홀의 질량 비율은 약 1000대 1이라고 생각된다. 제아무리 초거대라 해도, 은하와 벌지의 크기와 비교하면 블랙홀은 몇 단위나 작다. 그렇다면 대체 어떤 메커니즘이 작용해서 이런 상관관계가 성립했을까? 블랙홀이 계속 커져 벌지 질량의 1000분의 1을 넘는 일은 왜 불가능할까? 이 또한 해결되지 않은 문제이다. 우메무라 교수는 벌지를 구성하는 별의 빛이 내부 가스에 저항(복사 저항)을 주어, 정확히 벌지의 1000분의 1 질량만큼의 가스가 중심부로 떨어진다는 가설을 제안했다. 이 떨어진 가스 구름 안에서 블랙홀이 합체하고, 최종적으로 가스를 빨아들여 벌지의 1000분의 1 질량까지 커지는 것일 수도 있다.

혹은 블랙홀의 성장과 함께 제트 등의 분출이 강해져 블랙홀로 떨어지는 가스의 양이 억제되어 성장이 한계에 도달하는 것일 수도 있다. 이 가설은 1998년에 영국의 조지프 실크 박사와 마틴 리스 박사가 제안했다.

제트 등의 분출이 은하와 블랙홀의 형성에 미치는 효과를 'AGN(active galactic nucleus, 활동 은하핵) 피드백'이라고 한다. AGN 피드백의 상세한 내용은 아직 정확히 밝혀지지 않았다. 분출은 가스가 블랙홀로 떨어지는 일을 억제할 뿐만 아니라, 그 강한 복사로 은하의 가스를 데워 가스의 수축에 의한 별 형성을 억제할 가능성이 있음이 제기되었다. 한편 반대로 분출로 인해 주위의 가스가 압축되면서 별 형성이 촉진되었을 가능성도 지적되어(126~127페이지), 결론은 나지 않았다.

AGN 피드백은, 그 막대한 에너지로 모은하만이 아니라 다른 은하에까지 영향을 미친다고 생각된다. 초거대 블랙홀의 형성 문제는 은하의 진화, 우주의 진화와 깊은 관련이 있다. 천문학 최전선에서 그 관련성이 밝혀지고 있다.

제트
표준 원반
고온 강착류
강착 원반
(고온 강착류+표준 원반)
블랙홀

블랙홀 최신 연구 리포트

블랙홀을 '직접 관측'할 수 있는 시대가 왔다!
최신 관측 천문학이 밝히는 우주 '검은 구멍'의 수수께끼

2010년대에 블랙홀 관측 연구는 커다란 전환점을 맞았다. 아인슈타인의 이론으로 예언된 중력파가 2015년에 확인되면서 지금까지 알지 못한 유형의 블랙홀이 존재하는 것으로 밝혀졌다. 그리고 2017년에는 은하 중심의 거대 블랙홀을 직접 촬영하는 데 성공했다. 블랙홀의 수수께끼에 도전하는 관측 천문학의 최신 상황을 소개한다.

"이것이 인류가 최초로 눈으로 접한 블랙홀의 모습이다."

일본 국립천문대의 혼마 마레키(本間希樹) 교수는 2019년 4월 10일 열린 기자회견에서 이렇게 말하면서 1장의 영상을 공개했다. 처녀자리 방향으로 지구에서 약 5500만 광년 거리에 있는 타원 은하 M87의 중심에 있는 거대 블랙홀의 '그림자'를 포착한 영상이었다(오른쪽 페이지의 작은 영상).

이 영상은 한국의 연구진과 일본 국립천문대 등 세계 13개 연구 기관이 함께 참여한 국제 관측 프로젝트 'Event Horizon Telescope(EHT)'에 의해 2017년에 촬영되었다. EHT는 세계 각지에 있는 전파 망원경으로 블랙홀을 동시에 관측하고, 그 데이터를 공유함으로써 블랙홀 그 자체의 전파 영상을 얻으려는 프로젝트이다(124페이지 그림 참조).

EHT의 공식 발표가 있기 약 3년 전인 2016년 2월에는, 미국의 중력파 검출기 'LIGO'(123페이지 그림 참조)가 공간의 휘어짐이 광속으로 전달되는 현상인 '중력파'를 사상 최초로 검출했다는 발표가 있었다(검출 자체는 2015년). 지구로부터 약 14억 광년 거리에 있는 '블랙홀 쌍성'(2개의 블랙홀이 서로의 둘레를 돌고 있는 천체)이 합체하면서 방출된 중력파였다.

2020년에는 블랙홀 연구에서 역사적인 업적을 쌓은 3명에게 노벨 물리학상이 수여되었다. 수상자 가운데 한 사람인 로저 펜로즈는 블랙홀 중심에 '특이점'(118페이지 그림 참조)이 만들어지는 것을 수학적으로 증명했다. 라인하르트 겐첼과 앤드리아 게즈 두 사람은 우리은하 중심에 있는 '궁수자리 A*[에이스타]' 주위를 도는 별의 움직임을 20년 이상 추적해, 궁수자리 A*가 블랙홀임을 관측적으로 제시했다.

이처럼 최근 들어서 블랙홀에 관한 연구가 커다란 성과를 올리고 있다. 블랙홀은 1915년에 알베르트 아인슈타인(1879~1955)이 발표한 '일반 상대성 이론'에 의해 존재가 예언된 수수께끼 천체이다. 일반 상대성 이론은 시공(시간과 공간)과 중력에 관한 물리학 이론이다.

20세기의 천문학은 간접적인 증거를 축적해 블랙홀의 유력 후보를 발견해 왔다. 그러나 일반 상대성 이론 발표 이후 100년이 지난 21세기의 블랙홀 관측은 간접적인 증거만이 아니라 블랙홀 바로 곁에서 일어나는 현상을 직접 관측함으로써 지금까지 알지 못했던 블랙홀의 참된 모습을 밝히고 있다.

무거운 별이 계속 수축해 블랙홀이 된다

블랙홀은 질량을 갖는 물질이 극한까지 작게 수축된 결과물이다(118페이지 그림 참조). 구체적으로는 태양의 약 20배 이상의 질량을 가진 무거운 항성이 일생의 마지막 작게 수축되어 블랙홀이 되는 것으로 생각된다. 극한까지 수축된 물체는 매우 강한 중력을 만들어, 주위의 공간을 강하게 휘어지게 한다.

M87 은하의 거대 블랙홀을 EHT로 촬영한 영상. 블랙홀을 감싼 밝은 가스 안에 블랙홀이 둥근 그림자(black hole's shadow)로 찍혀 있다. 밝은 부분은 가스에서 나온 빛(전파)이 블랙홀 주위를 선회해 생기는 상(광자 고리)이다. 광자 고리의 줄무늬 선은 자기장의 작용으로 빛 파동의 진동 방향이 일치한 '편광' 방향과 강도를 나타낸 것이다. 이 영상은 2021년 3월에 새롭게 공개되었다.

아래 영상은 2019년 4월에 처음 발표되었을 때의 M87의 블랙홀 그림자. 광자 고리의 크기를 바탕으로 블랙홀의 질량은 태양의 약 65배로 추정되었다. 당시의 영상에는 아직 편광을 나타내는 선은 없다.

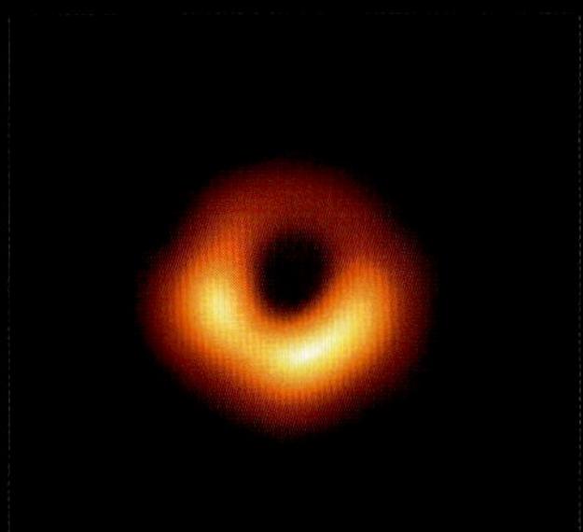

수축된 물체 주변에는 빛조차 탈출할 수 없는 경계면(사건의 지평면, event horizon)이 생기고, 이 면을 지나 안쪽으로 들어가는 모든 것을 집어삼킨다. 사건의 지평면 바깥에서는 그 안쪽을 결코 볼 수 없어 마치 '검은 구멍'처럼 보인다. 이것이 '블랙홀'이라는 이름의 유래이다.

무거운 항성의 중심부에서는 수소 원자가 서로 결합해 헬륨 원자로 변하고, 수소를 모두 사용하면 이번에는 헬륨 원자끼리 결합해 탄소 원자로 변한다. 이처럼 가벼운 원자끼리 결합해 무거운 원자가 만들어지는 반응을 '핵융합 반응'이라고 한다. 항성 내부의 핵융합 반응으로 생기는 막대한 빛과 열의 에너지가 바깥쪽을 향한 압력을 만들고, 별 자체가 수축하려는 안쪽을 향한 중력과 균형을 이룸으로써 항성의 형태가 유지된다.

핵융합 반응 단계가 진행됨에 따라 점점 무거운 원자가 만들어져 마침내 철 원자가 만들어지면 더 이상의 무거운 원자는 만들어지지 않아 핵융합 반응이 멈춘다. 그러면 바깥쪽을 향한 압력이 사라진 별은 자신의 중력을 지탱할 수 없게 되어 중심을 향해 급격히 수축하기 시작한다. 이 현상을 '중력 붕괴'라고 한다.

원래 항성의 질량이 태양의 약 8~20배인 경우, 중심부에 있던 철의 핵이 수축해 거의 중성자만으로 이루어진 단단한 '심'이 만들어진다. 별의 바깥층 부분에 있던 물질도 중심부를 향해 떨어지지만, 이 중성자 '심'의 표면에서 튕겨 나간다.

그때 생기는 충격파로 인해 항성 전체가 터져 날아가는 '초신성 폭발'이 일어난다(118페이지 그림). 폭발 후에는 초고밀도의 중성자 덩어리인 '중성자별'이 남는다. 중성자별은 중성자들 사이에 작용하는 반발력에 의해 수축하려는 중력과 균형을 유지하고 있다.

그렇지만 원래의 항성이 태양의 약 20배 이상의 질량을 가진 무거운 별인 경우, 다른 운명을 맞게 된다. 중성자끼리의 반발력보다 수축하려는 중력이 크다. 따라서 0(무한소)이 될 때까지 중력 붕괴에 의한 별의 수축이 계속된다. 그 결과 블랙홀이 생겨난다.

블랙홀은 질량으로 등급이 매겨진다

블랙홀은 그 질량에 따라 3개의 '등급(class)'으로 나뉜다. '항성 질량 블랙홀', '중간 질량 블랙홀' 그리고 '초대질량 블랙홀'이다.

무거운 항성의 최후에 남는 블랙홀은 질

량이 태양의 약 3~20배로, '항성 질량 블랙홀'로 불린다. 이 유형의 블랙홀로 유명한 것이 1964년에 발견된 '백조자리 X-1'이다. 지구로부터 약 7200광년 거리에 있으며 강한 X선을 방출하는 수수께끼 천체로서 발견되었다.

강한 X선이 방출되는 이유는 백조자리 X-1에 블랙홀이 존재하기 때문이다. 단, 강한 X선은 블랙홀의 사건의 지평면 안쪽이 아니라 지평면을 감싸는 바깥 영역에서 방출되고 있다. 백조자리 X-1은 보통의 항성과 블랙홀이 쌍을 이룬 '쌍성'으로, 항성에서 블랙홀을 향해 끊임없이 가스가 흘러들고 있다. 이 가스가 블랙홀 주위에 '강착 원반'이라는 원반을 만든다(120페이지 그림). 원반의 가스는 블랙홀의 중력에 의해 중심으로 빨려들어가면서 수백만 ℃ 이상의 초고온이 되어 매우 밝은 X선을 방출한다.

상대편 별로 흘러드는 가스가 어떤 이유로 인해 없어지거나, 원래 단독인 별이 항성 질량 블랙홀이 된 경우에는 블랙홀 주변에 강착 원반이 생기지 않는다. 그 경우는 X선으로 밝게 빛나지도 않기 때문에 관측을 통해 발견하기란 거의 불가능하다. 따라서 현재 발견된 항성 질량 블랙홀은 거의 모두가 X선을 방출하는 쌍성계(X선 쌍성)이다.

초대질량 블랙홀 탄생의 수수께끼

한편 EHT로 촬영한 M87 은하의 중심에 있는 블랙홀이나 우리은하 중심에 있는 궁수자리 A* 등은 항성 질량보다 훨씬 무거운 블랙홀로, '초대질량 블랙홀'이라고 불린다. 초대질량 블랙홀의 질량은 태양의 수백만~수십억 배나 된다. 일반적인 은하의 질량은 태양의 수천억 배이므로, 초대질량 블랙홀은 단 하나로 은하 전체 질량의 최대 1%를 차지

항성이 찌부러진 다음의 운명

무거운 항성이 중력 붕괴를 일으켜 중성자별(그림 상단) 내지는 블랙홀(아래쪽)이 될 때까지를 그림으로 나타냈다. 블랙홀은 그 강대한 중력에 의해 주위의 공간을 휘게 한다(오른쪽 아래 그림).

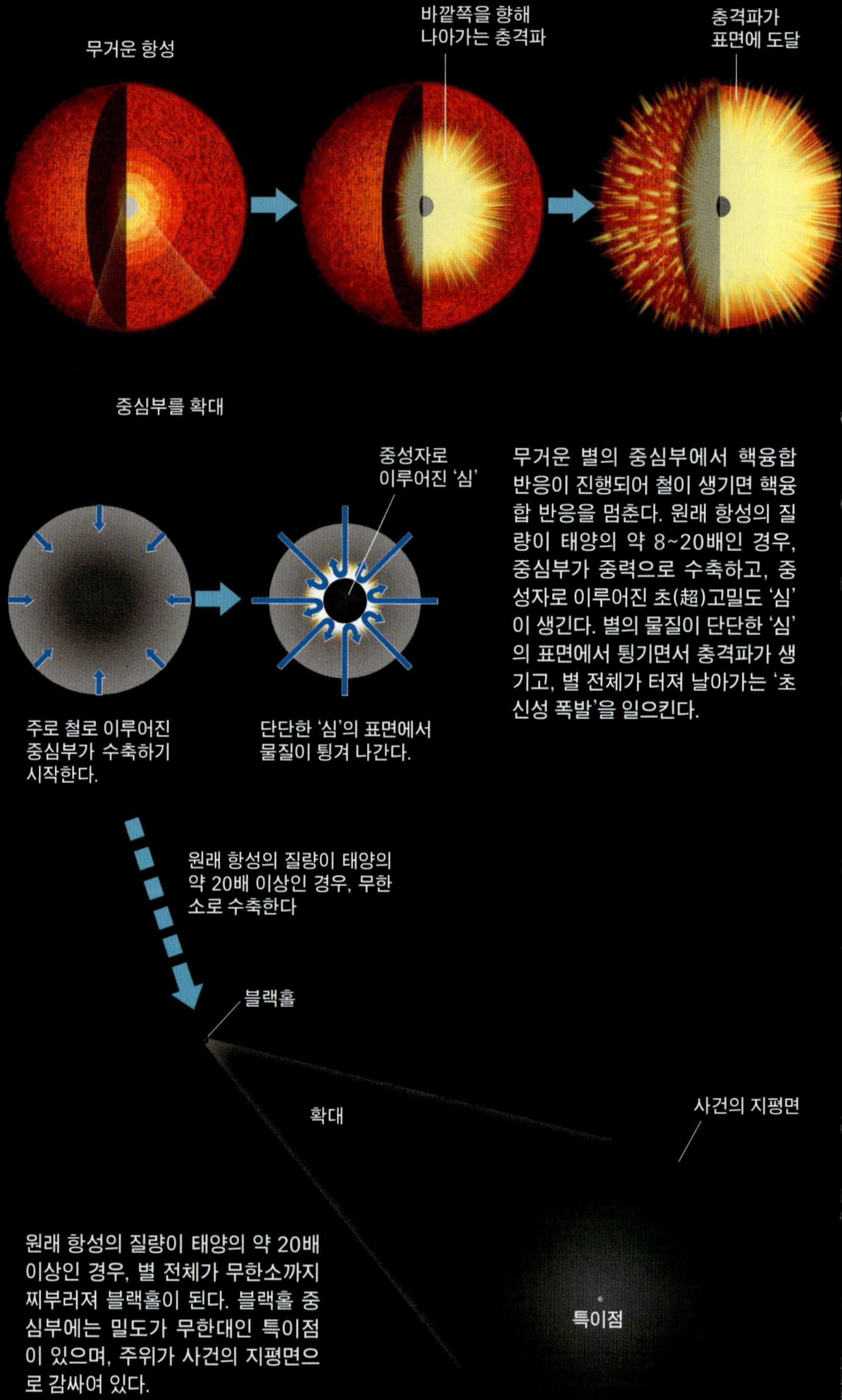

초신성 폭발에 의해 별 중심부의 핵융합 반응으로 만들어진 원소가 우주 공간으로 흩어지며 나중에는 중성자별이 남는다. 철의 핵이 중력 붕괴를 시작한 다음 초신성 폭발을 일으킬 때까지 약 1초 정도밖에 걸리지 않는다.

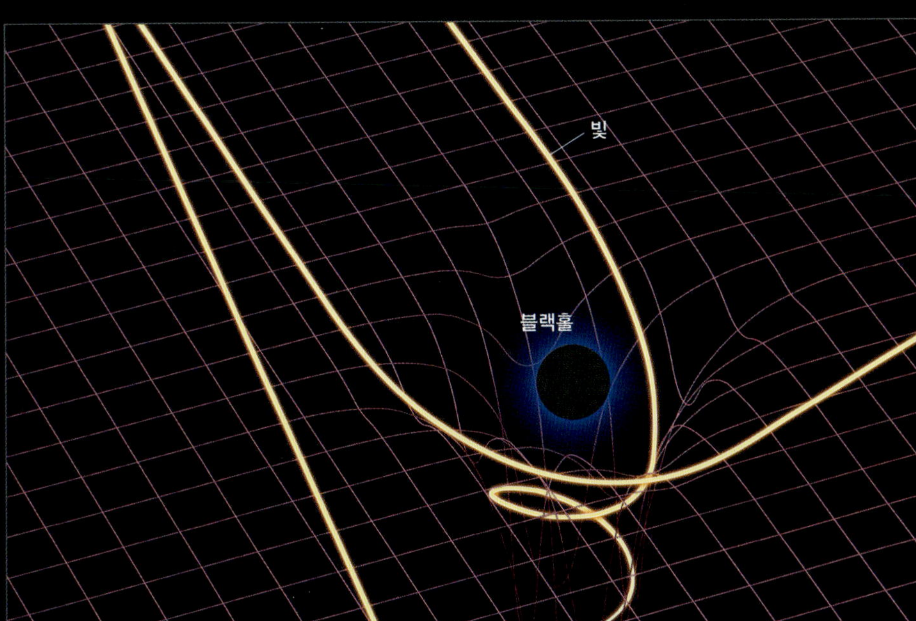

블랙홀 주위 공간의 휘어짐을 2차원 평면으로 표현했다. 근처를 지나는 빛은 블랙홀에 끌려 진로가 휘어진다. 사건의 지평면보다 안쪽으로 들어간 빛은 강하게 휘어진 공간에 붙잡혀 다시는 밖으로 나올 수 없게 된다.

하는 셈이다. M87의 중심 블랙홀의 질량은 태양의 약 65억 배, 궁수자리 A*의 질량은 태양의 약 360만 배로 추정된다.

초대질량 블랙홀에도 강착 원반을 갖는 것과 갖지 않는 것이 있다. 초대질량 블랙홀 주위에 물질이 대량으로 존재하는 경우에는 블랙홀로 떨어지는 물질이 강착 원반을 만들어, 그 블랙홀이 속한 은하 전체와 같은 정도나 그것을 웃도는 밝기로 X선·가시광선·전파 등 다양한 파장의 전자기파를 강하게 방출한다.

또 강착 원반의 회전축 방향으로 고속 물질의 흐름인 '제트(jet)'를 내뿜는 것도 많다. 이런 활발한 초대질량 블랙홀을 통틀어 '활동 은하핵'이라고 한다. M87 중심의 블랙홀은 활동 은하핵의 대표적인 예이다.

초대질량 블랙홀 주위에 물질이 그다지 없는 경우에는 강착 원반이 만들어지지 않아 격렬한 활동은 보이지 않는다. 우리은하에 있는 궁수자리 A*는 이러한 조용한 초대질량 블랙홀이다.

초대질량 블랙홀은 거의 모든 은하의 중심에 존재하는 것으로 생각된다. 그러나 그만큼 무거운 블랙홀이 어떻게 생겼는지에 대해서는 아직까지 잘 알지 못한다. 서로 합체를 반복하며 성장했다는 설과 초기 우주에서 대량의 물질이 중력으로 뭉쳐, 단번

백조자리 X-1

백조자리 X-1의 상상도. 지구로부터 약 7200 광년 거리에 있으며 질량이 태양의 약 40배인 푸른색 거대 항성 'HDE 226868'과 질량이 태양의 약 21배인 블랙홀이 5.6일 주기로 돌고 있다.
블랙홀 주위에는 항성에서 떨어져 나온 가스가 강착 원반이 되어 감싸고 있으며, 이 원반에서 강한 X선이 방출된다. 또 원반에 수직인 방향으로는 물질이 초고속인 '제트'가 되어 분출된다.

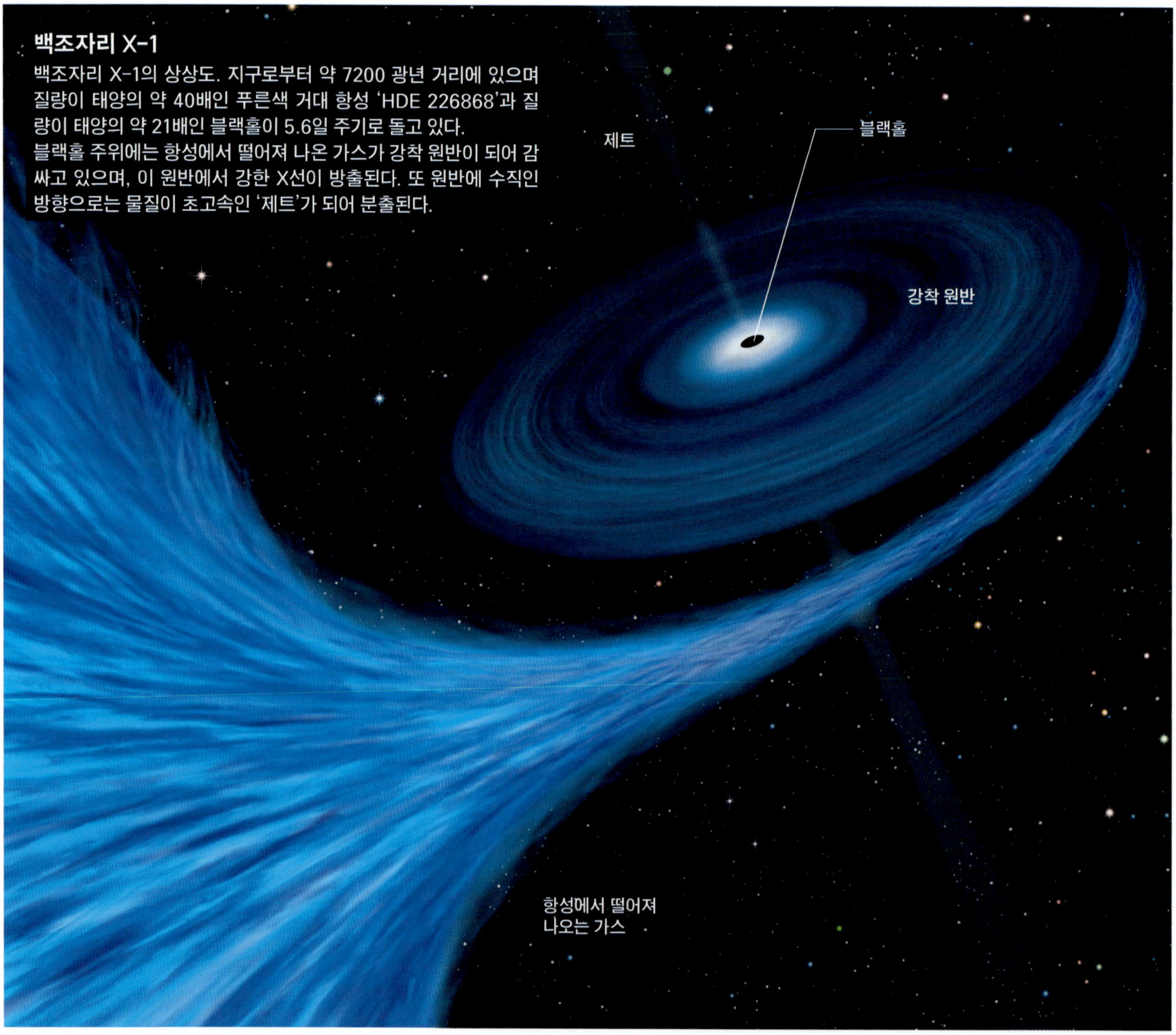

에 초대질량 블랙홀이 되었다는 설이 있다(아래의 그림).

만일 합체를 반복해 성장한다면, 항성 질량 블랙홀에서 초대질량 블랙홀로 성장하는 도중의 중간 질량의 블랙홀이 있어야 할 것이다. 그러한 블랙홀을 '중간 질량 블랙홀'이라고 하며 태양의 수백~수만 배 질량이라고 생각된다. 단, 높은 정확도로 질량까지 확인된 중간 질량 블랙홀은 항성 질량 블랙홀에 비해 조금밖에 발견되지 않았다. 항성 질량 블랙홀이 합체해 초대질량 블랙홀로 성장한다는 시나리오가 맞는지는 아직까지도 수수께끼이다.

중력파를 통해 블랙홀의 새로운 '종족'을 발견

2010년대에 블랙홀 연구를 크게 발전시킨 새로운 무기가 등장했다. 그것은 중력파 검출기이다.

질량을 가진 물체가 가속도 운동을 하면 주변의 공간이 휘어지고 그 휘어짐이 물결의 파동처럼 빛의 속도로 전달된다. 이 현상이 중력파이다(122페이지 그림). 중력파는 블랙홀과 마찬가지로 일반 상대성 이론으로 예언된 현상이다.

중력파가 통과하면 공간이 늘어나거나 줄어드는데 그 변화는 아주 미미하다. 지구와 태양 사이의 거리(약 1억 5000만 km)를 기준으로 하면, 수소 원자 1개분(약 100억분의 1m)만큼 신축할 정도로 미약하기 때문에 검출하기가 매우 어렵다. 일반 상대성 이론이 발표된 지 100년 후인 2015년에 중력파 검출기 LIGO가 드디어 중력파를 검출하는 데 성공했다.

미국에 있는 중력파 검출기 LIGO와 유럽에 있는 중력파 검출기 Virgo에서는 91건의 중력파가 거의 확실하게 검출되었다. 이 중 2건은 중성자별끼리, 4건은 블랙홀과 중성자별의 합체, 나머지는 블랙홀과 블랙홀의 합체에 따른 현상이었다.

블랙홀의 합체와 성장

초대질량 블랙홀이 생기는 방식에 대해서는 주로 2가지 설이 있다. 하나는 항성 질량 블랙홀이 합체해 중간 질량 블랙홀이 되고, 이것들이 다시 합체해 초대질량 블랙홀로 성장한다는 시나리오이다(오른쪽 그림).
다른 하나의 설은, 우주에서 1세대의 별과 은하가 생겼던 시대(빅뱅 수억 년 후)에 대량의 물질이 중력으로 모여 무거운 블랙홀의 '씨앗'이 생기고, 주위의 물질을 삼켜 단번에 초대질량 블랙홀이 되었다는 것이다(아래 그림).

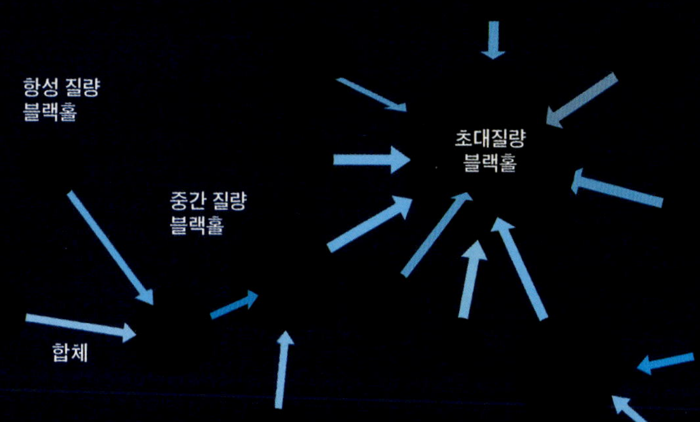

블랙홀과 중성자별처럼 작고 고밀도인 천체가 서로의 둘레를 도는 쌍성계에서는 중력파를 방출함으로써 에너지를 잃기 때문에 둘 사이의 거리는 점점 가까워지며 공전 운동이 빨라진다. 그와 함께, 방출된 중력파의 세기(파동의 진폭)는 커지며 파동의 마루·골의 간격(파장)은 짧아진다. 최종적으로 2개의 천체가 합체한 후에는 중력파의 진폭이 급격히 작아진다. 이러한 중력파의 파형을 분석하면 어떤 질량의 천체가 합체했는지 알 수 있다.

지금까지 발견된 블랙홀 합체 현상을 보면, 합체 전 블랙홀의 질량은 태양의 30~50배 정도의 것이 많았다. 가장 무거운 것은 태양의 107배와 77배의 질량을 가진 블랙홀의 합체 현상이었다. 이 관측 결과는 천문학계에 커다란 충격을 주었다. 과거에 발견된 항성 질량 블랙홀의 질량은 기껏해야 태양의 20배까지였기 때문이다.

일반적으로 아주 무거운 별은 자기 자신이 방출하는 강렬한 빛의 압력(광압)에 의해 별의 바깥층이 벗겨져 날아가 가벼워진다. 따라서 항성으로 존재할 수 있는 질량의 상한선은 태양의 200~300배 정도이며, 최종적으로 만들어진 항성 질량 블랙홀의 질량 상한선도 태양의 20배 정도라고 추정되었다. 중력파로 발견된 블랙홀은 보통의 항성 질량 블랙홀과 중간 질량 블랙홀과도 기원이 다른 새로운 '종족'의 블랙홀이라고 생각된다.

블랙홀 쌍성이 방출하는 중력파
중력파는 공간의 휘어짐이 파동이 되어 전달되는 현상이다. 블랙홀 등 질량이 큰 물체가 큰 가속도로 운동할수록 진폭이 큰 중력파가 방출된다. 그림에서는 파동이 2차원 평면의 방향으로 퍼져 나가는 것처럼 그렸지만, 실제로는 공간의 모든 방향으로 퍼져 나간다.

전 세계의 망원경이 협력해 블랙홀을 찾는다

중력파 검출기로 발견된 새로운 '종족'인 블랙홀의 정체를 밝히기 위해서는 관측 건수를 늘려야 할 뿐만 아니라, 중력파가 도달하면 세계 각지의 망원경을 즉시 중력파 방향으로 돌려 그 정체를 확인해야 한다.

중력파 검출기는 하나만으로는 중력파원의 방향을 알 수 없지만, 복수의 검출기로 동시에 검출하면 발생원의 방향을 좁힐 수 있다. 검출기의 수가 많을수록 위치를 좀 더 정확하게 알아낼 수 있다.

중력파의 위치가 정확히 밝혀지면 전 세계의 광학 망원경과 궤도상의 우주 망원경을 중력파원 방향으로 재빨리 돌려, 잔광 등이 보이지 않는지를 모든 파장으로 조사할 수 있다. 지금까지 LIGO, Virgo와 광학 망원경이 협력한 관측은 두 차례 성공했다.

우주 탄생 직후에 생긴 블랙홀이 있을까?

블랙홀에는 또 하나, 아직 발견되지는 않았지만 이론적으로 존재가 예상되는 '종족'이 있다. 그것은 바로 '원시 블랙홀'이다.

138억 년 전, 우주가 탄생한 지 불과 1000분의 1초밖에 지나지 않은 시기에, 우주를 가득 채우고 있던 에너지의 밀도가 높은 부분이 중력으로 수축해 많은 블랙홀이 만들어졌다는 설이다. 이때 생겼다고 알려진 블랙홀이 '원시 블랙홀'이다. 우주에 원시 블랙홀이 존재할지도 모른다는 설은

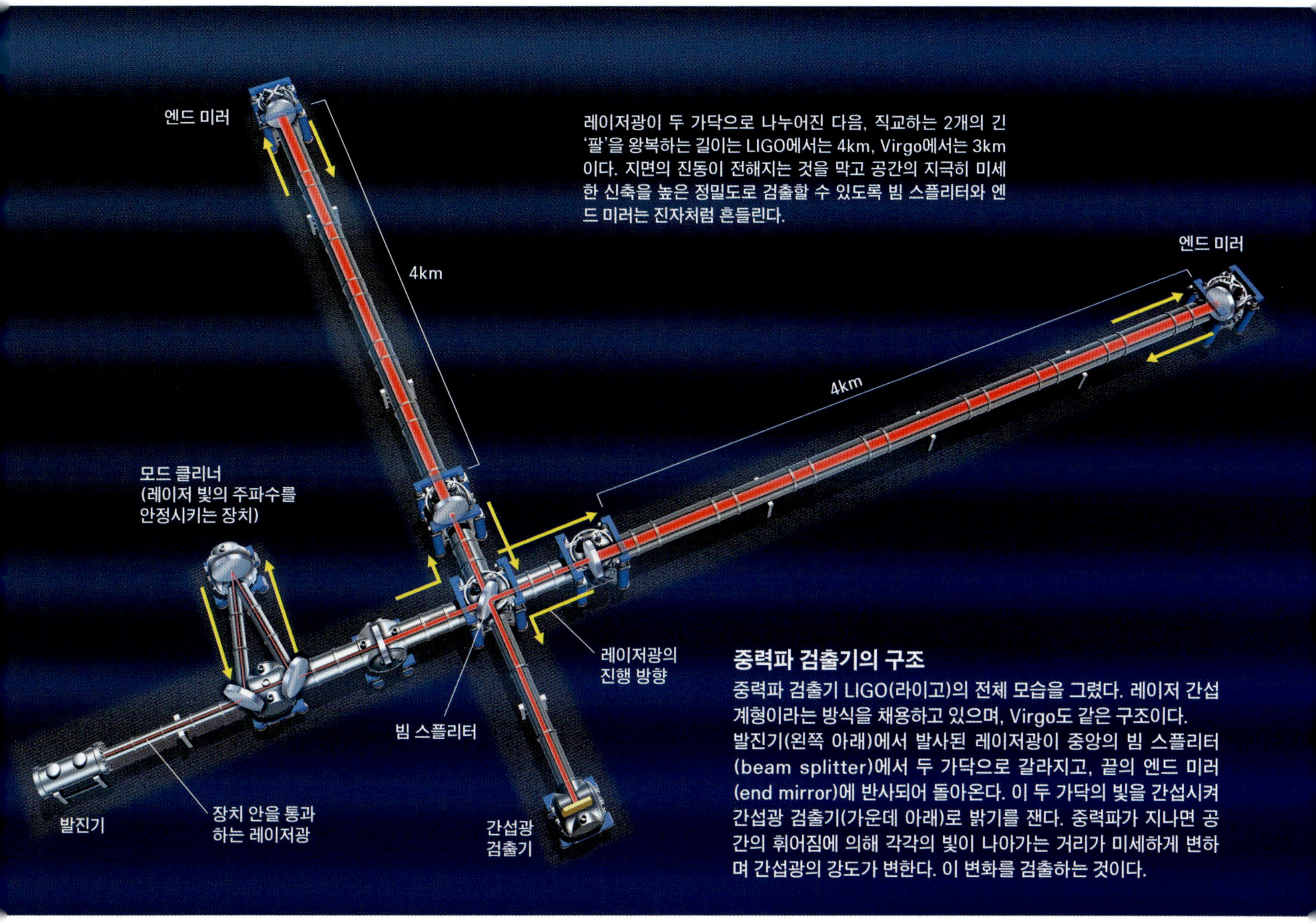

중력파 검출기의 구조

중력파 검출기 LIGO(라이고)의 전체 모습을 그렸다. 레이저 간섭계형이라는 방식을 채용하고 있으며, Virgo도 같은 구조이다. 발진기(왼쪽 아래)에서 발사된 레이저광이 중앙의 빔 스플리터(beam splitter)에서 두 가닥으로 갈라지고, 끝의 엔드 미러(end mirror)에 반사되어 돌아온다. 이 두 가닥의 빛을 간섭시켜 간섭광 검출기(가운데 아래)로 밝기를 잰다. 중력파가 지나면 공간의 휘어짐에 의해 각각의 빛이 나아가는 거리가 미세하게 변하며 간섭광의 강도가 변한다. 이 변화를 검출하는 것이다.

1970년대에 스티븐 호킹(1942~2018) 등이 제기했다.

원시 블랙홀의 특징은, 가는 모래알[약 0.01mg(밀리그램)] 정도로 아주 가벼운 것부터 항성 질량 블랙홀보다 무거운 것까지 다양한 질량의 블랙홀이 생겼을 가능성이 있다는 점이다. 따라서 유래를 알 수 없는 초대질량 블랙홀과 중력파로 발견된 블랙홀의 기원이 원시 블랙홀이라는 설을 제기하는 연구자도 있다.

단, 가벼운(수억 톤 이하의) 원시 블랙홀은 전자기파를 방출하는 '호킹 복사'라는 현상에 의해 증발해서, 지금의 우주까지 살아남지 못했다고 알려져 있다. 일반적인 행성보다 무거운 원시 블랙홀이라면 현재까지 살아남았을 가능성이 있다. 만일 그것들이 우주에 많이 존재하면, 질량을 갖지만 빛(전자기파)으로는 볼 수 없는 '암흑 물질'의 후보가 될 수 있다.

이러한 '빛나지 않는 천체'가 별 앞을 지나가면, 빛나지 않는 천체의 중력에 의해 별의 빛이 일시적으로 더 밝아지는 것처럼 보이는 '마이크로 중력 렌즈 효과'라는 현상이 관측되어야 한다. 그러나 지금까지의 연구에서는 이 현상의 빈도는 아주 낮아, 행성보다 무거운 '빛나지 않는 천체'는 암흑 물질의 주성분이 될 정도로는 많지 않다고 결론지어진 상태이다.

소행성 정도의 질량을 가진 원시 블랙홀일 경우, 일정 정도의 양이 우주에 존재하더라도 지금까지의 관측 결과와 모순되지 않는다고 한다. 스바루 망원경(일본의 지름 8m짜리 반사 망원경)과 같은 커다란 망원경을 사용해, 이런 소천체 등급의 원시 블랙홀이 일으키는 마이크로 중력 렌즈 효과를 검출해서 그 수를 산정하는 연구를 하고 있다.

블랙홀의 수수께끼를 밝히는 EHT

앞에서 소개한 EHT의 역사적인 발표(2019년)는 2017년에 관측된 데이터를 분석한 것이다. 2018년과 2021년에도 관측되어, 현재 이 관측 데이터들을 분석하고 있다. 과거 세 차례의 관측에서는 M87의 중심 블랙홀만이 아니라 궁수자리 A*도 관측되었다.

단, 궁수자리 A*는 질량이 M87 블랙홀보다 훨씬 작고 사건의 지평면의 지름도 작다. 따라서 블랙홀을 감싼 가스 등의 구조가 몇 분 정도의 시간에 심하게 변한다. 따라서 1회 촬영에 약 8시간이 걸리는 EHT로는 상이 희미해질 가능성이 있다. 현재는 상의 희미함과 시간에 의한 변화를 억제해 최대한 명료한 블랙홀의 상을 얻는 방법을 모색하고 있다.

EHT를 통해 M87과 궁수자리 A*를 이어 찾으려는 블랙홀이 있을까? 혼마 교수는 이렇게 말했다.

"'솜브레로 은하'로 알려진 처녀자리의 은하 'M104'의 중심 블랙홀은 겉보기에 큰 편이지만, 궁수자리 A*의 5분의 1 정도밖에 되지 않는 것으로 추정된다. 앞으로 4~5년 동안은 관측 대상이 M87과 궁수자리 A* 2개에 국한될 것이다. 미래에 전파 망원경을 우주에 올려 훨씬 큰 가상 망원경을 만들 수 있으면 더 작은 블랙홀을 촬영할 수 있을 것이다."

EHT도 계속 진화하고 있다. 2021년에는 EHT의 관측망에 참가하는 전파 망원경이 여섯 곳(8대)에서 아홉 곳(11대)으로 늘어났다. 이로써 화질이 한층 더 향상될 것으로

지구 크기의 가상 망원경

EHT(Event Horizon Telescope)에 참가하고 있는 전파 망원경을 오른쪽에 나타냈다. 2021년 현재, 세계 아홉 곳(11대)의 전파 망원경이 참가하고 있다. EHT는 'VLBI(Very Long Baseline Inter-ferometer, 초장 기선 전파 간섭계)'라는 방법으로 천체의 전파 영상을 촬영한다. 서로 다른 두 곳의 전파 망원경으로 천체의 전파를 수신하고 그 신호를 조합하면, 구경이 두 곳의 거리에 해당하는 가상적인 거대 망원경이 된다. 이 작업을 다양한 망원경 쌍에 적용함으로써, EHT는 구경이 지구의 지름에 맞먹는 가상적인 거대 망원경이 된다. 이를 통해 매우 해상도가 높은 전파 영상을 얻을 수 있다.
EHT는 파장 1.3mm의 전파(밀리미터파)로 관측한다. 이 전파는 대기 중의 수증기에 흡수되기 때문에 EHT의 관측망을 구성하는 전파 망원경은 건조한 고지나 사막에 설치되어 있다.

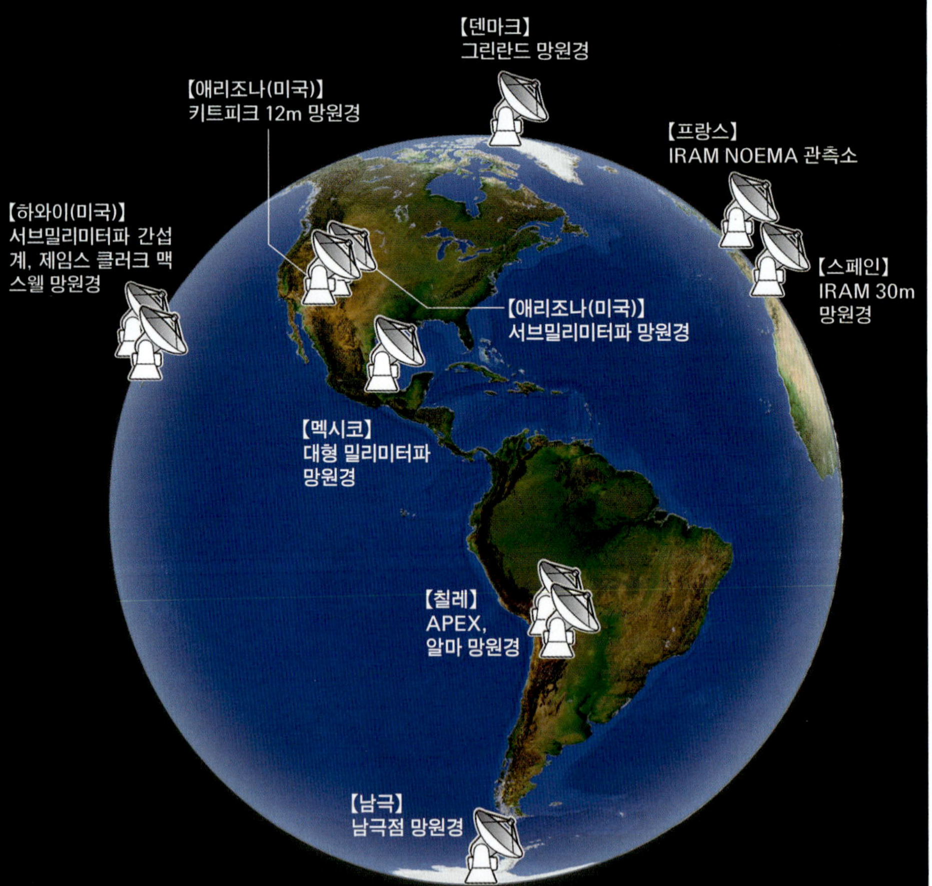

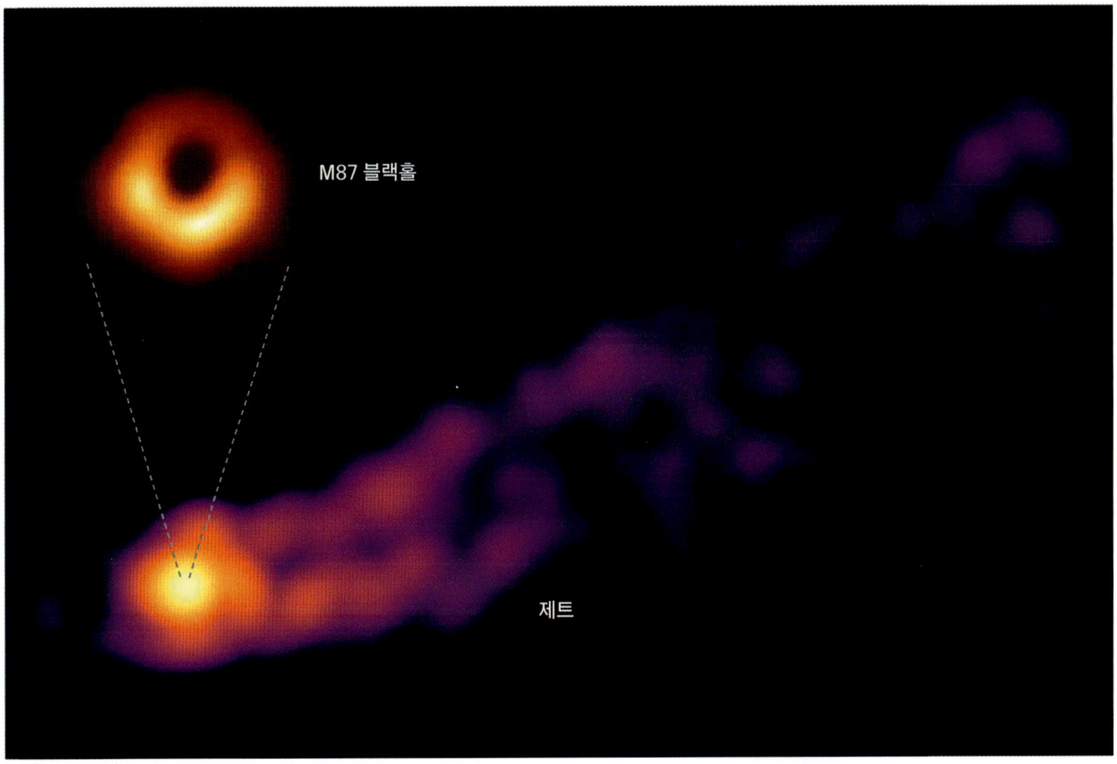

EHT에 의한 M87의 블랙홀 촬영과 같은 시기에 한국·일본·중국의 총 13대의 전파망원경이 참가한 동아시아 VLBI 관측망(EAVN)으로 관측한 제트의 모습. 왼쪽 아래에 블랙홀이 있고 오른쪽 위를 향해 제트가 분출되고 있다. 2021년 4월에 공개되었다.

기대된다.

EHT와 기존의 다른 망원경을 조합해 새로운 사실을 얻을 수 있다. 2017년에는 지상의 다른 망원경과 우주 망원경 등 총 19대의 망원경이 EHT와 공동으로 M87을 관측했다. 이 공동 관측을 통해 M87의 초대질량 블랙홀에서 뻗는 제트의 모습이 다양한 크기와 파장으로 동시에 포착되었다(위의 영상).

혼마 마레키 (本間希樹)
일본 국립천문대 교수. VLBI를 사용해 은하의 구조 및 거대 블랙홀을 연구한다.

블랙홀을 '시스템'으로 이해한다

다음 시대에는 블랙홀 본체만이 아니라 강착 원반과 제트까지 포함한 '시스템으로서의 블랙홀'을 이해하는 것이 블랙홀 관측의 커다란 목표가 된다고 혼마 교수는 말한다.

"초대질량 블랙홀의 제트가 어떻게 만들어지며 에너지원이 무엇인지 아직 밝혀지지 않았다. 블랙홀과 거기에 물질·에너지가 흘러드는 강착 원반, 역으로 블랙홀에서 물질·에너지가 나오는 제트 등, 전체를 시스템으로 이해할 필요가 있다."

블랙홀의 시스템을 밝히는 일은 블랙홀이 우주에서 어떤 '역할'을 하는지에 대한 이해로 이어진다. 예를 들어 초대질량 블랙홀과 은하는 어느 쪽이 먼저 생겼는가라는 의문과 블랙홀의 제트의 영향으로 은하 전체의 별 형성이 억제되는가 아니면 활발해지는가라는 의문이 아직도 밝혀지지 않은 채 남아 있다.

혼마 교수는 이렇게 말했다.

"우주에 우리은하가 생겨나고 그 안에 태양이 생겨나고 지구와 그곳에 사는 생명이 태어난 근본적인 계기에 블랙홀이 관여하고 있는지도 모른다. 블랙홀에 대한 지식은 곧 우리는 어디에서 왔는가라는 수수께끼에 대한 답으로 이어질 가능성도 있다."

column10

블랙홀이 별을 만든다?

은하 중심 제트에 의한 피드백 효과에 대해서는, 제트는 분사 방향이 매우 좁기 때문에, 지금까지는 은하의 좁은 범위에만 영향을 미친다고 생각되었다.

그러나 일본 쓰쿠바 대학교의 알렉스 와그너 박사 연구팀이 성간 가스의 불균일성을 고려한 고분해능 계산을 한 결과, 제트의 에너지는 다방향으로 분산해 은하 전체에 걸친 넓은 영역에 피드백 효과를 미친다는 사실이 처음으로 밝혀졌다.

이때 제트 분사로 인해, 별의 탄생을 방해하는 '음의 피드백'만이 아니라, 성간 물질을 압축하고 거기에서 별의 탄생을 촉진하는 '양의 피드팩'도 일어난다는 사실도 밝혀졌다.

활동 은하핵(AGN)과 성간 물질의 상호 작용을 조사한 시뮬레이션

영상은 은하 형성기에 활동 은하핵과 성간 물질이 어떻게 상호 작용하는지를 조사한 시뮬레이션 결과이다. 고해상도 3차원 시뮬레이션을 통해 불균일한 성간 물질을 다룸으로써 기존 결과보다 현실적인 결과를 얻었다.

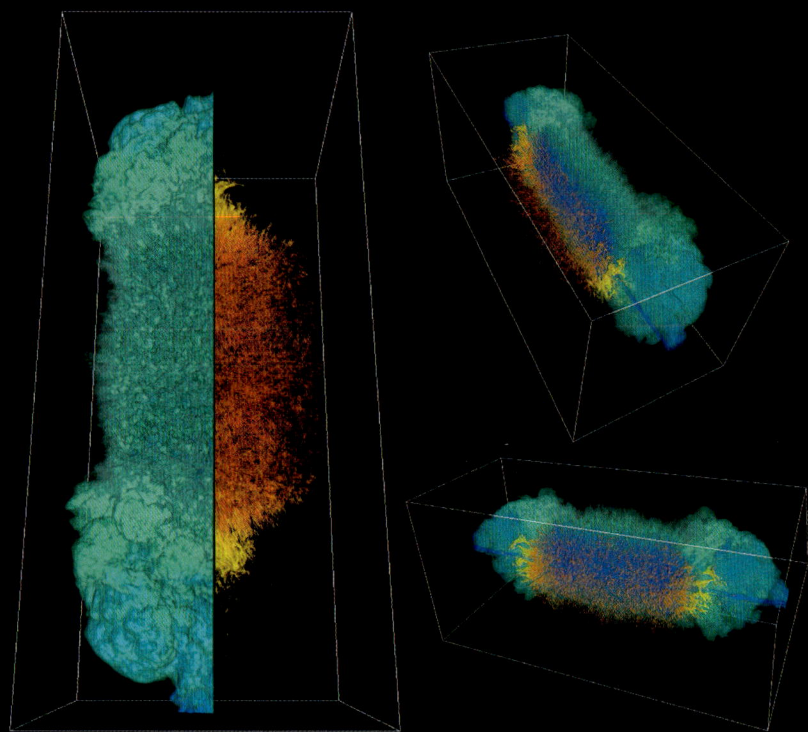

제트의 성분(파란색)과 성간 물질(주황색은 저속도 성분, 노란색은 고속도 성분)을 세 각도에서 본 것. 실제로는 축대칭적인 분포이지만 각각 절반씩 나타나 있다. 중앙에 블랙홀이 있다.

3만 3000년 전부터 18만 7000년까지의 제트와 성간 물질의 진화 모습. 색깔은 컬러바에 제시된 밀도를 나타낸다.

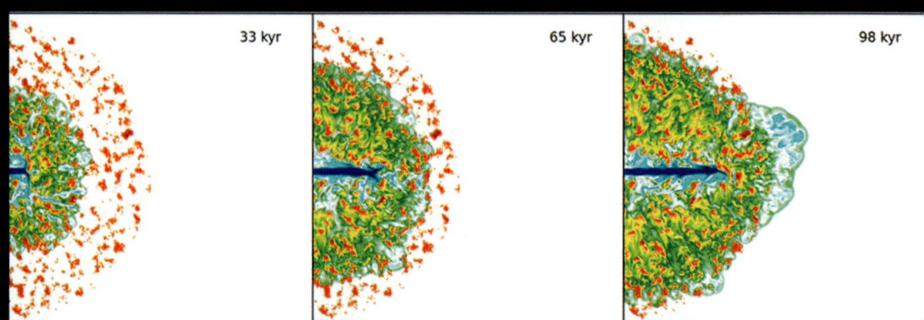

3차원 제트와 성간 물질의 분포(중앙 부분)를 중심면을 기준으로 잘랐을 때, 성간 물질의 운동 에너지(왼쪽 뒤의 분포도), 저속 분포(오른쪽 뒤의 분포도), 압력(바닥면의 분포도).

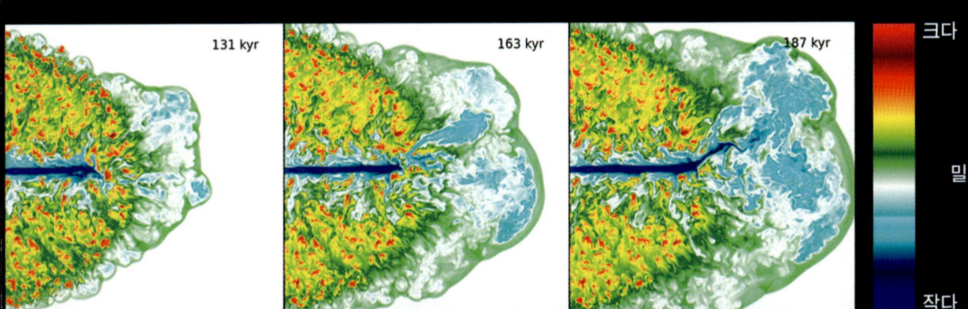

A. Y. Wagner, G. V. Bicknell, M. Umemura, R.S.Sutherland,and J.Silk, AN 337, No.1/2,167–174 (2016)

5 더 알고 싶은 블랙홀

블랙홀로 다가가면 어떻게 될까? 그 안은 어떻게 되어 있을까? 5장에서는 초거대 블랙홀의 틀에서 벗어나 블랙홀에 얽힌 여러 가지 흥미로운 화제를 소개한다. 또 블랙홀과 마찬가지로 일반 상대성 이론이 예언한 '화이트홀'과 '웜홀'도 살펴보고, 화이트홀과 웜홀을 이용한 시간 여행의 방법도 살펴본다.

협력

후쿠에 준 福江純 일본 오사카 교육대학교 명예교수.

하라다 도모히로 原田知廣 일본 릿쿄 대학교 이학부 교수.

스야마 데루아키 須山輝明 일본 도쿄 공업대학교 이학원 물리계 부교수.

블랙홀 주위의 이상한 현상

블랙홀은 이렇게 이상하다!

천문학을 잘 알지 못하는 사람이어도 '블랙홀'이라는 단어는 한번은 들어본 적이 있을 것이다. '무엇이든 빨아들이고 빨려 들어가면 두 번 다시 나올 수 없다.', '빛을 휘게 할 정도로 강한 중력을 지닌다.' 이런 널리 알려진 블랙홀의 성질은 잘 생각해 보면 '비정상'이다.

블랙홀에서는 거대한 질량이 한 점(특이점)에 응축된다. 그리고 특이점을 에워싸듯이, 빛조차 빠져나올 수 없는 영역이 있다. 그 영역의 경계면을 '사건의 지평면(Event Horizon)'이라고 한다.

이처럼 블랙홀 주위에서는 그림으로 나타낸, 여러 가지 비정상적 일들이 일어난다고 생각된다.

반대편 천체를 볼 수 있다

블랙홀의 강력한 중력은 근처를 지나는 빛을 휘게 한다. 따라서 블랙홀 반대쪽에 있는 천체의 빛이 돌아와 모인다(중력 렌즈 효과. 122페이지). 천체는 크게 비틀려 보인다.

시간이 멈춰 보인다

블랙홀에 접근할수록 시간이 느려지는 것처럼 보이며, 블랙홀 경계면(사건의 지평면)에서는 시간이 멈춰 우주선이 붙어 있는 것처럼 보인다. 이것은 일반 상대성 이론이 예언한, 중력에 의한 시간의 지연 효과 때문이다. 또 블랙홀 근처에서 방출된 빛은 강력한 중력에 의해 당겨져 파장이 길어진다. 가시광선은 파장이 길수록 빨갛게 보이기 때문에, 블랙홀에 접근하는 물체를 바라보면 점차 빨갛게 보인다.

블랙홀에 접근하는 우주선
(우주선에 탄 사람은 시간의 지연을 느끼지 않는다. 그대로 사건의 지평면을 넘어 블랙홀로 떨어진다)

사건의 지평면
(구면)

우주선
(블랙홀에 접근하는 다른 우주선을 바라본다)

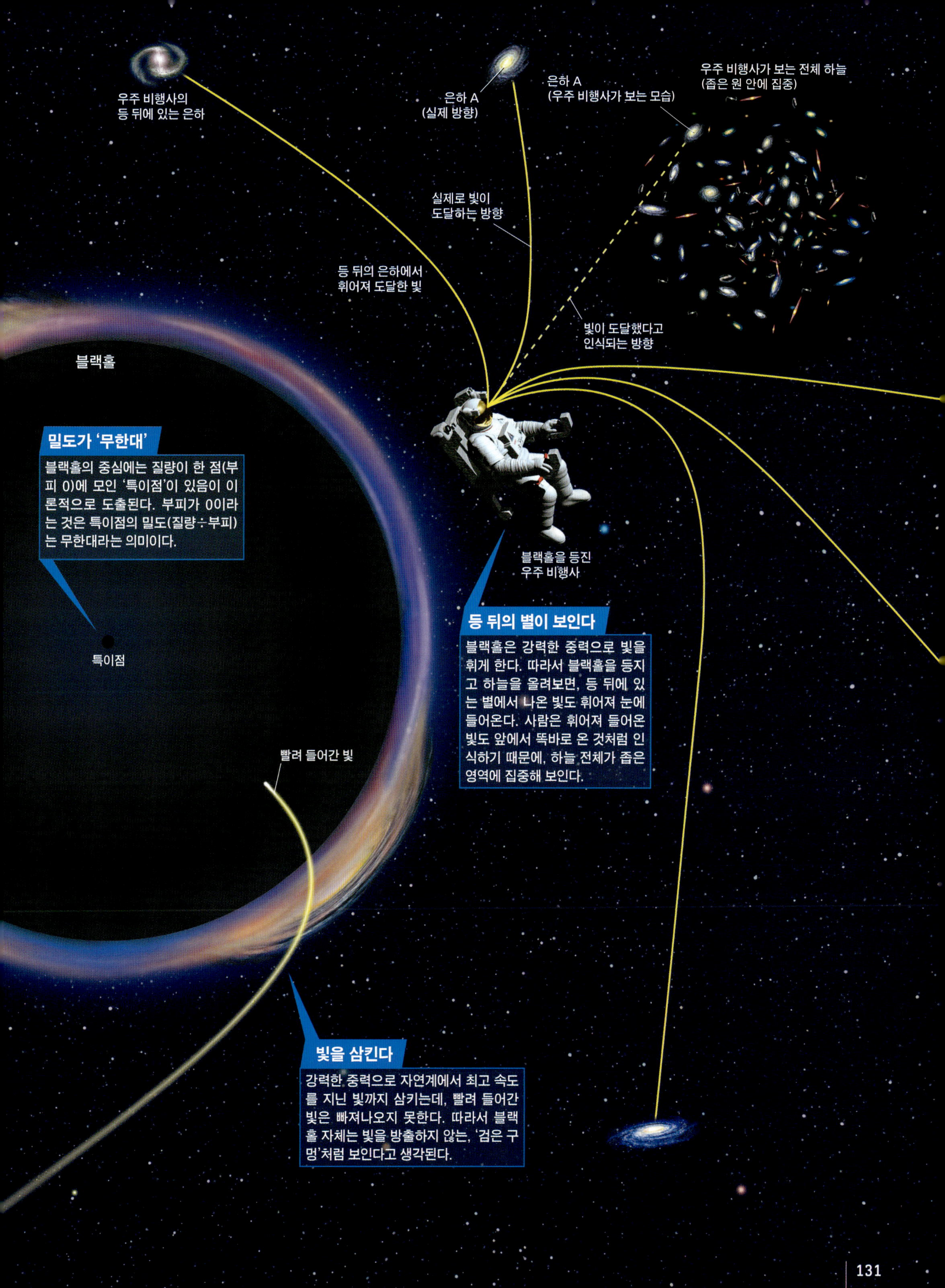

밀도가 '무한대'

블랙홀의 중심에는 질량이 한 점(부피 0)에 모인 '특이점'이 있음이 이론적으로 도출된다. 부피가 0이라는 것은 특이점의 밀도(질량÷부피)는 무한대라는 의미이다.

등 뒤의 별이 보인다

블랙홀은 강력한 중력으로 빛을 휘게 한다. 따라서 블랙홀을 등지고 하늘을 올려보면, 등 뒤에 있는 별에서 나온 빛도 휘어져 눈에 들어온다. 사람은 휘어져 들어온 빛도 앞에서 똑바로 온 것처럼 인식하기 때문에, 하늘 전체가 좁은 영역에 집중해 보인다.

빛을 삼킨다

강력한 중력으로 자연계에서 최고 속도를 지닌 빛까지 삼키는데, 빨려 들어간 빛은 빠져나오지 못한다. 따라서 블랙홀 자체는 빛을 방출하지 않는, '검은 구멍'처럼 보인다고 생각된다.

우주를 탐색하는 중력 렌즈

'중력 렌즈'는 우주를 탐색하는 돋보기

중력에 의해 휘어진 시공간을 빛이 통과하면, 빛의 궤적은 휘어진다. 그 모습도 일반 상대성 이론으로 계산할 수 있다.

사실 뉴턴의 중력 법칙에서도 빛은 휘어지지만, 일반 상대성 이론이 예측하는 빛이 휘어지는 각도와는 다르다. 일반 상대성 이론이 발표되고 4년 후인 1919년, 가깝게 보이는 항성의 위치가 태양의 중력에 의해 어느 정도 어긋나는지 측정되었다. 결과는 일반 상대성 이론의 예측과 일치했기 때문에, 이 신기한 이론은 점차 유명해졌다.

이 관측은 최초로 이루어진 일반 상대성 이론의 검증 실험이자 최초로 관측된 '중력 렌즈 효과'이기도 한다. 중력 렌즈란 먼 천체에서 오는 빛이 앞에 있는 천체의 중력에 의해 휘어지거나 밝기가 바뀌는 현상이다.

신기한 '고리'로 암흑 물질을 찾는다

현재는, 중력 렌즈 효과를 이용해 다양한 천문 관측을 한다. 예를 들어, 중력 렌즈는 '외계 행성'(태양계 밖에 있는 행성) 탐색에 이용된다. 지구에서 관측하면, 2개의 항성 위치가 겹치면서 중력 렌즈 효과가 일어나, 먼 항성의 빛이 일시적으로 밝게 보이는 일이 있다. 이 현상을 '마이

1. 마이크로 중력 렌즈 효과를 이용한 외계 행성 탐색

2개의 항성이 거의 일직선으로 서 있을 때, 앞쪽 항성의 질량에 의해 먼 항성의 빛이 휘어졌다가 모여, 먼 항성이 일시적으로 밝게 보인다. 이것이 마이크로 중력 렌즈 효과이다. 또 앞쪽 항성 주위를 행성이 돌면, 행성의 중력이 마이크로 중력 렌즈 효과에 영향을 미쳐, 먼 항성의 밝기가 오른쪽 그래프처럼 특징적인 변화를 보인다. 이런 특징을 지닌 증광(增光) 현상을 조사해, 외계 행성을 발견할 수 있다.

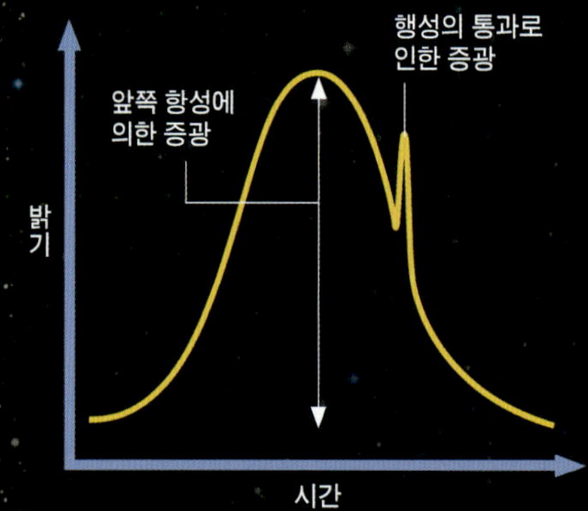

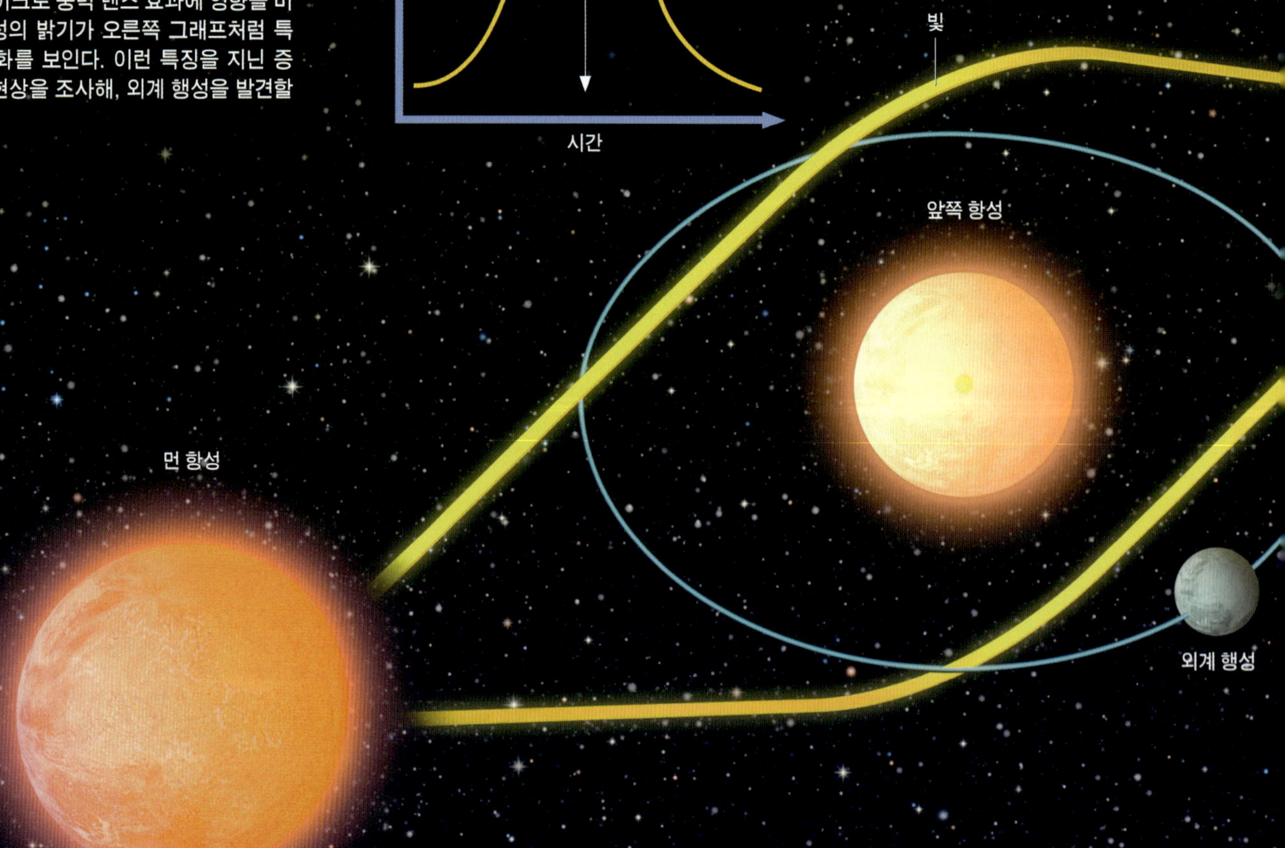

크로 중력 렌즈 효과(미세 중력 렌즈 효과)'라고 한다. 이때 앞에 있는 항성의 주위를 행성이 돌면, 그것이 마이크로 중력 렌즈 효과에 영향을 미쳐, 먼 항성의 밝기가 특징적인 변화를 나타낸다. 이것을 이용하면 외계 행성을 발견할 수 있다(왼쪽 페이지 그림).

또 중력 렌즈는 빛으로는 관측할 수 없는 수수께끼 물질인 '암흑 물질' 연구에도 유용하다. 먼 은하에서 오는 빛이 앞쪽 은하단의 중력에 의해 휘어져 생기는 상을 발견하면, 앞쪽 은하단의 질량을 측정할 수 있다. 그리고 실제로 측정된 예에서는, 은하단에 포함된 항성 등의 질량 합계에 비해, 은하단 전체의 질량이 수 배 정도 크다는 사실이 밝혀졌다.

이것은 은하단에는 눈에 보이지 않는 질량, 즉 암흑 물질이 대량 포함되어 있다는 증거이다. 이런 천체를 발견해 관측함으로써, 암흑 물질을 깊이 이해할 수 있다(아래 그림).

2. 암흑 물질 탐색

먼 은하를 관측할 때, 앞쪽에 은하단 등이 있으면 먼 은하에서 오는 빛이 휘어져 은하단 주위로 확대되어 보인다. 특히 확대된 상이 고리 모양으로 보이는 경우, 이것을 '아인슈타인 고리(Einstein ring)'라고 부른다(오른쪽 아래 영상). 이것을 통해 앞쪽 은하단의 질량을 알 수 있는데, 실제로 측정한 결과는 은하단에 포함된 항성 등의 질량 총합보다 커진다. 이것은 은하단에 빛으로는 관측할 수 없는 '암흑 물질'이 있기 때문이다. 이런 관측을 통해 수수께끼 물질인 암흑 물질의 성질을 이해할 수 있을 것으로 기대된다.

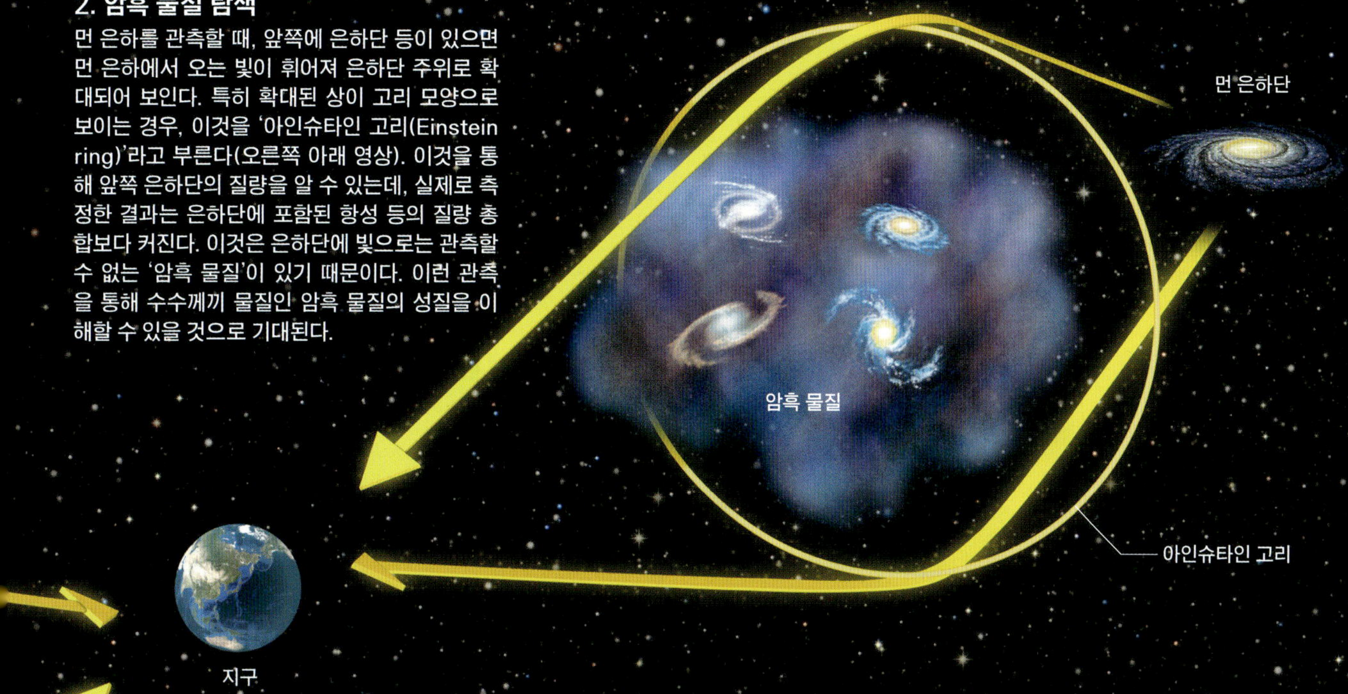

이것은 처녀자리 방향 약 45억 광년 거리에 있는 은하단 'MACS J1206.2-0847'을 허블 우주 망원경으로 관측한 영상이다. 은하단 주위에는 은하단 뒤쪽에 있는 은하에서 나온 빛이 휘어져 생긴 왜곡된 상이 여러 개 있다. 이것이 아인슈타인 고리이다.

중력 렌즈 효과를 이용해 탐색한다

중력 렌즈 효과를 이용해, 외계 행성이나 암흑 물질을 탐색하는 원리를 그림으로 나타냈다.

블랙홀의 종류

블랙홀의 성질은 단 3가지 요소로 결정된다

4장까지 블랙홀을 '질량'이나 '반지름'이라는 크기의 차이로 구분했다. 그러나 과학자들은 성질의 차이에 따라서도 블랙홀을 구분할 수 있다고 생각한다.

블랙홀의 성질을 결정하는 것은 '질량', '회전(자전)', '전하' 3가지이다.

질량이 없는 블랙홀은 없으므로, 회전·전하의 유무에 따라 블랙홀은 4종류의 기본 형태로 나뉜다.

그중 가장 단순한 것이 '슈바르츠실트(Schwarzschild) 블랙홀'이라는, 정지한 구체의 블랙홀이다. 슈바르츠실트가 일반상대성 이론을 써서 별의 내부와 표면 근처의 중력을 계산하는 식을 도출했을 때, 그 식은 계산을 단순화하기 위해 회전도 전하도 없는 별을 상정했다.

그러나 모든 별은 자전하기 때문에, 별의 중력 붕괴로 생긴 블랙홀도 자전한다

기본적인 4종류 블랙홀

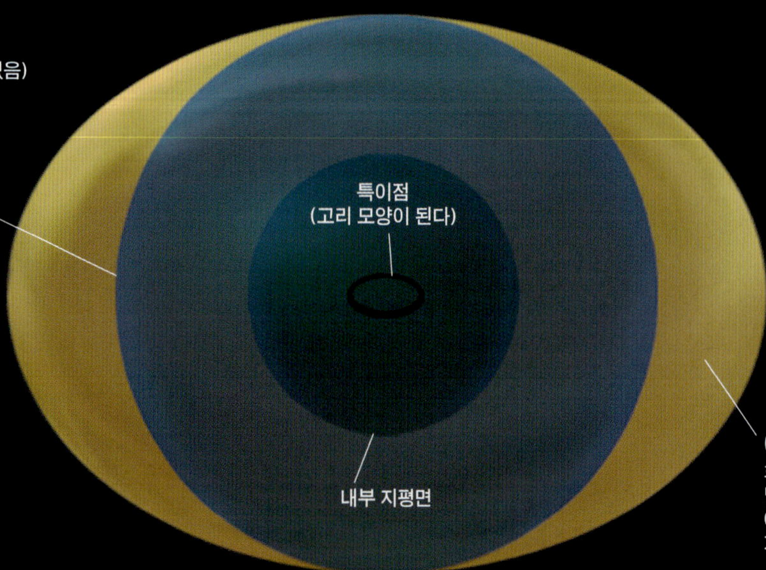

고 생각하는 것이 자연스럽다. 회전하는 블랙홀을 '커(Kerr) 블랙홀'이라고 한다. 커 블랙홀도 슈바르츠실트 블랙홀처럼 공 모양이며, 자전 속도가 커지면 공(사건의 지평면)의 반지름이 작아진다.

커 블랙홀의 특징은 바깥쪽과 안쪽에 2개의 지평면이 있으며, 바깥쪽 지평면의 더 바깥쪽에는 '에르고 영역(Ergo-sphere)'이라는 부분이 있다는 점이다. 또 회전하므로 특이점은 고리 모양이 된다.

전하를 띤 블랙홀도 있는데 '라이스너-노르드스트룀 블랙홀'이라고 한다. 그중에서도 회전하는 것을 '커-뉴먼 블랙홀'이라고 한다.

단, 전하를 띤 블랙홀을 만들기 위해서는 전하를 띤 물질을 중력 붕괴시켜야 한다. 그러나 블랙홀이 되기 전에 전기력이 작용해 반발하며 원상태로 되돌아가 버리기 때문에, 전하를 띤 블랙홀은 생기기 어렵다고 생각된다.

따라서 우주에서 가장 일반적인 것은 '회전 있음·전하 없음'의 커 블랙홀이라고 생각된다.

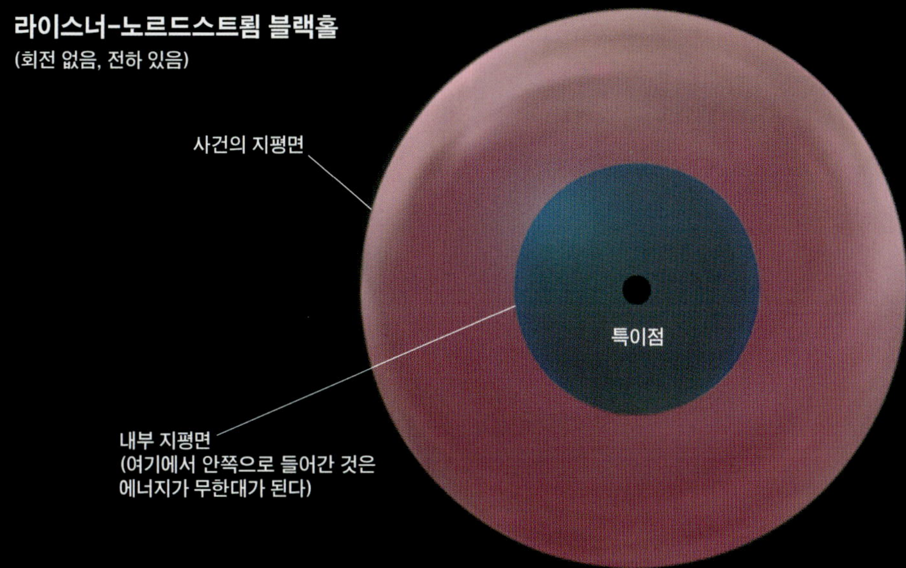

블랙홀의 조석력

블랙홀에 떨어지면 어떻게 될까

여기에서는 우주 비행선이 가장 단순한 블랙홀인 슈바르츠실트 블랙홀에 떨어지면 어떻게 될지 생각해 보자.

슈바르츠실트 블랙홀에서는, 물체가 사건의 지평면을 넘어 일단 빨려들면 곧장 중심의 특이점을 향해 낙하한다. 그때 블랙홀 중심 부근에 접근할수록 중력이 강해지기 때문에, 우주 비행선의 앞쪽과 뒤쪽의 중력에 큰 차이가 생긴다. 이것을 '조석력'이라고 한다. 태양이나 달의 중력에 의해 조석 간만이 생기는 것과 같은 원리이다.

블랙홀의 경우, 조석력은 낙하하는 물질을 당겨 늘려 마지막에는 산산조각 나 버린다. 조석력의 크기는 블랙홀의 크기에 따라 다르다. 뜻밖에도 작은 블랙홀일수록 조석력이 크다.

예를 들어 태양 질량 정도의 작은 블랙홀에서는 사건의 지평면으로 빨려 들어간 시점에서 조석력은 지구 표면의 1조 배나 된다. 물질은 스파게티처럼 가늘게 늘려져 버린다.

한편, 반지름이 3000억 km 정도인 은하 중심에 있는 거대한 블랙홀의 경우, 사건의 지평면의 조석력은 지구 표면의 1000만분의 1 정도이므로 아무런 힘도 느껴지지 않아 빨려 들어도 아무 변화도 생기지 않는다. 블랙홀에 빨려들어가는지조차 알지 못할 것이다.

그러나 중심의 특이점에 접근함에 따라, 어떤 블랙홀에서든 중력이 강해져 늘려지는 힘을 느낀다. 그리고 마지막에는 마침내 스파게티처럼 되고 중심 부근에서는 산산조각 난다.

참고로 커 블랙홀일 때는 모습이 다르다. 다음 페이지에서는 커 블랙홀에 접근하면 어떻게 되는지 살펴보자.

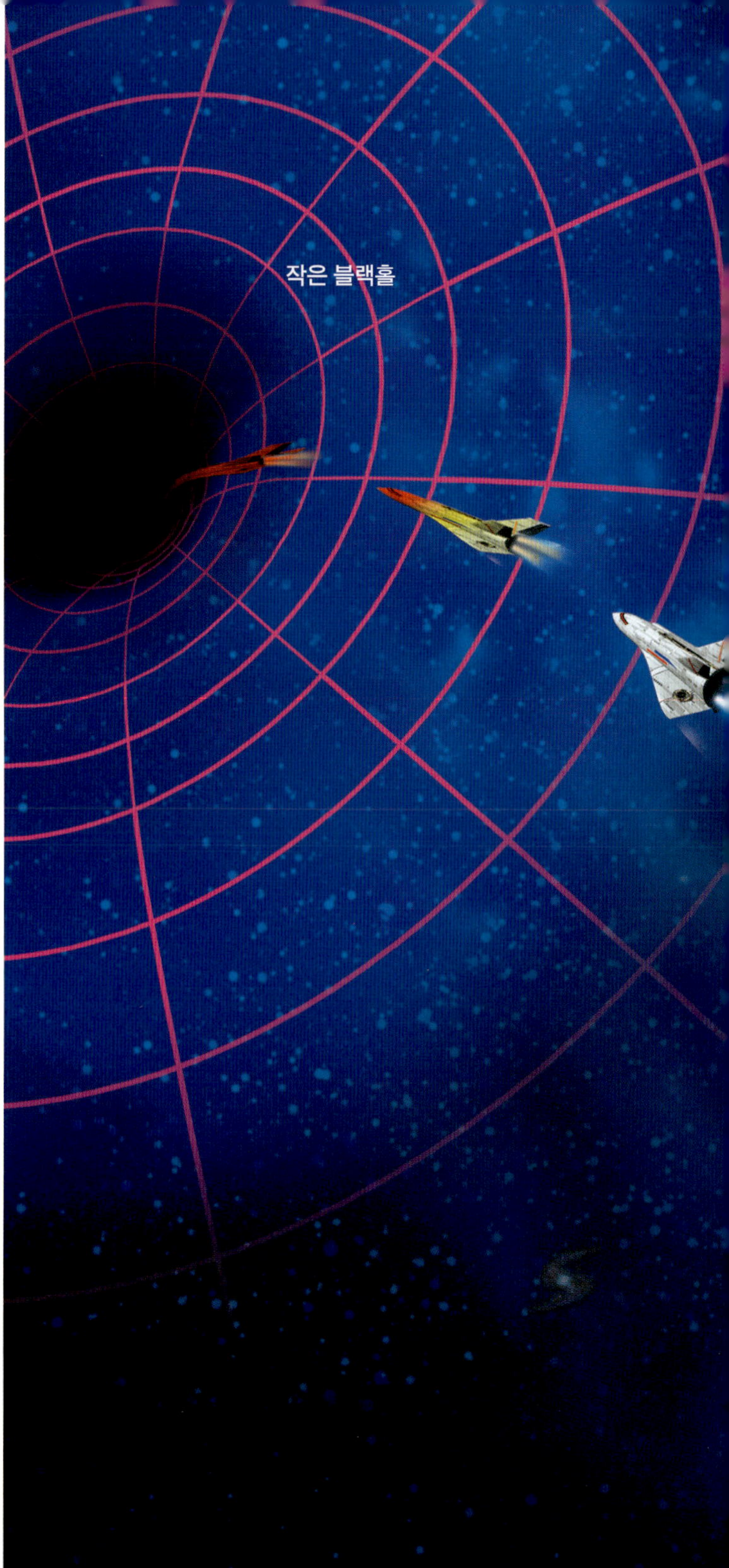

우주 비행선이 큰 블랙홀과 작은 블랙홀에 떨어지는 경우를 생각해 보자. 작은 블랙홀(왼쪽)일 때는 같은 기체여도 앞쪽과 뒤쪽이 받는 중력에 큰 차이가 생긴다. 앞쪽일수록 강한 중력으로 끌리기 때문에, 기체는 스파게티처럼 가늘게 늘어난다. 큰 블랙홀(오른쪽)일 때는 앞쪽에 걸리는 중력과 뒤쪽에 걸리는 중력의 차이가 훨씬 작다. 따라서 사건의 지평면까지는 늘려지는 일 없이 쾌적하게 블랙홀에 접근할 수 있다. 그리고 블랙홀에 접근함에 따라 우주 비행선에서 나오는 빛, 즉 색이 변한다. 중력이 강하면 빛의 파장은 길어지기 때문에 기체는 점차 빨간색으로 변한다.

큰 블랙홀

에르고 영역

회전하는 블랙홀에 접근하면 어떻게 될까?

여기에서는 회전하는 커 블랙홀에 접근하면 무슨 일이 생길지 살펴보자.

커 블랙홀도 슈바르츠실트 블랙홀도 겉모습은 차이가 없다. 그러나 커 블랙홀의 경우, 처음에는 블랙홀에 일직선으로 향하고 있음에도 불구하고 조금씩 궤도가 벗어나 블랙홀로부터 벗어난다. 더 접근하면 블랙홀 주위를 도는 것처럼 된다. 이것을 '렌스-테일링 효과'라고 한다.

그때 블랙홀 회전과 반대 방향으로 운동하면 이 효과를 없앨 수 있다. 그렇지만 더 접근하면, 반대 방향으로 운동하려고 해도 어느 사이엔가 같은 방향으로 회전하고 있음을 알게 된다. 제아무리 힘차게 엔진을 가동해도 정지하는 일조차 불가능하다. 그 이유는 블랙홀 둘레의 공간이 블랙홀에 떨어지며 동시에 회전하고 있어, 그것들을 합친 속도가 광속 이상이기 때문이다.

슈바르츠실트 블랙홀에서는 공간이 블랙홀 안쪽 방향으로 떨어지며, 사건의 지평면에서 광속도가 된다. 반면, 커 블랙홀에서는 사건의 지평면 바깥쪽에서 공간의 운동 속도가 광속도를 넘어 버린다. 이런 커 블랙홀 둘레의 공간에서 광속도를 넘는 영역을 '에르고 영역'이라고 한다.

에르고 영역에 들어가면, 블랙홀에 대해 정지해 있기란 불가능하며 반드시 블랙홀 둘레를 회전하면서 떨어져 고리 모양의 특이점을 향한다. 단, 에르고 영역 경계에 있으면, 밖으로 도망치듯이 엔진을 가동하면 탈출할 수도 있다.

회전하는 커 블랙홀은 에르고 영역이라는 부분에 물체가 들어가면 결코 정지할 수 없으며, 블랙홀의 회전에 끌려 주위를 돈다. 에르고 영역을 넘어 바깥쪽 지평면과 안쪽 지평면을 통과한 물질은 고리 모양의 특이점을 향한다. 그림에는 빛을 내는 천체가 커 블랙홀에 빨려 들어가는 모습이 그려져 있다. 빛은 이해하기 쉽도록 노란색으로 통일했다.

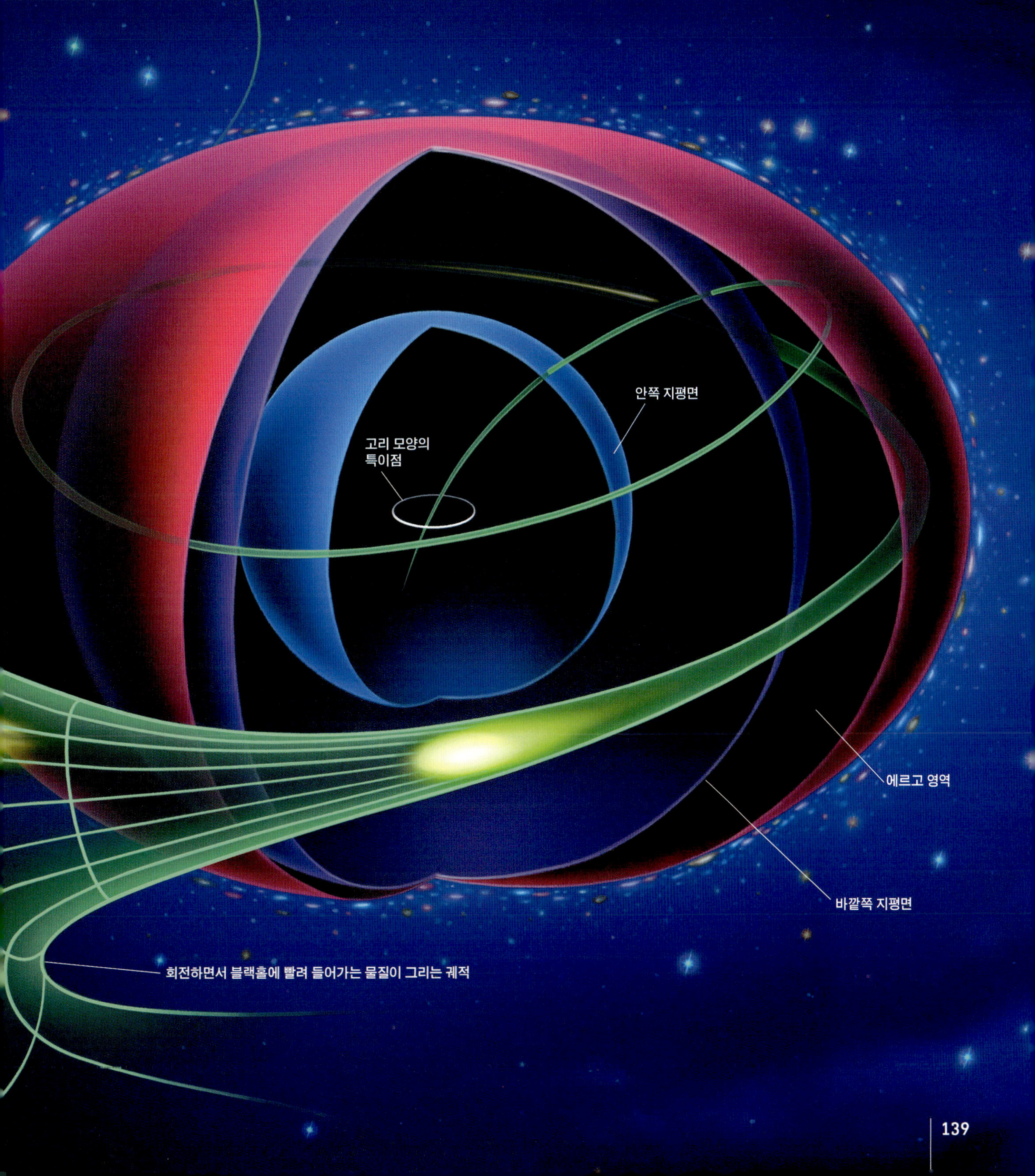

column11

블랙홀을 이용한 쓰레기 처리

커 블랙홀을 이용해 에너지 문제와 쓰레기 문제를 단번에 해결하는 아이디어가 있다.

영국의 물리학자 로저 펜로즈 박사는 회전하는 블랙홀에서 에너지를 추출하는 방법을 생각했다. 에르고 영역에 물질을 던지고, 그것이 안에서 둘로 나뉘어, 하나는 사건의 지평면에 흡수되고, 다른 하나는 에르고 영역 밖으로 빠져나오게 했다. 이때 빠져나온 물질의 에너지가 던져졌을 때보다 커진다. 이 메커니즘을 '펜로즈 과정'이라고 한다.

블랙홀 초미래 도시의 시스템은 그 과정을 이용한다. 먼저 쓰레기를 용기에 넣어 에르고 영역에 떨어뜨린다. 다음에 쓰레기를 블랙홀 회전과 역방향으로 방출해 용기를 회수한다. 그러면 블랙홀의 회전은 약간 느려지고, 그만큼의 회전 에너지를 가지고 용기가 돌아온다. 이렇게 하면 쓰레기를 버림과 동시에 에너지를 얻을 수 있다.

이 꿈 같은 블랙홀 초미래 도시 이야기는 찰스 미스너, 킵 손, 존 휠러가 집필한 《중력(Gravitation)》이라는, 세계적으로 널리 알려진 책에도 실려 있다.

블랙홀 초미래 도시에서 에너지를 얻고 쓰레기를 처리하는 이미지. 불필요한 쓰레기를 용기에 넣고 에르고 영역에 떨어뜨린다. 그곳에서 쓰레기를 블랙홀 회전과 역방향으로 방출하고 용기만 회수한다. 그러면 블랙홀의 회전은 약간 느려지고, 그만큼의 회전 에너지를 가지고 용기가 돌아온다. 이렇게 하면 쓰레기를 버림과 동시에 에너지를 얻을 수 있다. 단, 쓰레기를 버리면 블랙홀의 회전은 점점 느려져, 언젠가는 새로운 블랙홀을 찾아야 한다.

고리 모양의 특이점을 빠져나갈 수 있을까?

커 블랙홀 내부로 눈을 돌려보자. 회전하는 커 블랙홀에서는 원심력 때문에 특이점이 고리 모양이 된다.

특이점에 부딪히면 물질은 산산조각 난다. 슈바르츠실트 블랙홀에서는 사건의 지평면에 들어간 물질은 반드시 특이점을 향한다. 그러나 회전하는 커 블랙홀의 특이점은 원심력으로 고리 모양으로 퍼져 있기 때문에 피해 지나갈 가능성이 있다.

사건의 지평면에 빨려들어 간 다음 아무 일도 하지 않고 가만히 있으면 특이점에 부딪힌다. 그러나 예를 들어 고리 한가운데로 돌입하듯이 신중하게 엔진을 가동하면, 고리 정중앙의 가운데를 돌파할 수도 있다.

그렇다면 고리를 통과한 물질은 과연 어떻게 될까? 이것은 실험으로 확인되지는 않았고 다양한 가설이 있다.

고리를 빠져나가면 블랙홀에 빨려들었을 때와 정반대의 일이 일어나 우리 우주와는 다른 우주로 나온다. 이런 뱉어내는 블랙홀도 존재할 가능성이 있어 '화이트홀'이라고 한다. 이 화이트홀에 대해서는 162~165페이지에서 자세히 소개하겠지만, 연구자 가운데는 다음과 같은 일이 일어날 것이라고 상상하는 사람도 있다.

커 블랙홀은 다른 우주의 화이트홀과 연결되어 내뱉어진 우주에도 커 블랙홀이 있고 거기에 빨려들어 가면 또 다른 우주가 있을 가능성이 있다. 이처럼 커 블랙홀을 가교로 삼아 무한히 많은 우주가 연결되어 있을지 모른다.

현실의 별이 중력 붕괴를 일으켜 생긴 커 블랙홀의 내부에, 정말로 다른 우주로 가는 샛길이 있는지는 밝혀지지 않았다.

커 블랙홀 내부에 고리 모양의 특이점이 빛나고 있다. 일반적으로 특이점은 빛조차 빠져나올 수 없는 사건의 지평면에 에워싸여 있기 때문에, 무슨 일이 일어나는지 우리는 알 수 없다. 특이점 주위에는 다양한 것들이 출입한다고 생각된다. 질량이 없는 빛은 생기기 쉬워 특이점을 오고 가는 물질의 가장 유력한 후보이다. 특이점 건너편이 깜깜한 것은 뱉어낼 뿐인 화이트홀이 펼쳐져 있어, 화이트홀에서 블랙홀 쪽으로 빛이 오지 않기 때문이라 생각된다.

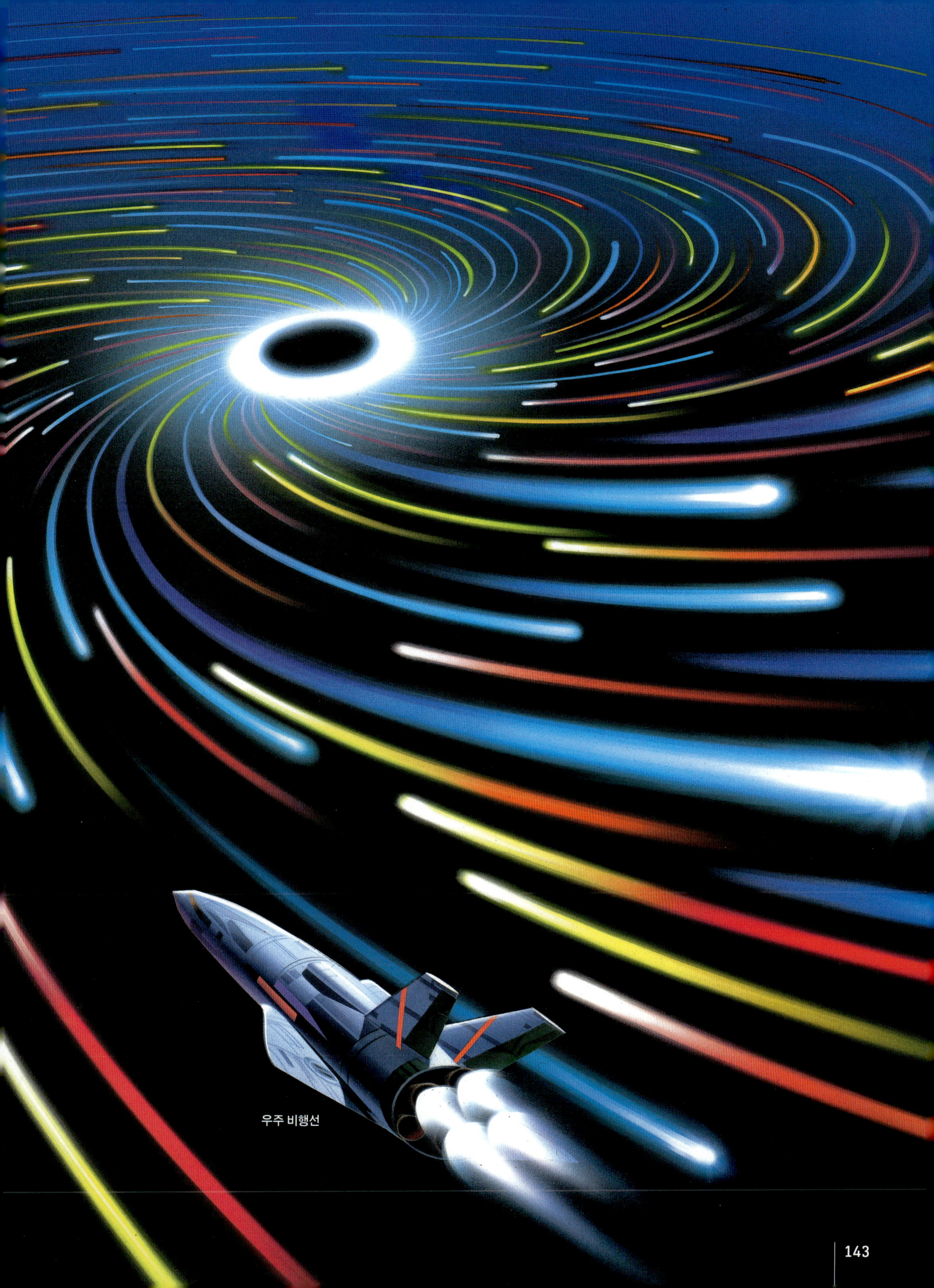
우주 비행선

특이점 안은 어떻게 되어 있을까?

모든 블랙홀에는 특이점이 있다. 그 특이점에서 물질이 어떻게 되는지는 아직도 해결되지 않은 문제이다.

블랙홀에 삼켜진 물질은 특이점에 떨어지기 직전에 큰 조석력에 의해 전자와 '쿼크' 같은 소립자 등의 물질의 구성 요소 단계까지 산산조각 난다. 그리고 현재의 물리학으로는 특이점에 떨어진 물질이 어떻게 되는지는 알 수 없다.

최근 연구 중에 물질의 원래 구성 요소는 소립자가 아니라 10^{-33}cm라는 매우 작은 고무줄 같은 '끈'이라고 생각하는 '초끈 이론'이 있다. 초끈 이론에 따르면, 끈의 끝이 진동하고, 그 진동의 차이가 끈을 각각 다른 소립자로 보이게 한다. 이 끈의 진동으로 인해 중력도 만들어지기 때문에, 특이점 근처와 같은 매우 작은 영역에서는 물질도 중력도 구별할 수 없다.

이 끈은 공간이 9차원인 세계에서 존재한다. 우리가 사는 우주 공간은 3차원 공간에 1차원의 시간이 더해진 4차원 시공간이다. 9차원 공간이란 3차원 공간의 각각의 점에 6차원의 범위를 갖는 공간이 존재한다는 생각이다.

6차원 세계를 이해하기 위해 마카로니(대롱 모양의 숏 파스타)를 생각해 보자. 마카로니를 멀리에서 보면 하나의 선처럼 보인다. 그러나 가까이 다가가서 보면 굵기가 있고 관 모양임을 알 수 있다. 마카로니의 면은 길이 방향과 관을 이룬 방향, 이렇게 2차원의 면이다. 관 방향이 작은 고리이기 때문에, 멀리서 보면 길이 방향의 1차원으로만 보인다. 이와 마찬가지로 공간도 매우 작은 규모로 보면 6차원 방향이 있을 수 있다.

만약 그렇다면 특이점 부근에서는 여분의 6차원이 얼굴을 드러내고, 특이점에서는 9차원 공간 안에서 끈이 진동할 수 있다.

블랙홀의 중심에는 반드시 특이점이 존재한다. 특이점에서는 일반 상대성 이론이 통용되지 않는다. 그래서 일반 상대성 이론과 미시 세계를 다루는 '양자론'을 융합하기 위해 고안된 이론인 초끈 이론을 적용하기도 한다. 초끈 이론은 '물질의 근원은 끈 모양'이라고 생각하는 이론이다. 그림은 블랙홀에 흡수된 물질이 특이점을 향함에 따라 소립자에서 끈으로 분해되는 모습을 그린 것이다.

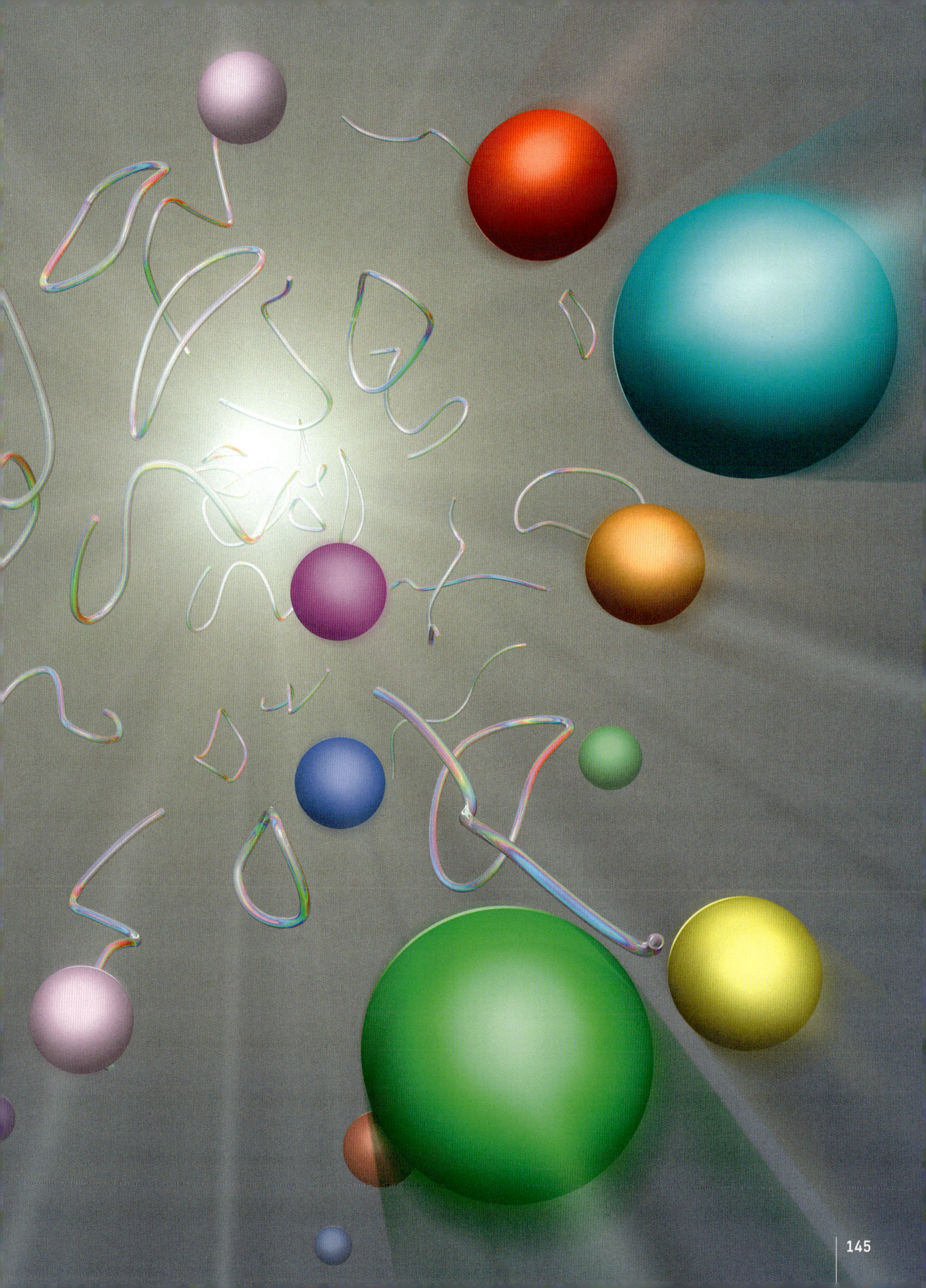

블랙홀 증발

블랙홀은 입자를 방출하고 '증발'한다

블랙홀로 떨어진 물질은 다시는 밖으로 나올 수 없다. 그래서 블랙홀의 질량은 지속적으로 증가한다고 생각되었다. 하지만 호킹 박사는 양자론을 적용함으로써 블랙홀이 빛의 입자(광자) 등 여러 가지 입자를 내보내고 질량을 잃어서 '증발'할 가능성이 있음을 보여 주었다.

열쇠가 되는 것은 입자의 '쌍생성'과 '쌍소멸'이라는 현상이다. 양자론에 따르면 우주 공간은 텅 빈 것이 아니라 진공 공간 자체가 에너지를 가지고 있으며, 그 에너지는 '요동'하고 있다. 진공을 소립자 수준의 미시적인 규모로 보면, 이 에너지의 요동에 의해 입자가 생기거나 사라진다. 예컨대 어느 순간에 전자와, 전자의 반입자(질량 등의 성질이 같고 전하의 부호가 반대인 입자)인 양전자가 쌍이 되어 생기고(쌍생성), 그들이 서로 충돌해 사라진다(쌍소멸)는 것이다.

그러면 블랙홀의 표면(사건의 지평면)의 바로 곁에서 쌍생성이 일어나면 어떻게 될까? 쌍생성된 입자와 반입자 가운데 한쪽이 만약 사건의 지평면 안쪽으로 들어가면, 그것은 블랙홀의 중심으로 차츰 떨어져 다른 한쪽과 만나지 못하게 된다. 그러면 다른 한쪽의 입자는 쌍소멸을 일으킬 상대를 잃고 그 일부는 블랙홀의 바깥쪽을 향해 날아간다. 이리하여 블랙홀에서 입자가 방출되는 것처럼 보이게 된다. 이것을 '호킹 복사'라고 한다.

이때 사건의 지평면 안쪽으로 떨어진 입자는 블랙홀의 강한 중력의 영향으로 음의 에너지를 가진 셈이 된다. 한편 남겨진 입자는 양의 에너지를 갖는다. 아인슈타인의 유명한 식 $E=mc^2$에 따르면 에너지(E)와 질량(m)은 같은 것이며 서로 바꿀 수 있다. 그래서 음의 에너지를 가진 입자를 끌어들인 블랙홀은 그만큼 질량이 줄어드는 셈이 된다.

단, 일반적인 크기의 블랙홀에서는 증발이 매우 적어 관측할 수 없다. 이론적으로는 블랙홀의 질량이 작을수록 증발이 심해지며, 최종적으로는 폭발적으로 입자를 방출해 소멸한다고 생각된다.

블랙홀이 내보내는 '호킹 복사'

블랙홀이 입자를 방출해 차츰 증발하는 모습을 그렸다. 증발이 진행되어 블랙홀의 질량이 작아질수록 많은 입자를 방출하게 된다. 이것은 블랙홀이 뜨거워지는 것에 해당한다. 그래서 매우 고온이 된 작은 블랙홀은 최종적으로 폭발하는 것처럼 소멸한다고 생각된다.

미니 블랙홀의 빛이 발견될지도 모른다

호킹 복사는 일반적으로 매우 약하며, 태양의 몇 배 정도의 질량을 가진 표준적인 블랙홀의 경우 호킹 복사에 의해 완전히 증발하려면 우주의 나이(약 138억 년)의 1조 배의 1조 배의 1조 배의 1조 배의 1억 배라는 엄청난 시간이 걸릴 것으로 계산된다.

그러나 호킹 박사는 우주 탄생 직후에 양성자 정도의 크기(질량 10억 톤 정도)인 '미니 블랙홀'이 생겼을 가능성을 지적했다. 이런 작은 블랙홀이라면 우주 나이 정도의 시간에 완전히 증발할 수 있다고 한다. 그래서 멀리 있는 우주를 관측하면, 이러한 원시 미니 블랙홀의 증발에 따라 생기는 빛을 포착할 수 있을지도 모른다.

현재까지 이런 빛은 포착되지 않았지만, 만약 원시 미니 블랙홀에서 나온 빛이 관측되었다면 호킹 박사는 확실히 노벨상을 수상했을 것이라는 말이 있다.

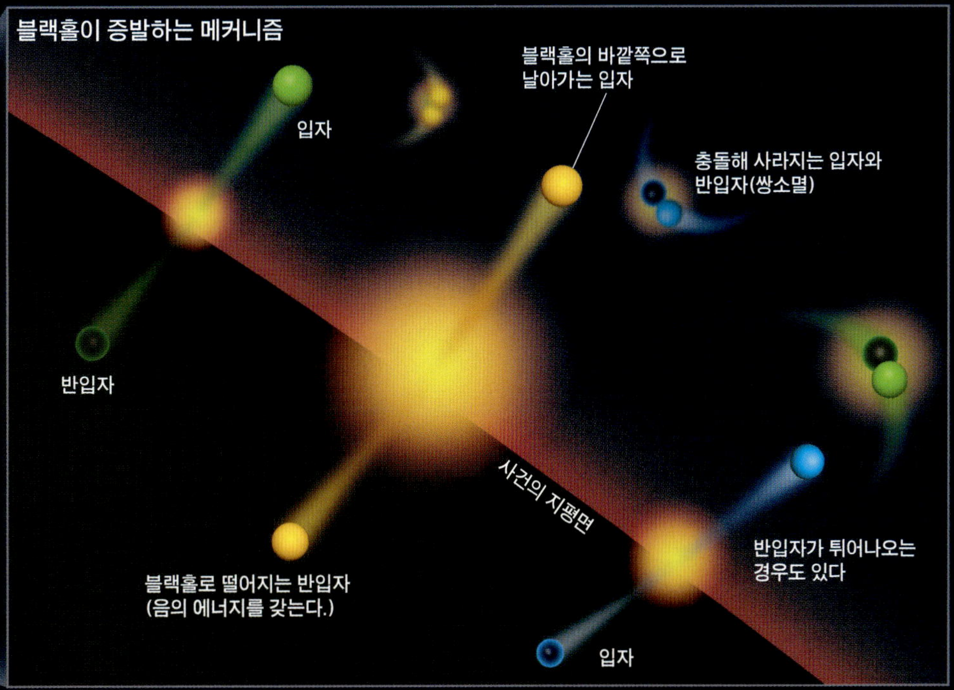

텅 빈 공간(진공)이라도 항상 입자와 반입자의 생성(쌍생성)과 소멸(쌍소멸)이 일어나고 있다. 사건의 지평면 가까운 곳에서는 쌍생성으로 생긴 입자와 반입자 중 한쪽이 사건의 지평면 안쪽으로 떨어지고, 다른 한쪽이 바깥쪽으로 날아가는 경우가 있다. 이것을 블랙홀의 바깥쪽에 있는 관측자가 보면, 블랙홀이 입자를 방출하면서 질량을 잃고 증발하는 것처럼 보인다.

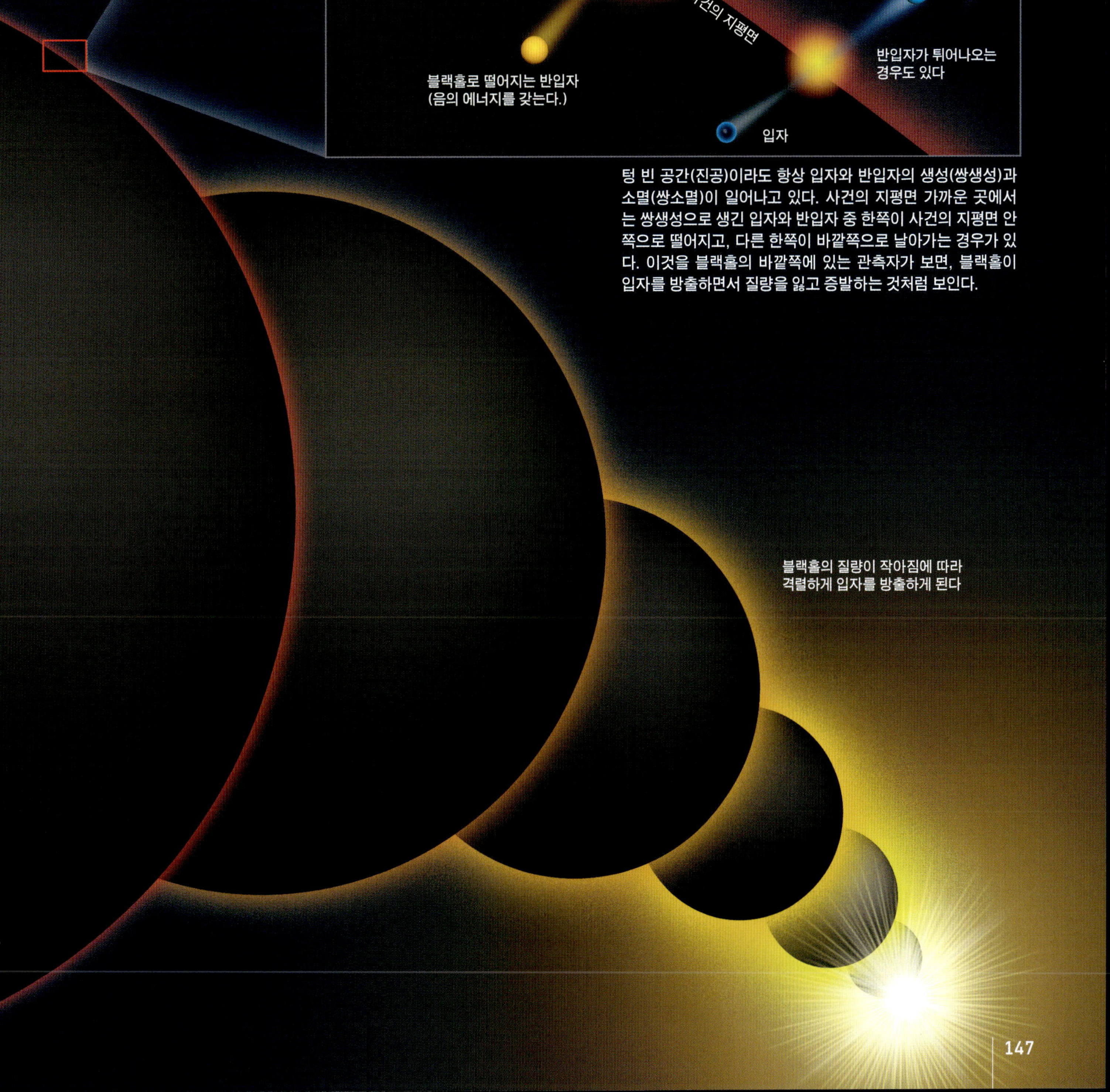

블랙홀 정보 역설

블랙홀에 떨어진 물질의 정보는 사라진다?

불에 탄 편지의 재에서 원래의 편지 내용을 알 수 있을까? 그런 일은 불가능하다고 생각된다. 그러나 이론적으로는 편지의 재나 연기의 입자, 불에 탔을 때 나오는 빛 가운데 불타기 전의 편지에 대한 '정보'(종이의 종류, 쓰인 글의 내용)가 남아 있다고 한다. 재나 연기, 빛 등을 완전히 회수할(관측할) 수 있으면 이론적으로는 편지를 복원할 수 있다는 것이다. 이것은 '정보는 사라지는 일이 없다'는 물리학의 근본적인 규칙이라고 생각된다.

그러면 편지를 블랙홀에 던져 넣은 경우는 어떨까? 호킹 복사 때문에 블랙홀에서는 긴 시간이 흐른 후에 삼킨 편지가 모두 증발해 버린다. 이때 태운 편지의 재나 연기, 빛을 회수하듯이 블랙홀의 호킹 복사를 모으면 편지의 정보를 복원할 수 있지 않을까? 호킹 박사는 블랙홀에 떨어진 편지의 정보는 영원히 사라질 것이라고 예상했다. 호킹 복사에는 정보가 들어 있지 않기 때문이다. 이것은 '정보는 사라지는 일이 없다'는 원리에 모순되는 결과이다. 즉 호킹 복사에 의한 블랙홀의 증발은 물리학적 모순(패러독스)을 일으키는 것이다. 이것이 블랙홀 정보 역설이다.

20년에 걸친 큰 논쟁을 일으켰다

호킹 박사의 이 주장은 큰 논쟁을 불러일으켰다. 블랙홀이 정보를 지워버린다면 물리학, 특히 양자 역학의 뿌리가 크게 흔들리게 된다.

호킹 박사가 무언가를 간과하고 있으며, 실제로는 블랙홀이 정보를 지우는 일은 없다고 생각하는 연구자도 있었다.

미국의 이론 물리학자 존 프레스킬은 블랙홀 증발로 정보가 손실되는 일은 없다고 생각하고 호킹 박사와 내기를 했다고 한다. 만약 정보 손실이 증명되면 호킹 박사가 이기고, 손실되지 않는다는 것이 증명되면 프레스킬 박사가 이기는 것이다. 이론 물리학자들은 이 역설을 둘러싸고 20년에 걸쳐 격렬한 논쟁을 벌였다.

그리고 이 논쟁은 '초끈 이론'※에 따라 일단 결말을 보았다. 초끈 이론에 따르면 블랙홀에 떨어진 정보는 그 표면(사건의 지평면)에 남는다. 그리고 최종적으로 호킹 복사를 회수하여 정보를 복원할 수 있다. 호킹 박사도 2004년 자신의 패배를 인정했다. 프레스킬 박사에게는 내기 상품으로 백과사전이 주어졌다고 한다.

그러나 정보 역설은 아직 해결되지 않았다고 생각하는 연구자도 많다. 무엇보다 초끈 이론은 아직 완성되지 않았으며, 따라서 초끈 이론이 블랙홀의 성질을 완전히 규명했다고 할 수는 없다. 정보 역설이 어떤 내용으로 밝혀지는 초끈 이론이나 양자 중력 이론 같은 이론의 발전을 기다려야 할 것 같다.

블랙홀 정보 역설

그림에서는 블랙홀에 삼켜진 편지의 '정보'는 사라진다는 호킹 박사의 주장(왼쪽)과, 사라지지 않고 남는다는 서스킨드 박사 등의 주장(오른쪽)을 나타냈다. 결과적으로는 호킹 박사가 자신의 주장이 틀렸음을 인정했지만, 이 논쟁은 물리학의 발전에 크게 기여했다. 블랙홀의 표면에 2차원적으로 정보가 남는다는 결과는 우리가 3차원 공간이라고 느끼는 이 우주가 사실은 2차원 면에 적힌 정보가 투영된 것일지도 모른다는 최신 이론(홀로그래픽 원리)으로 이어진다.

※: 모든 소립자가 점이 아니라 매우 작은 '끈'으로 이루어졌다고 보는 이론.

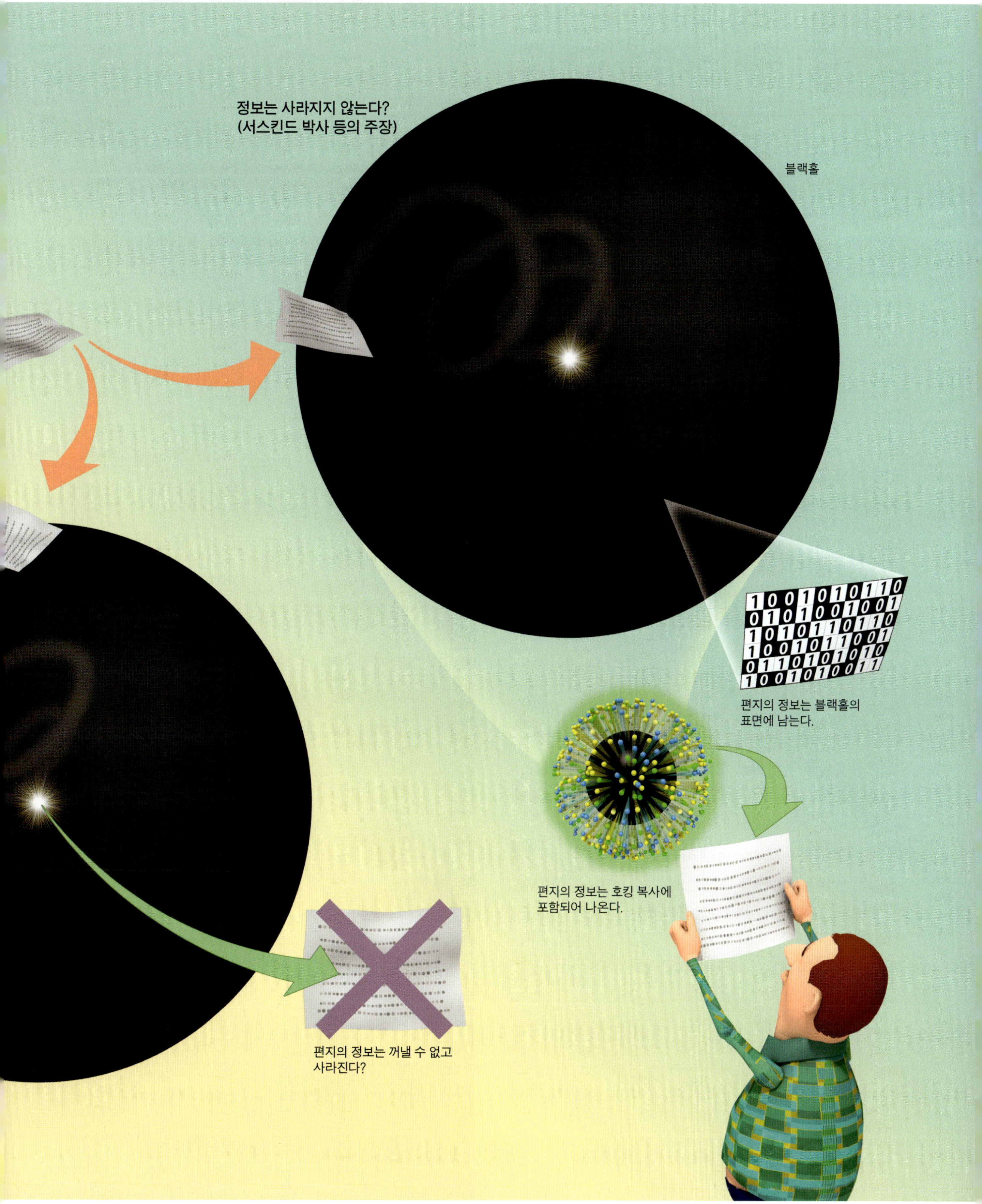

정보는 사라지지 않는다?
(서스킨드 박사 등의 주장)
블랙홀
편지의 정보는 블랙홀의
표면에 남는다.
편지의 정보는 호킹 복사에
포함되어 나온다.
편지의 정보는 꺼낼 수 없고
사라진다?

원시 블랙홀

호킹 박사가 예언한 '원시 블랙홀'이란?

블랙홀은 우주에서 가장 속도가 빠른 빛(초속 약 30만 km)조차도 탈출할 수 없을 정도로 강한 중력을 가진 천체이다. 블랙홀은 일반적으로 무거운 항성에서 생긴다고 생각된다. 태양의 25배 이상 질량을 가진 항성이 그 일생의 최후에 '초신성 폭발'을 일으켜 초고밀도가 된 항성의 중심핵이 자신의 중력으로 찌부러져 블랙홀이 되는 것이다.

그러나 원시 블랙홀은 그런 '보통' 블랙홀과는 전혀 다른 방법으로 생겼다고 한다. 1971년 호킹 박사는 "우주 탄생 직후 밀도의 '요동' 속에서 원시 블랙홀이 생겼다"는 설을 발표했다.

'요동'에서 블랙홀이 탄생했다

탄생 직후의 우주는 초고온, 초고밀도의 작열하는 불덩이 상태였다고 생각된다(빅뱅). 이 시기에 우주를 채우고 있던 소립자는 그 밀도가 거의 한결 같았다고 생각되지만, 거기에는 '요동'이 존재했다. 그 요동에 의해 여기저기에 밀도가 매우 높은 부분이 생기고, 그 부분이 스스로의 중력에 의해 극한까지 찌부러져 블랙홀이 생겼을 가능성이 있다.

이리하여 우주 탄생으로부터 몇 초 이내에 가장 작은 것은 10만분의 1g, 가장 큰 것은 태양 질량의 수십억 배인 것까지 크기가 다양한 원시 블랙홀이 생겼다고 한다. 원시 블랙홀의 이론적인 연구를 하고 있는 일본 릿쿄 대학교의 하라다 도모히로(原田知廣) 교수는 이렇게 말했다. "원시 블랙홀은 언제 생겼느냐에 따라 그 질량이 바뀐다. 우주 탄생으로부터 시간이 지날수록 질량이 큰 것이 생긴다."

항성이 탄생한 시점은 우주 탄생으로부터 몇억 년 뒤이지만, 그 훨씬 이전부터 우주에는 많은 블랙홀이 존재했을 수도 있다.

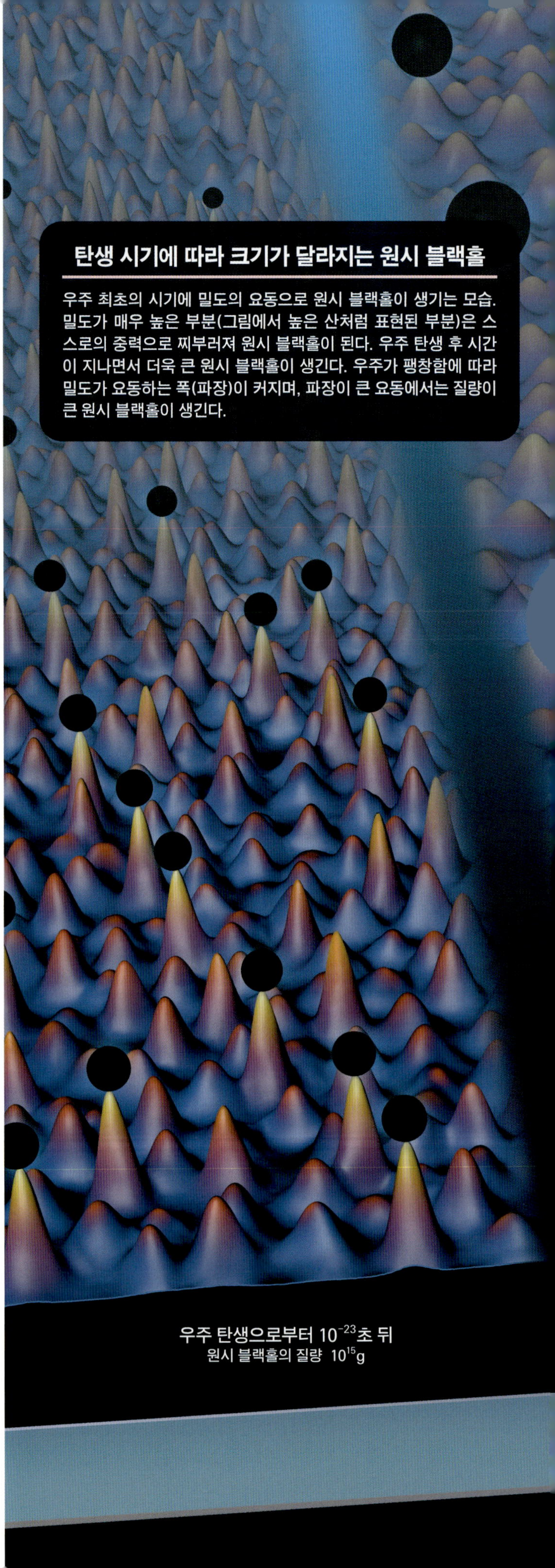

탄생 시기에 따라 크기가 달라지는 원시 블랙홀

우주 최초의 시기에 밀도의 요동으로 원시 블랙홀이 생기는 모습. 밀도가 매우 높은 부분(그림에서 높은 산처럼 표현된 부분)은 스스로의 중력으로 찌부러져 원시 블랙홀이 된다. 우주 탄생 후 시간이 지나면서 더욱 큰 원시 블랙홀이 생긴다. 우주가 팽창함에 따라 밀도가 요동하는 폭(파장)이 커지며, 파장이 큰 요동에서는 질량이 큰 원시 블랙홀이 생긴다.

작은 원시 블랙홀은 증발된다

호킹 박사는 블랙홀이 빛의 소립자인 광자 등의 입자를 방출하면서 서서히 질량을 잃고 '증발'한다는 점을 이론적으로 밝혀냈다. 이것을 '호킹 복사'라고 한다. 질량이 작은 블랙홀일수록 증발하는 속도가 빨라지며, 극단적으로 작은 블랙홀은 격렬하게 감마선(높은 에너지를 가진 빛의 일종) 등을 방출한다. 이론적으로는 10^{15}g(10억 톤) 이하의 블랙홀은 우주의 나이(138억 년) 동안 모두 증발해서 사라졌다고 생각된다.

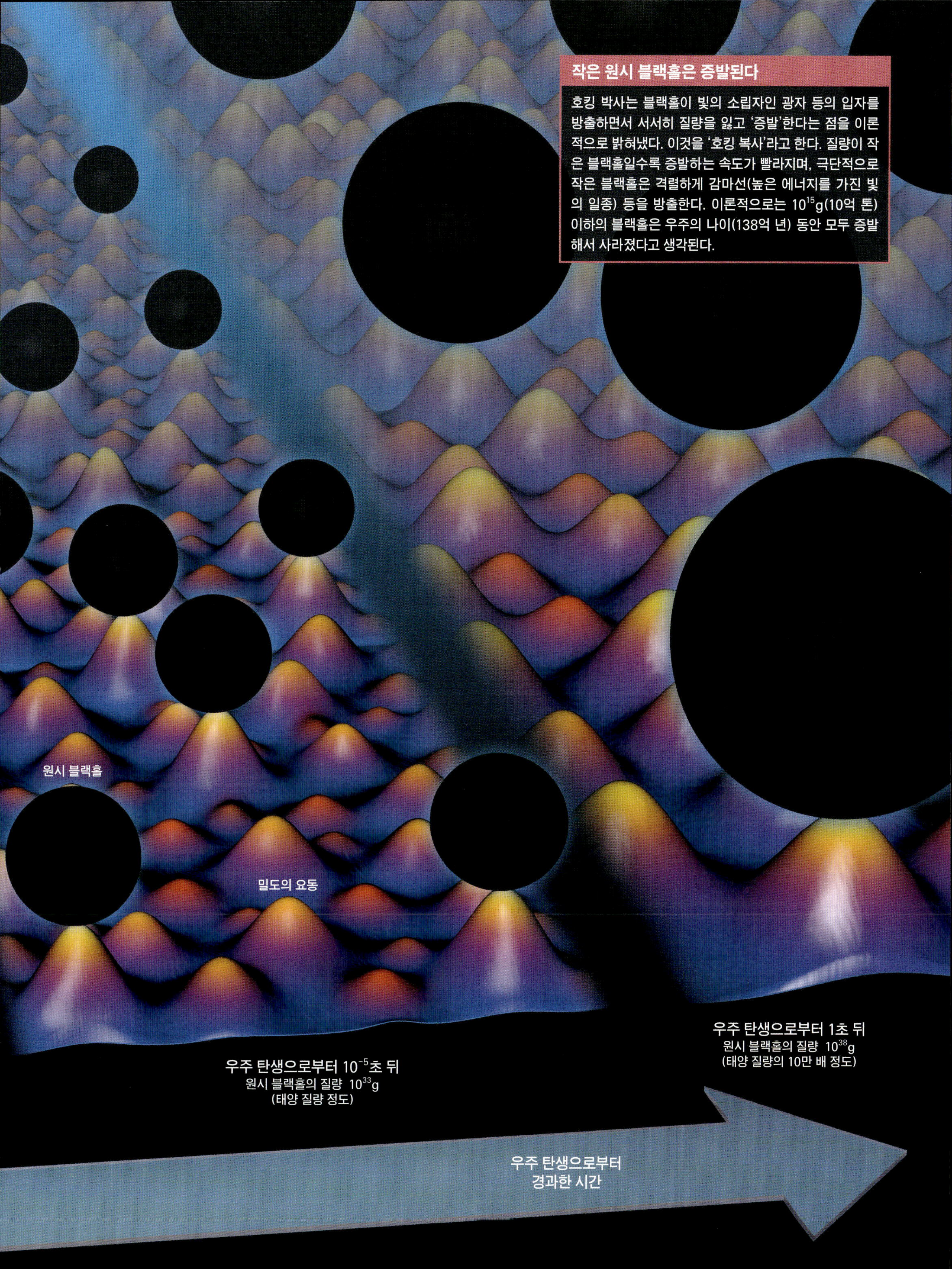

은하에 숨어 있는 미니 블랙홀

암흑 물질이 될 수 있는 감추어진 원시 블랙홀

은하와 은하단에는 암흑 물질이라고 불리는 대량의 물질이 있다. 암흑 물질의 정체는 현대 물리학의 중요한 미해결 문제이다. 원시 블랙홀로 암흑 물질을 설명할 수 있지 않을까라는 생각을 기반으로 한 연구도 실시되고 있다. 150페이지에서 설명한 내용처럼 원시 블랙홀은 여러 가지 질량의 것이 있을 수 있다. 그런 원시 블랙홀이 우주에 얼마나 존재할 수 있는지는 중력파나 전자파 등 다양한 방법으로 검증하고 있다.

예컨대 비교적 큰 질량의 원시 블랙홀은 '중력 렌즈 효과'의 관측으로 조사할 수 있다. 원시 블랙홀의 중력이 렌즈처럼 작용해, 뒤쪽에 있는 별이 일그러져 보이거나 밝게 보이는 모습을 포착하는 것이다.

또 작은 원시 블랙홀은 우주에서 오는 감마선 속에서 그 흔적이 발견될 가능성이 있다. 이런 관측을 통해, 어떤 질량을 가진 원시 블랙홀이 어느 정도 존재할 수 있는지 조사된다.

너무 작지도, 너무 크지도 않은 원시 블랙홀

지금까지의 연구에서는, 10^{25}g(달의 질량 정도) 이상의 원시 블랙홀은 모든 암흑 물질의 양이 충족될 정도로는 존재하지 않는다고 알려져 있었다. 반대로 10^{15}g 이하의 작은 원시 블랙홀도 현재까지 증발해 버리기 때문에(151페이지 칼럼) 암흑 물질이 될 수 없다.

그러나 원시 블랙홀이 암흑 물질일 가능성은 아직 남아 있다. 그것은 10^{20}g 전후(달 질량의 10만분의 1 정도)인 원시 블랙홀이다.

"그런 크기의 원시 블랙홀은 중력 렌즈로나 감마선으로 쉽게 발견되지 않는다. 발견하기 어려운 이런 크기의 원시 블랙홀이 많이 존재하면, 그것이 암흑 물질의 정체일 가능성이 있다."(하라다 교수)

또 작은 원시 블랙홀은 증발하지 않는다고 생각하는 이론 물리학자도 있다. 블랙홀이 흔적도 없이 증발하면 정보 역설이 일어나므로 완전히 증발하지는 않고 작고 가벼운 잔존물이 남는다는 가설이다. 이 가설에 따르면 우주에는 작은 원시 블랙홀의 잔존물이 남아 있을 수 있고, 그것이 암흑 물질의 정체를 설명할지도 모른다.

은하에는 발견하기 어려운 원시 블랙홀이 많이 숨어 있다?

인류가 사는 우리은하에 많은 원시 블랙홀이 숨어 있는 모습의 상상도. 이처럼 관측을 통해 발견하기 어려운 크기의 원시 블랙홀이 우주에 많이 존재할 가능성이 있다. 이것이 암흑 물질의 정체일지도 모른다.

은하에 숨어 있는 원시 블랙홀

거대 블랙홀의 씨앗

은하의 중심에 있는 초거대 블랙홀의 수수께끼도 설명할 수 있다?

원시 블랙홀은 암흑 물질 이외에도 우주에 남겨진 수수께끼를 규명할 가능성을 감추고 있다. 그중 하나는 '초거대 블랙홀'이 탄생한 수수께끼이다.

초거대 블랙홀이란 태양의 100만 배에서 수십억 배 이상 되는 엄청난 질량을 가진 블랙홀이다. 그런 초거대 블랙홀은 우주에 흩어져 있는 대부분의 은하의 중심에 존재한다. 인류가 살고 있는 우리은하의 중심에도 태양 질량의 400만 배나 되는 초거대 블랙홀이 있다.

하지만 초거대 블랙홀이 어떻게 해서 생겼는지는 알지 못한다. 최근의 관측에서는 우주 탄생으로부터 6.9억 년 뒤 태양 질량의 약 8억 배 되는 초거대 블랙홀이 존재했다는 사실이 밝혀졌다. 138억 년의 우주 역사에서 이 정도로 이른 시기에 항성 기원의 블랙홀을 씨앗으로 해서 초거대 블랙홀이 만들어지기에는 시간이 충분하지 않다고 생각된다.

원시 블랙홀이 씨앗이 되어 생겼다?

초거대 블랙홀의 탄생에 대해서는 우주 초기에 거대한 가스 구름이 찌부러져 생겼다는 설 등 몇 가지 가설이 있는데, 여러 가지 질량을 가질 수 있는 원시 블랙홀이 중요한 열쇠를 쥐고 있을지도 모른다.

하나는 초거대 블랙홀이 원시 블랙홀 그 자체라는 생각이다. 단 이 가설은 그다지 현실적이지는 않은 것 같다.

그 밖에도 "태양 질량의 10만 배라는 비교적 무거운 원시 블랙홀을 씨앗으로 해서, 그것이 주위의 가스와 천체를 대량으로 집어삼킴으로써 초거대 블랙홀로 성장했다는 설 등이 있다."(하라다 교수)

큰 원시 블랙홀이 씨앗이 되었다?

대부분의 은하의 중심에는 태양의 100만 배가 넘는 질량을 가진 초거대 블랙홀이 존재한다. 초거대 블랙홀이 어떻게 생겼는지는 커다란 수수께끼이다. 만약 태양의 10만 배 정도인 원시 블랙홀이 존재하면, 그것을 씨앗으로 해서 주위의 가스를 대량으로 끌어들임으로써 초거대 블랙홀이 될 가능성이 있다.

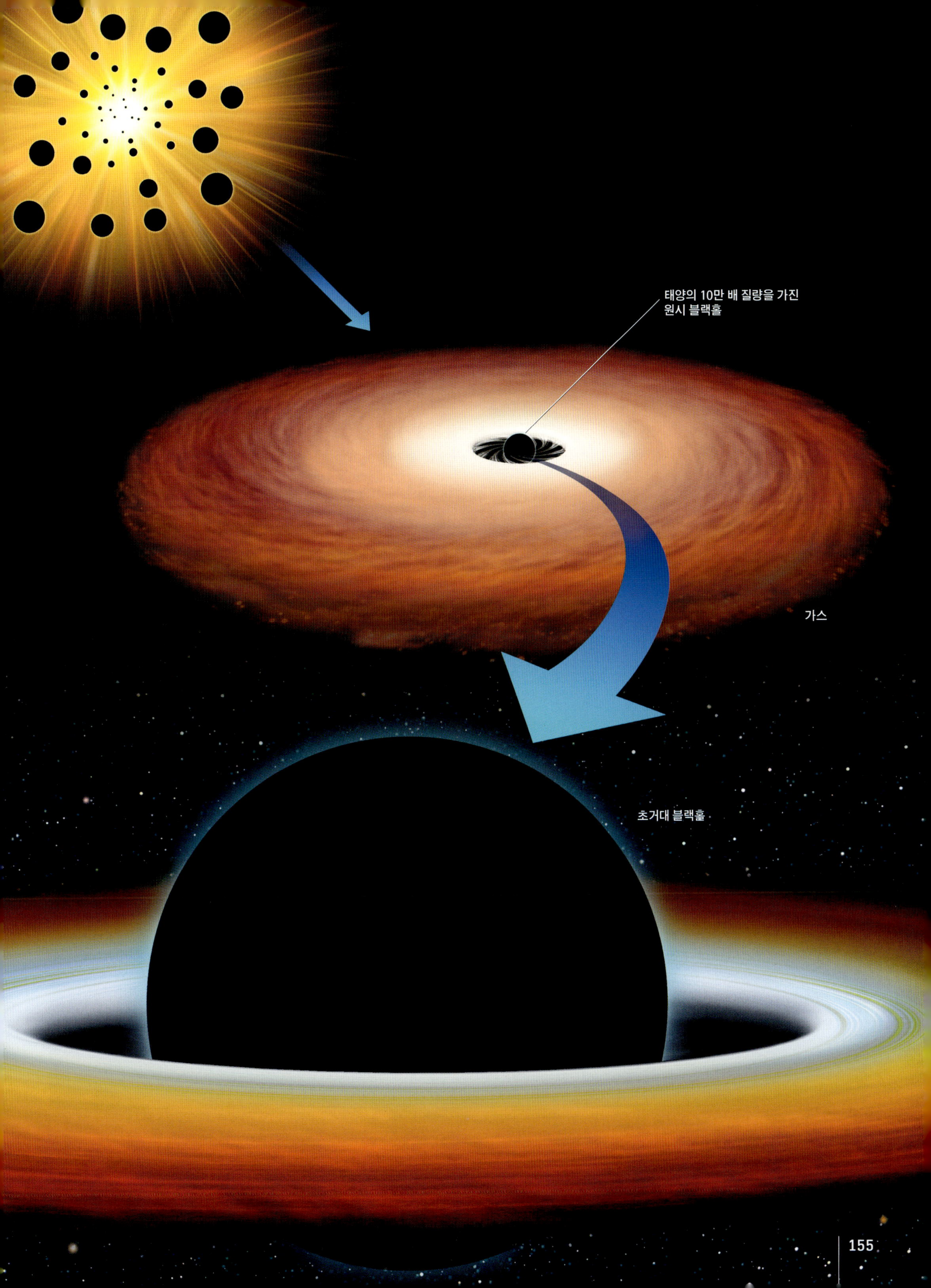
태양의 10만 배 질량을 가진
원시 블랙홀
가스
초거대 블랙홀

태양보다 가벼운 블랙홀을 찾아라

중력파 등의 관측으로 발견된 블랙홀이 항성 기원의 블랙홀인지 우주 최초 시기에 요동으로부터 생긴 원시 블랙홀인지를 구별할 수 있을까? 실은 그것이 원시 블랙홀 연구에서 매우 중요한 점이라고 한다.

스야마 부교수는 이렇게 말했다.

"원시 블랙홀을 분간할 수 있는 방법은 몇 가지가 생각된다. 그 가운데 가장 확실한 방법은 태양보다 작은 질량을 가진 블랙홀을 발견하는 것이다."

150페이지에서도 소개했듯이 항성 기원의 블랙홀은 태양의 25배 이상 질량을 가진 항성에서 생겼으리라 생각된다. 그렇게 생기는 블랙홀의 질량은 태양 질량 이상이 된다.

한편 원시 블랙홀의 질량에는 그와 같은 제한은 없으며, 태양 질량보다 작은 것이 있을 수 있다. 그래서 태양보다 작은 질량을 가진 블랙홀을 발견한다면, 그것은 거의 확실하게 원시 블랙홀이라고 할 수 있다.

아주 먼 곳의 블랙홀은 원시 블랙홀

원시 블랙홀의 존재를 확인하는 방법은 그 밖에 더 있다. 스야마 부교수는 "그것은 아주 먼 곳에 있는 블랙홀을 발견하는 방법이다"라고 말한다. 그 블랙홀은 어떤 것일까?

빛(전자기파)이나 중력파 모두 그 속도

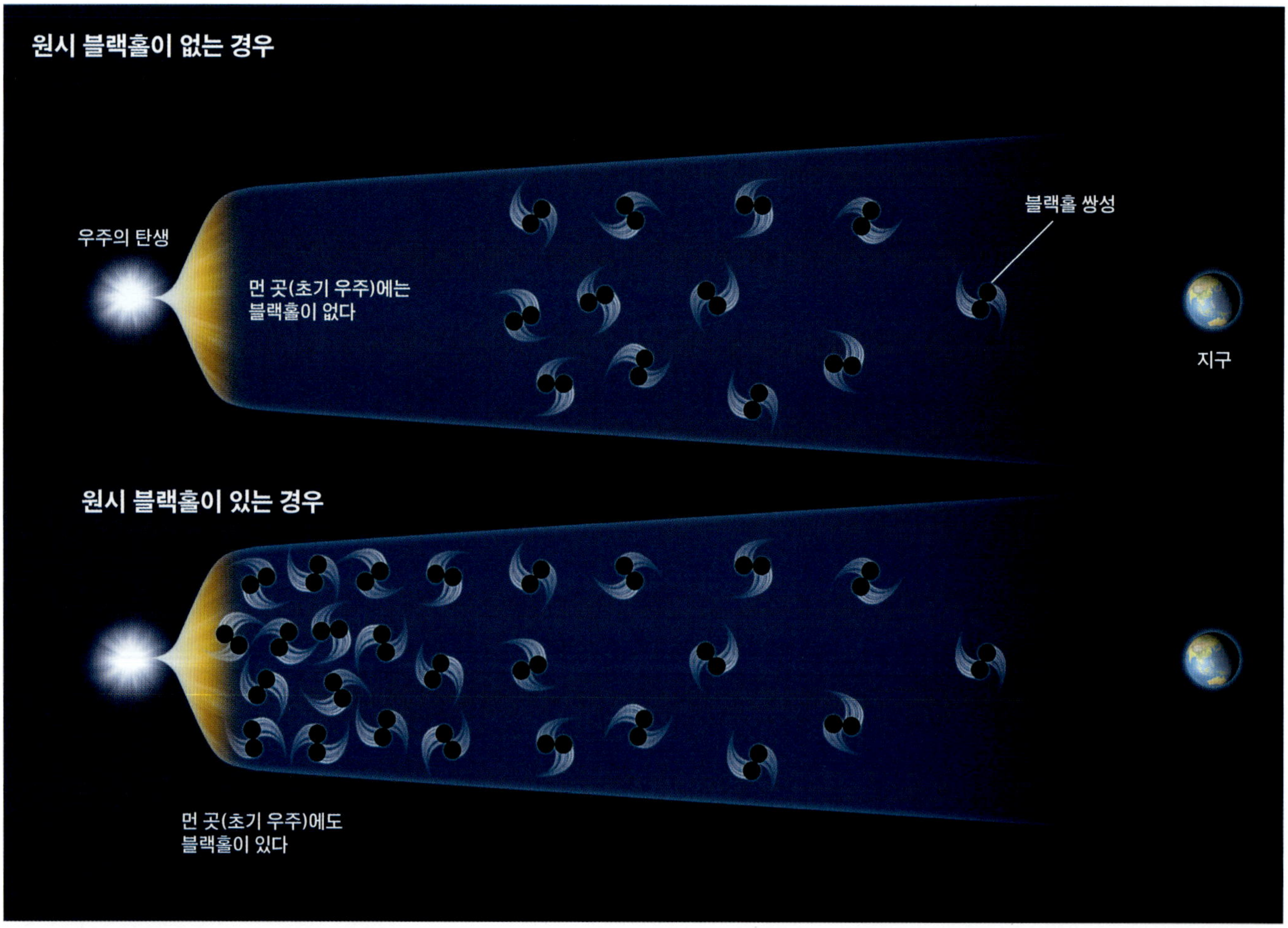

우주 초기에 일어난 원시 블랙홀의 합체

우주의 최초 시기에 원시 블랙홀이 생기지 않았을 경우(위)와 생긴 경우(아래)의 차이를 나타낸 이미지. 원시 블랙홀은 우주 탄생 직후부터 존재하므로 중력파 등으로 먼 우주를 조사할수록 많은 합체 현상이 발견될 것이다. 만약 초기 우주에서 블랙홀의 충돌이 발견되지 않으면 원시 블랙홀은 거의 생기지 않았을 수도 있다.

는 유한하므로 천체에서 나온 빛이나 중력파가 지구에 이르는 데는 시간이 걸린다. 그래서 그들을 사용해 우주를 관측할 때, 먼 곳의 천체일수록 과거의 모습을 포착하는 셈이다.

과거의 우주에는 현재보다 많은 항성이 만들어져 있었다. 그래서 항성에서 생기는 블랙홀은 멀수록 많다고 생각된다. 하지만 우주 탄생으로부터 몇억 년 뒤보다 앞선 더 과거(더욱 멀리)까지 가면, 반대로 항성 기원 블랙홀이 합체하는 현상의 수는 급격히 줄어든다고 생각된다. 그것은 그 시기가 우주에 항성이 갓 생겨 그 수가 적거나, 아직 죽음을 맞이한 항성이 적거나 해서 블랙홀이 그다지 생기지 않았기 때문이다.

그러나 "만약 그러한 탄생 직후의 먼 우주에서 블랙홀 합체 현상이 발견되면 그것은 원시 블랙홀에 의한 결과일 가능성이 높다고 할 수 있다."(스야마 부교수) 원시 블랙홀은 우주 탄생 직후, 아직 항성도 존재하지 않은 시기부터 많이 존재할 것이기 때문이다.

차세대 중력파 관측으로 원시 블랙홀을 포착한다

이런 검증을 위해 현재 중력파 관측이 계속해서 이루어지고 있다. 예컨대 태양 질량의 0.2배나 0.1배 등인 블랙홀 존재의 검증이 미국의 중력파 관측 장치 LIGO나 유럽의 중력파 관측 장치 VIRGO, 일본의 중력파 관측 장치 'KAGRA[카그라]'로 이미 시작되었다.

또 우주 공간에 중력파 망원경을 설치한다는 계획도 있다. 일본의 'DECIGO[디사이고]'이다. DECIGO는 레이저 발진기와 레이저광을 반사하는 거울, 광검출기를 갖춘 인공위성 3대로 구성된다. 그들 인공위성을 우주 공간에서 각각 1000km 떨어진 거리에 삼각형으로 배치한다. 그리고 위성 사이에 생기는 아주 미미한 거리의 변화를 포착해 미세한 중력파를 검출한다.

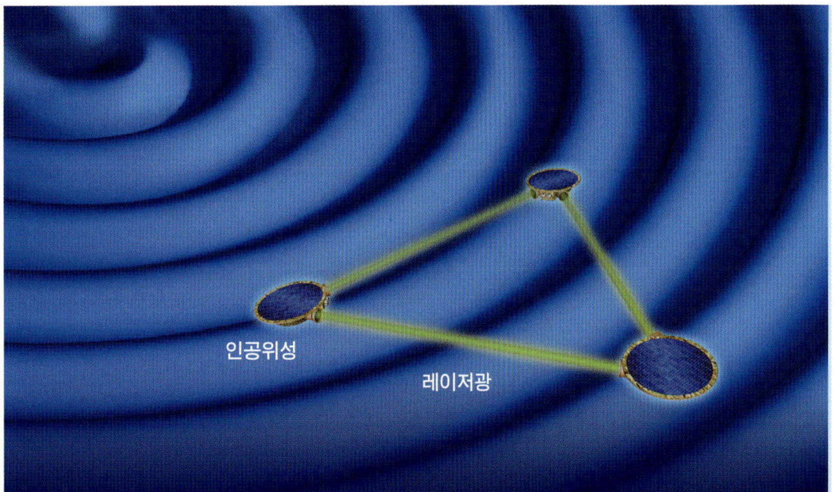

우주 공간에서 중력파를 포착한다
우주에 두는 중력파 망원경은 삼각형으로 배치한 3대의 인공위성으로 이루어진다. 레이저광을 사용해 위성 사이의 거리 변화를 포착해서 중력파를 검출한다.

DECIGO는 감도가 매우 높아 우주 탄생의 최초 시기를 직접 관측하는 능력이 있다. 또 DECIGO에 앞서, DECIGO에서 필요로 하는 기술을 검증하기 위한 더 작은 규모의 'B-DECIGO'를 발사할 계획도 있다. B-DECIGO는 2020년대, DECIGO는 2030년대의 발사를 목표로 한다.

이런 차세대 관측을 통해 항성도 만들어지지 않은 초기 우주에서 오는 중력파를 포착할 수 있다면, 원시 블랙홀을 직접 발견할 수 있을지도 모른다.

원시 블랙홀의 수수께끼 규명을 목표로

152페이지에서 본 것처럼 지금까지의 관측에서 10^{20}g 전후의 원시 블랙홀이 암흑 물질의 정체일 가능성이 있다. "만약 그렇다고 하면, 많은 원시 블랙홀의 충돌에 의해 현재의 기술로는 포착할 수 없는 높은 주파수를 가진 중력파가 이 우주에 가득 차 있으리라 생각된다."(스야마 부교수)

우주를 가득 채우는 그런 중력파는, '대규모 구조'라는 많은 은하의 집단에 의해 만들어지는 그물 모양의 구조에 영향을 미칠지도 모른다. 그런 흔적을 발견할 수 있으면 원시 블랙홀과 암흑 물질의 관계를 검증할 수 있을 것이다.

또 원시 블랙홀은 이론적으로도 아직 알려지지 않은 점이 많다. "예컨대 원시 블랙홀에는 자전하는 것이 있으리라 생각된다. 어느 시기에 생긴 원시 블랙홀이 어떻게 자전하는가라는 점이 이론적으로 알려지면, 관측으로 얻은 데이터를 검증하는 데 도움이 된다." 하라다 교수의 말이다.

이론적으로는 빅뱅 직후에 밀도의 요동으로 인해 원시 블랙홀이 생긴다. 이 원시 블랙홀을 발견할 수 있다면 물론 큰 발견이지만, 원시 블랙홀이 존재하지 않는 것으로 판명되어도 그것은 빅뱅 직후 우주의 상태를 알 수 있는 단서가 된다. 밀도 요동이 원시 블랙홀을 만들지 않는 것으로 제한되기 때문이다.

오래전에 생겼지만 새로운 수수께끼를 가진 천체 '원시 블랙홀'. 그 존재에서 암흑 물질의 정체를 찾는 연구가 지금 이루어지고 있다.

블랙홀의 미래

우주와 블랙홀의 최후

항성 질량 블랙홀과 거대 블랙홀 등은 증발하는 데 엄청난 시간이 걸리기 때문에, 블랙홀의 증발이 우리에게 영향을 미칠 일은 거의 없다. 그렇지만 우주의 미래가 어떻게 될지를 생각하면, 블랙홀의 증발은 매우 중요하다.

우리 우주는 현재 팽창하고 있다. 그런 우주의 미래는 어떻게 될까? 또 블랙홀의 끝은 어떻게 될까?

먼저 80억 년 정도의 미래에는 태양은 다 타서 화성 궤도 부근까지 팽창하고 마지막에는 백색 왜성이 된다. 태양보다 가벼운 별은 더 오래 계속 빛을 내지만, 그렇더라도 약 100조 년 후에는 모든 별은 더 이상 빛을 내지 않는다.

깜깜해진 우주의 은하 안에는 큰 별의 최후에 남은 블랙홀과 차가워진 중성자별, 차가워진 백색 왜성, 그리고 처음부터

빛을 내지 않았던 목성 같은 별만 남는다.

이런 은하 안에서는 아주 드물게 별끼리 접근해, 한쪽이 큰 에너지를 받아 은하 밖으로 내던져진다. 이런 일이 여러 번 반복되면, 은하는 지탱하는 에너지가 작아져 찌그러들고 마지막에는 거대한 블랙홀이 된다.

그리고 10^{20}년(1해 년) 후에는, 은하가 찌그러진 거대한 블랙홀 사이의 막대한 공간을 작은 블랙홀과 차가워진 별이 떠돌 뿐이다.

그 후 다시 시간이 지나면 양성자와 중성자는 붕괴될 것으로 예상된다. 그러면 보통의 물질은 물론 백색 왜성과 중성자별도 증발한다. 우주에는 블랙홀만 존재하며, 다시 먼 미래에는 이 블랙홀들이 우주 곳곳에서 증발해 빛을 내기 시작한다. 그리고 이 증발이 대폭발을 거쳐 모두 끝나면, 우주에 최종적인 '죽음'이 찾아온다. 소립자만 날아다니며 영원히 팽창하면서 식어가는 조용한 우주가 된다.

우주의 먼 미래에는 블랙홀만의 세계가 펼쳐진다. 블랙홀은 작을수록 이른 단계에서 증발하기 시작한다. 만일 관찰할 수 있다면, 처음에는 연한 빨간색으로 빛나기 시작해 점차 희게 반짝일 것이다. 중력 렌즈 효과로 인해 큰 블랙홀 주위에는 멀리 있는 작은 블랙홀의 빛이 모여 있다. 은하가 통째로 찌그러져 생긴 큰 블랙홀은 아직 증발을 시작하지 않아 빛나지 않는다. 큰 블랙홀이 증발을 마치면 우주는 '죽음'을 맞아 어둠 속에 갇힌다.

column12

얼핏 블랙홀처럼 보이는 천체

태양의 약 25배 이상의 질량을 지닌 항성은 마지막에 블랙홀이 된다고 생각된다. 빛나기 위한 연료가 떨어진 항성에서는 자신의 중력으로 찌그러지지 않도록 항성을 지탱하던 내부의 압력이 약해진다. 그리고 최종적으로 중력에 의해 항성

얼핏 블랙홀처럼 보이는 천체들

항성(태양 25배 이상의 질량)의 핵이 중력 붕괴를 일으켜 블랙홀이 생기는 과정(그림 왼쪽 부분)은 아인슈타인 방정식을 사용한 계산을 통해 잘 알려져 있다. 반면, 다양한 가정과 이론에 근거하면, 블랙홀처럼 보이지만 사실은 다른 천체가 생길 가능성도 이론상으로는 고려할 수 있다.

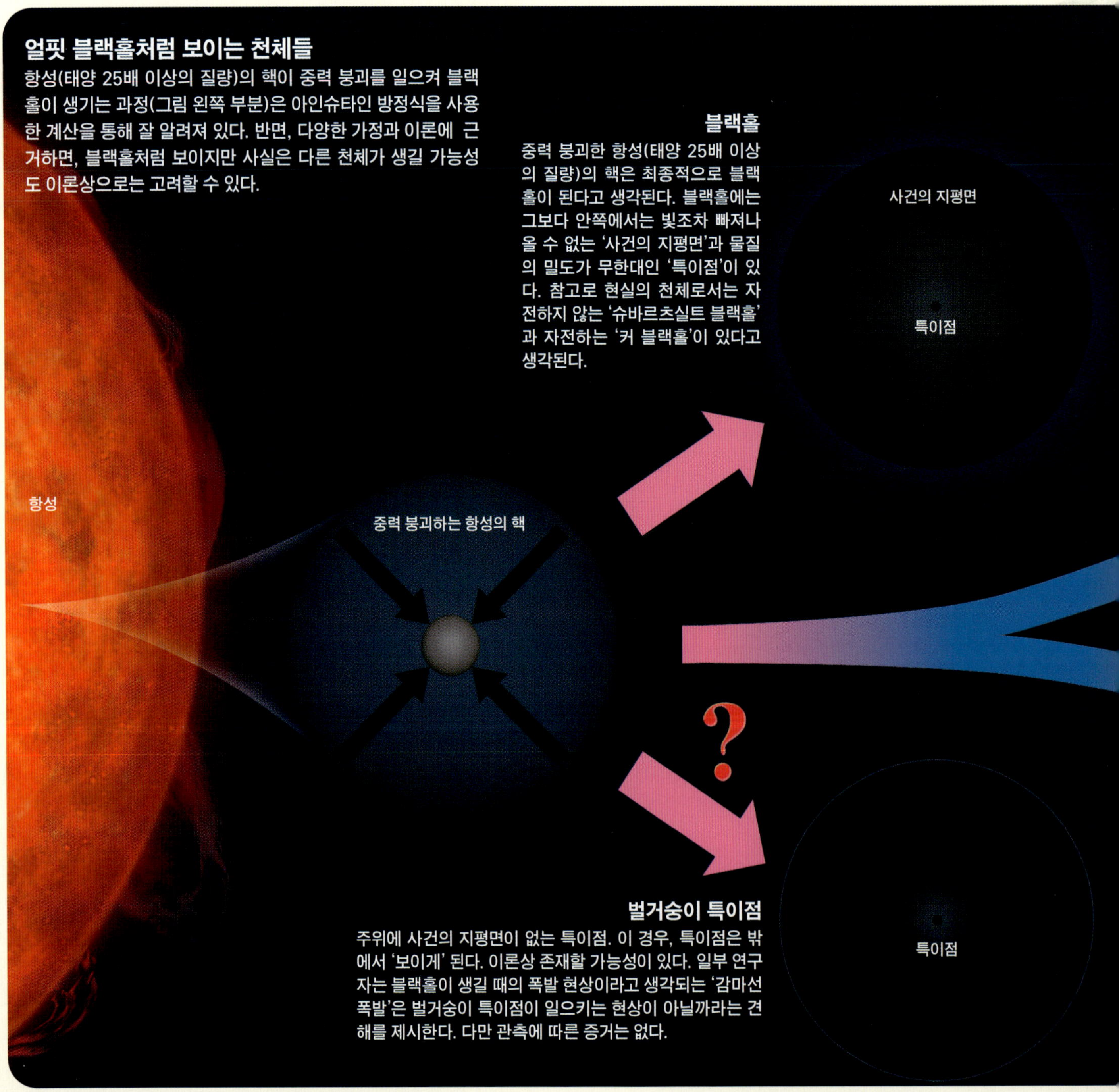

블랙홀

중력 붕괴한 항성(태양 25배 이상의 질량)의 핵은 최종적으로 블랙홀이 된다고 생각된다. 블랙홀에는 그보다 안쪽에서는 빛조차 빠져나올 수 없는 '사건의 지평면'과 물질의 밀도가 무한대인 '특이점'이 있다. 참고로 현실의 천체로서는 자전하지 않는 '슈바르츠실트 블랙홀'과 자전하는 '커 블랙홀'이 있다고 생각된다.

벌거숭이 특이점

주위에 사건의 지평면이 없는 특이점. 이 경우, 특이점은 밖에서 '보이게' 된다. 이론상 존재할 가능성이 있다. 일부 연구자는 블랙홀이 생길 때의 폭발 현상이라고 생각되는 '감마선 폭발'은 벌거숭이 특이점이 일으키는 현상이 아닐까라는 견해를 제시한다. 다만 관측에 따른 증거는 없다.

의 핵이 빠르게 찌그러진다(중력 붕괴). 이때, 밀도가 무한대인 '특이점'이 생기고 그 주위에 빛조차 빠져나가지 못하는 경계인 '사건의 지평면'이 만들어진다. 이것이 블랙홀이다. 이 과정의 계산에는 정밀한 중력 이론인 일반 상대성 이론인 아인슈타인 방정식이 사용된다. 아인슈타인 방정식과 블랙홀의 관계에 정통한 일본 릿쿄 대학교 하라다 도모히로 박사에 따르면, 아인슈타인 방정식의 풀이로는 '얼핏 블랙홀처럼 보이는 다른 천체'도 있을 수 있다고 한다.

예를 들어, 중력 붕괴가 느리게 일어난다고 생각한 계산에서는, 미소 세계에서의 중력의 특수한 효과로 인해 물질은 한 점으로 찌그러지지 않고 매우 어두운 별인 '블랙 스타'로서 형태를 유지할 가능성이 있다. 또 밀도가 무한대인 사건의 지평면이 없는 '벌거숭이 특이점'이나 초고속으로 자전하는 유한 밀도의 물체가 특이점을 대신하는 '슈퍼 스피너(super spinner)'도 이론적으로 고려된다.

다만 현재로서는 이런 천체 가운데 관측을 통해 증거가 확보된 것은 없다.

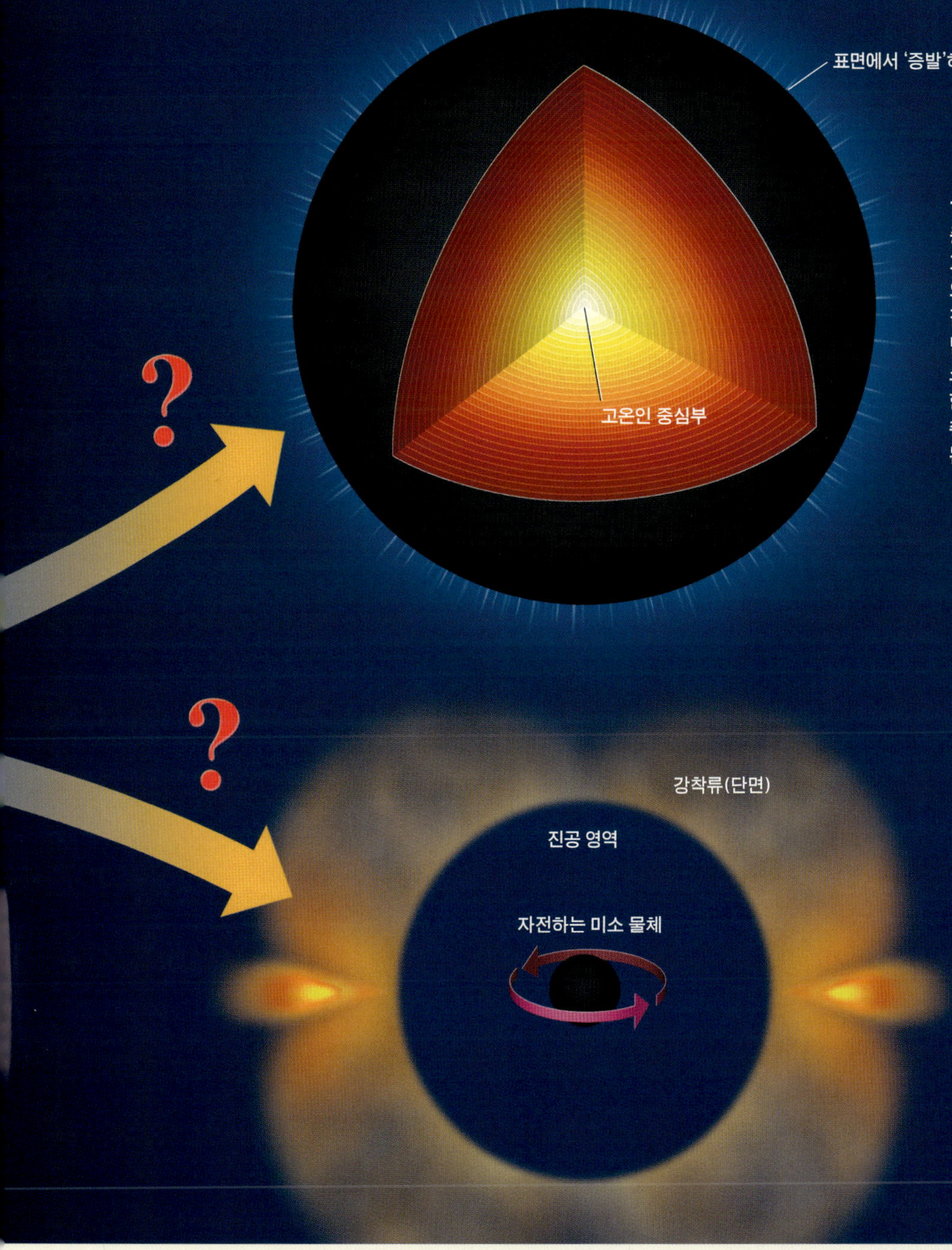

블랙 스타
중력 붕괴가 느리게 일어난다고 가정한 계산에 따라 출현이 예상되는 이론상의 천체. 사건의 지평면이 없다. 내부 물질은 중심에 가까울수록 고온이며, 표면에서는 약하게 물질이 '증발'한다. 미소 세계에서의 중력의 특수한 효과로, 한 점으로 찌그러지기 전에 붕괴가 멈춰 천체로서 안정될 수 있었다고 생각된다.

슈퍼 스피너
초고속으로 자전하는 지름 10^{-35}m의 미소한 물체와 그 주위의 진공 영역으로 이루어진 이론상의 천체. 사건의 지평면이 없다. 진공 영역 바깥에는 잘록한 형태의 '강착 원반'이 생기며, 그 가스는 천체 적도면에 고리 모양으로 모인다. 미소 세계의 중력 효과를 설명할 수 있다고 여겨지는 '초끈 이론'을 고려했을 때 존재할 수 있다.

화이트홀 ①

무엇이든 뱉어내는 화이트홀

블랙홀은 일반 상대성 이론에서 도출된다. 일반 상대성 이론은 더 기묘한 천체의 존재도 예언했다. 바로 '화이트홀'이다.

원래 화이트홀은 블랙홀과 함께 그 존재가 예언되었다. 일반 상대성 이론을 바탕으로 항성 내부와 주위의 중력을 계산하는 식이 도출되었을 때, 그 식이 의미하는 것에는 블랙홀과 화이트홀이 모두 포함되어 있었다.

이것에 따르면, 블랙홀과 화이트홀은 서로의 시간을 완전히 바꾼 관계에 있다. 예를 들어 공을 던져 낙하하는 모습을 비디오로 촬영했다고 하자. 이것을 되감아 재생하면, 되감기로 재생한 공의 운동은 전혀 물리 법칙에 위배되지 않는다(공기 저항 등의 영향은 제외). 이 공처럼 중력에 따른 물체의 운동은 그 시간을 반전시켜도 결국 중력에 따른 운동이 된다. 전문적인 용어로 바꾸어 말하면, 중력의 법칙은 시간을 반전시켜도 성립한다는 것이다.

따라서 블랙홀의 중력이 일으키는 현상은 결국 시간을 반전시켜도 성립한다. 물체를 점차 빨아들이는 블랙홀의 시간을 반전시키면 블랙홀에서 물체가 점차 튀어나오는데, 이 기묘한 광경은 사실은 중력 법칙에 위배되지 않는다. 이런 기묘한 현상이 일어나는 블랙홀을 화이트홀이라고 한다.

이런 점에서 화이트홀의 성질을 알 수 있다. 즉, 블랙홀이 무엇이든 그 내부에서 탈출할 수 없는 천체인 데 반해, 화이트홀은 무엇이든 그 내부에 머무를 수 없는 천체이다. 화이트홀은 그 내부의 특이점에 모인 질량을 물질이나 빛 등으로 토해 낸다.

블랙홀에 경계면이 있었던 것처럼 화이트홀에도 경계면이 있다. 화이트홀의 경계면 안쪽에서 바깥쪽으로 이동할 수 있지만, 바깥쪽에서 안쪽을 향해서는 빛도 진입할 수 없다.

그러나 이런 천체가 현실의 우주에 실제로 존재할까? 화이트홀이 우주 어디엔가 있을 수 있다고 기대하는 사람도 있지만, 현재 화이트홀 같은 천체는 발견되지 않았다.

물질과 빛을 토해 내는 화이트홀

그림은 화이트홀의 상상도이다. 중심의 특이점에서 물질(소립자)과 빛이 튀어나오는 모습을 그렸다. 단, 실제로는 특이점에서 무엇이 튀어나오는지 밝혀지지 않았다.

화이트홀 ②

터널을 지나 블랙홀에서 화이트홀로

화이트홀은 존재할까? 존재한다면 왜 발견되지 않았을까? 또 블랙홀 중심의 '특이점'에서는 어떤 일이 일어날까?

이런 의문에 한번에 답하는 이론을 미국의 이론 물리학자 할 하가드 박사가 2015년에 발표했다. 다양한 문제를 해결할 수 있는 이론으로서 주목받았다.

상대성 이론을 단순하게 블랙홀의 중심에 응용하면, 다양한 물리량이 무한대가 되어 계산할 수 없어진다. 물리량이 무한대가 되는 일은 현실에서는 있을 수 없기에, 상대성 이론의 방정식으로는 특이점에서 일어나는 현상을 다룰 수 없어 다른 물리학 이론이 필요하다고 생각된다. 소립자 같은 미소 물질을 다루는 물리학인 '양자 역학'이 그 열쇠가 될 것으로 기대된다.

하가드 박사는 양자 역학의 효과로 블랙홀 중심부에서 물리량의 무한대가 실현되지 않게 하면 무슨 일이 일어날지를 고찰했다. 블랙홀 중심부에서는 특이점 대신에 양자 역학적인 효과가 작용해, 아주 미소한 영역이 생긴다. 블랙홀에 삼켜진 물질은 빠르게 내부로 떨어져, 블랙홀 중심부에서 이 작은 영역에 도달할 것이다.

양자 역학에는 전자가 벽을 통과하는 '터널 효과'라는 신기한 현상이 있다. 벽에 접근하는 궤도에 있던 전자가 터널 효과로 인해 벽 건너편에 있는, 벽에서 멀어지는 궤도로 옮겨간다.

하가드 박사의 가설에 따르면, 블랙홀 내부로 떨어지는 궤도에 있던 물질은 중심부에 도달하면 터널 효과로 인해 화이트홀에 있는 외부로 방출되는 물질의 궤도로 옮겨간다. 그리고 화이트홀의 사건의 지평면을 통과해 외부로 튀어나온다.

이것을 외부에서 관찰하면, 블랙홀은 길고 긴 시간 후에 화이트홀로 변해, 삼킨 물질을 방출한다. 말하자면 터널 효과로 인해 블랙홀이 화이트홀로 바뀌는 것이다.

단, 이 변화가 일어나기 위해서는 태양 질량 정도의 블랙홀의 경우 10^{24}년, 즉 1조 년의 1조 배 정도의 시간이 필요하기 때문에 현재는 관측할 수 없다. 이것이 화이트홀을 발견할 수 없는 이유이다. 또 이 이론에 근거해 예상하면, 블랙홀은 호킹 복사에 의해 증발하는 것보다 빨리 화이트홀로 바뀌므로 블랙홀 증발에 따른 정보 역설도 피할 수 있다.

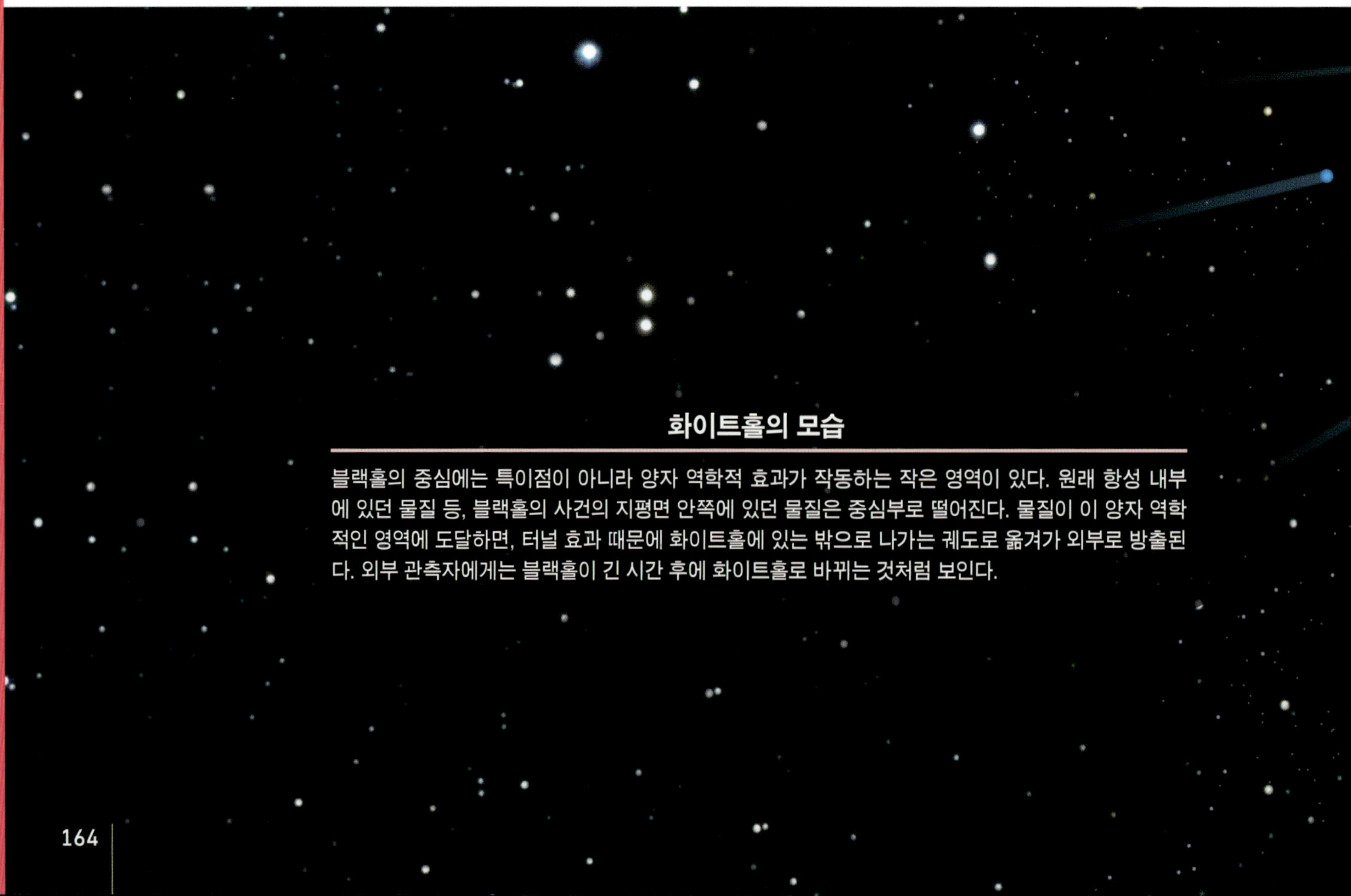

화이트홀의 모습

블랙홀의 중심에는 특이점이 아니라 양자 역학적 효과가 작동하는 작은 영역이 있다. 원래 항성 내부에 있던 물질 등, 블랙홀의 사건의 지평면 안쪽에 있던 물질은 중심부로 떨어진다. 물질이 이 양자 역학적인 영역에 도달하면, 터널 효과 때문에 화이트홀에 있는 밖으로 나가는 궤도로 옮겨가 외부로 방출된다. 외부 관측자에게는 블랙홀이 긴 시간 후에 화이트홀로 바뀌는 것처럼 보인다.

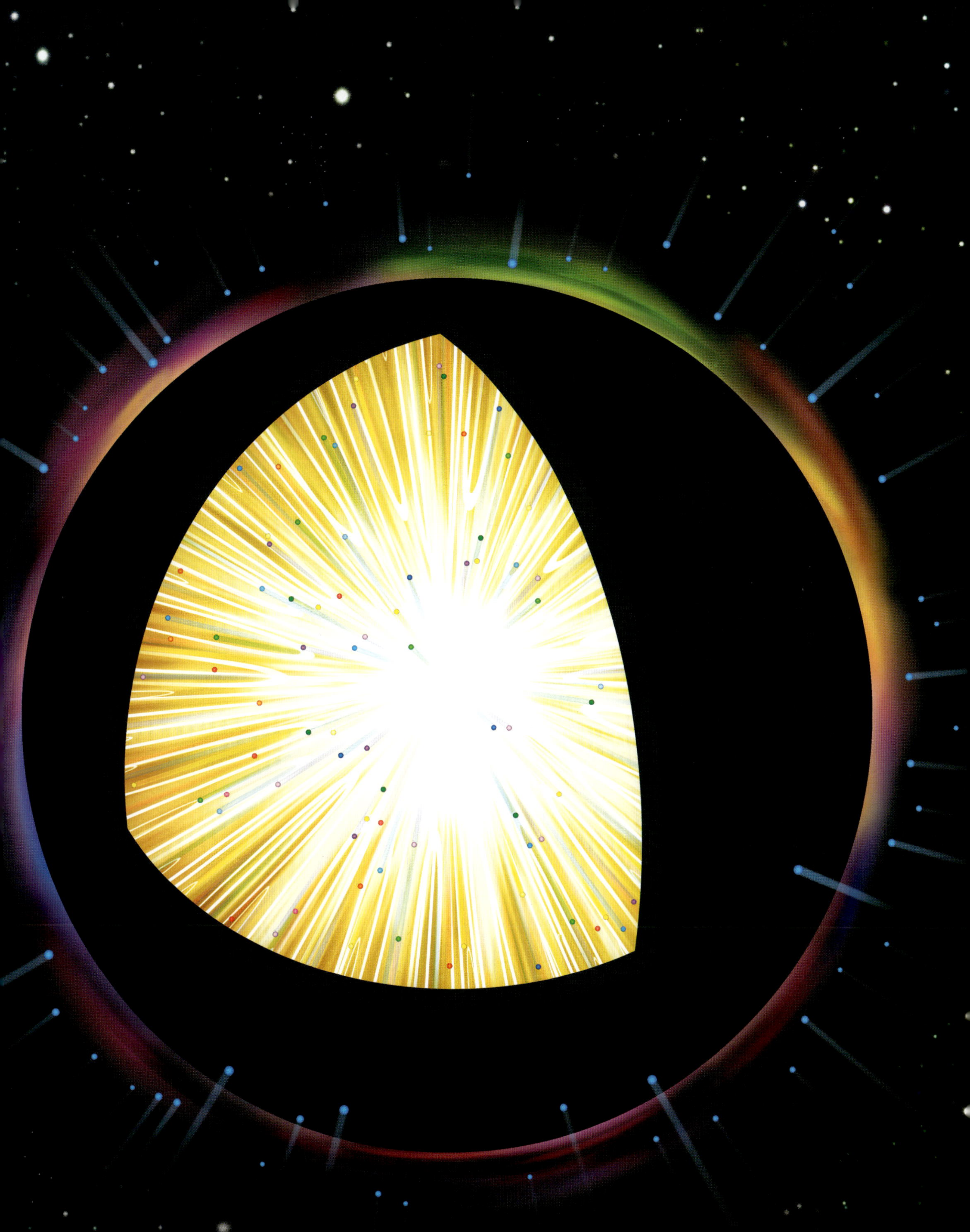

2개의 공간을 순식간에 연결하는 웜홀

화이트홀과 마찬가지로, 블랙홀과 함께 일반 상대성 이론에서 그 존재가 예언된 '구멍'이 하나 더 있다. '웜홀'이다. 웜홀은 어떤 공간과 다른 공간을 잇는 샛길과 같은 구조여서, 웜홀을 통과하면 순식간에 다른 공간으로 이동한다.

웜홀을 직역하면, '벌레 먹은 구멍'이다. 이런 이름이 붙은 이유는 이 '공간의 샛길'이 벌레가 먹은 구멍과 비슷하기 때문이다.

예를 들어 사과 표면에서 사는 벌레가 있다고 하자. 이 벌레에게는 사과의 표면만이 세계의 전부이다. 이 벌레가 사과 반대쪽에 도달하려면 사과 표면을 타고 가는 수밖에 없다. 그러나 어느 날 이 벌레가 사과에 구멍을 뚫는 것을 생각해 내고 반대쪽으로 가는 터널을 만들었다고 하자. 그렇게 하면 벌레는 지금까지보다 빠르게 사과 반대쪽에 도달할 수 있다. 웜홀이란 바로 이런 벌레 먹은 구멍이라고 할 수 있다. 웜홀은 '아인슈타인-로젠 다리'라는 이름으로 불리기도 한다.

138페이지에서 자전하는 블랙홀의 경우, 블랙홀에 흡수된 물질은 고리 모양의 특이점을 피해 다른 공간에 있는 화이트홀로 나올 가능성이 있다고 이야기했다. 이런 블랙홀과 화이트홀을 잇는 샛길과 같은 구조를 웜홀이라고 부르기도 한다.

단, 블랙홀과 화이트홀이 연결된 경우에 샛길의 끝은 우리가 있는 우주와는 다른 우주이다. 또 화이트홀 쪽에서 돌아올 수도 없다.

이 웜홀은 매우 불안정한 존재라고 생각된다. 따라서 이론상으로는 샛길이 가능하다 해도, 실제로 물질이나 빛이 지나가려고 하면, 그때 생긴 에너지의 '요동'이 증폭해, 웜홀이 찌그러져 버린다고 생각된다.

공간과 공간을 잇는 웜홀

그림은 회전하는 블랙홀 내부가 화이트홀로 이어진 경우의 공간 구조를 그린 것이다. 여기에서는 3차원 우주를 2차원 면으로 나타냈다. 2개의 우주를 연결하는 통 모양의 구조를 웜홀이라고 한다. 단, 블랙홀과 화이트홀이 연결되었을 때, 블랙홀 쪽에서 화이트홀 쪽으로는 통과할 수 있지만 화이트홀 쪽에서 블랙홀 쪽으로는 통과할 수 없다. 이처럼 '샛길'이 일방통행이라면 엄밀하게는 웜홀이라고 부르지 말아야 한다는 의견도 있다.

웜홀을 이용해 시간 여행을 할 수 있다?

특이점이 없고 일방통행도 아닌 웜홀이 존재할 가능성은 이론상 허락된다. 만일 이런 웜홀이 존재하면, 우리는 먼 곳까지 순식간에 이동해 돌아올 수 있다. '공간의 벽'을 넘는 것이다.

즉, 웜홀을 사용하면 '시간의 벽'을 넘어 시간 여행(time travel)이 가능하다는 말이다. 상대성 이론에 따르면, 이동하는 물체의 시간은 정지한 물체에서 볼 때 느려진다. 이 효과는 물체의 이동 속도가 광속에 가까울수록 뚜렷해진다.

현재가 '2100년'이라고 하자. 지구 옆에 웜홀의 출입구가 양쪽에 있다고 하자. 출입구 중 한쪽이 광속에 가까운 속도로 일단 멀어졌다가 바로 돌아왔다고 하자. 그

웜홀을 사용한 과거로의 시간 여행

웜홀을 사용해 과거로의 시간 여행을 실현하기 위해 웜홀의 한쪽 출입구를 이동시키는 모습을 그린 그림이다. 웜홀의 출입구를 광속에 가까운 속도로 이동시키면, 그 출입구의 속도는 느려진다. 상대성 이론이 예측한 이 효과를 이용해 시간의 차이를 만들어 과거로 시간 여행을 하는 것이다. 빠른 속도로 이동하면 시간이 느려지는 것은, 예를 들면 가속기에 의한 소립자의 충돌 실험에서, 시간이 느려져 소립자의 수명이 연장되는 현상 등으로 확인되었다.

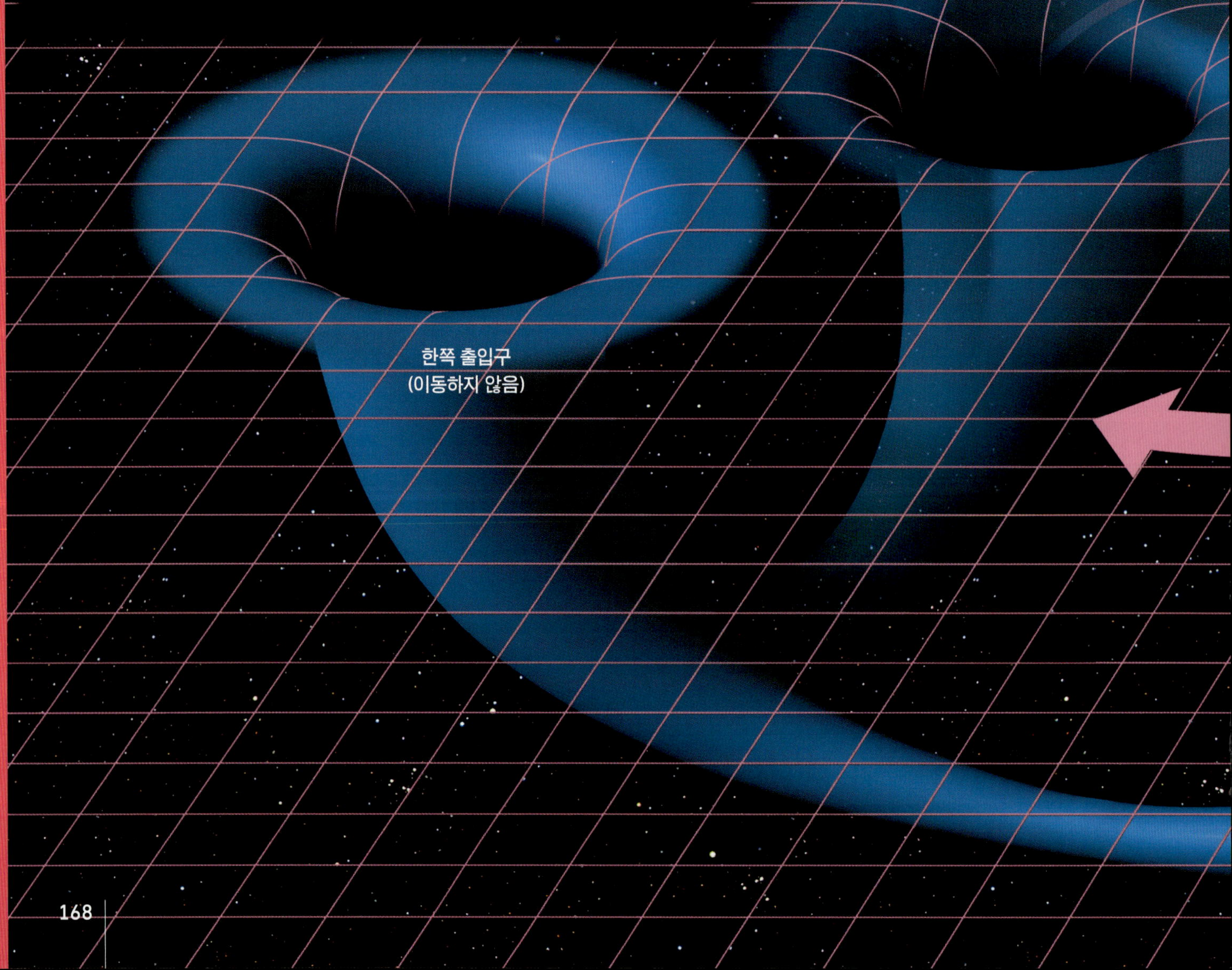

런데 이 사이에 지구에서는 10년이 경과(2110년) 했음에 비해, 움직인 쪽의 출입구는 시간이 느려져 2년밖에 지나지 않은(2102년) 일이 일어날 수 있다. 이때 2102년의 출입구로 들어가면, 2110년의 세계에 있는 사람이 2102년의 세계로 시간 여행할 수 있다.

하지만 이 방법으로는 웜홀이 존재한 시점보다 과거로의 시간 여행은 원리적으로 불가능하다. 즉 이 경우 2100년보다 과거로는 돌아갈 수 없다.

또 웜홀은 매우 불안정하기 때문에 생겨도 바로 찌그러질 운명이다. 미국의 킵 손 박사에 따르면, 웜홀을 유지하려면 '음의 압력을 지닌 물질'이 필요하다. 음의 압력을 지닌 물질은 보통의 에너지(물질)와는 반대로 공간을 밀어 확장하는 성질이 있다. 이 성질로 인해 불안정한 웜홀을 보강해 준다. 이 음의 압력을 지닌 물질을 '이그조틱 물질(exotic materials, 특이한 물질, 별난 물질)'이라고 부른다. 다만 이론상의 존재일 뿐, 어떻게 만들어지는지는 밝혀지지 않았다.

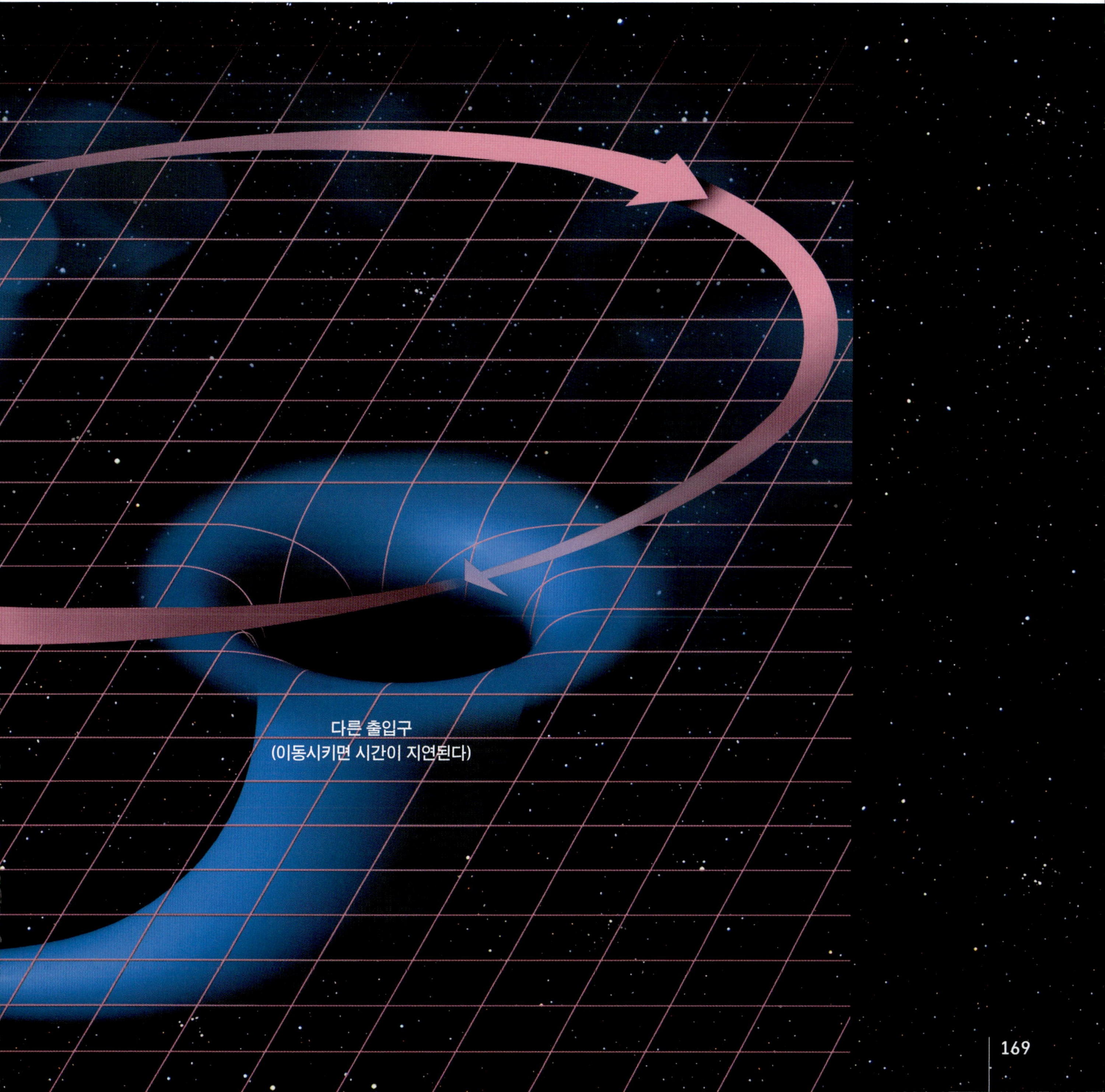

미소한 웜홀

매우 작은 세계에서는 웜홀이 나타났다 사라진다

웜홀은 아직까지 발견되지 않았지만, 이것들이 실재로 존재할 가능성에 대해 조금 심도 있게 생각해 보자.

양자론에 따르면, 미소한 영역에서는 에너지의 '요동(fluctuation)'이 있어, 어떤 영역과 이웃 영역 사이에 항상 에너지 주고받음이 일어난다. 이 에너지를 사용해, 다양한 소립자 쌍이 순간적으로 생성되거나 소멸하면서 에너지를 원 상태로 돌리는 일이 항상 일어난다. 이것은 특수한 공간의 이야기가 아니라, 우주 공간에서도, 우리 주변의 공간에서도 일어난다.

그래서 많은 연구자는 이런 '요동'에 의해 모든 공간에서 매우 작은 웜홀이 순간적으로 생성·소멸을 반복한다고 생각한다. 다만 우리는 이것을 관측할 수 없다.

이 미소한 웜홀을 어떤 방법으로 크게 하고 안정시킬 수 있다면, 공간을 넘는 이동과 시간 여행에 이용할 수 있다고 생각하는 연구자도 있다. 다만 그 방법은 전혀 알려지지 않았다.

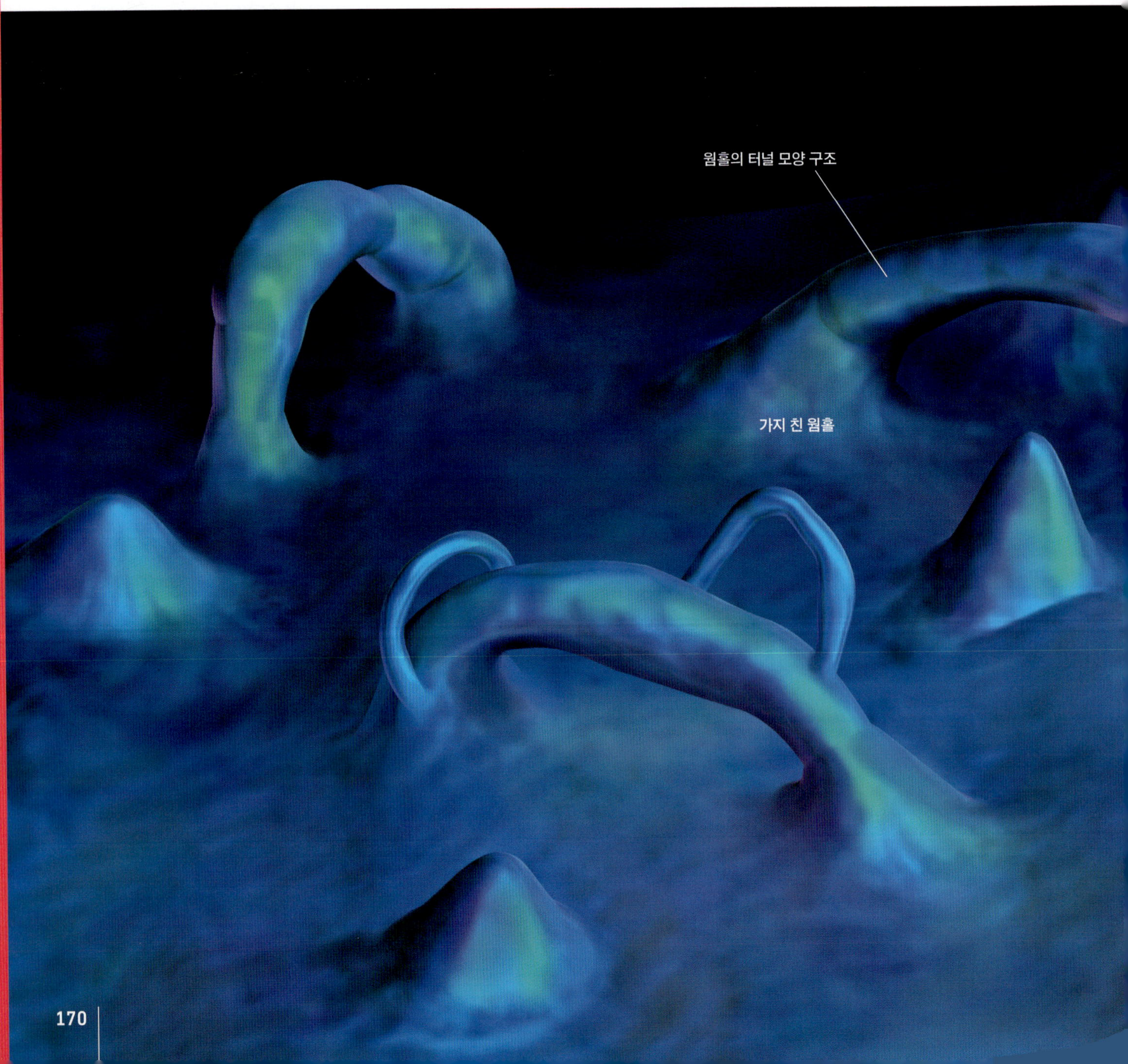

극도로 미소한 세계에서 나타났다 사라지는 웜홀

그림은 양자론에 따라, 극도로 미소한 세계에서 생성·소멸을 반복하는 웜홀의 이미지이다. 3차원 공간을 2차원으로 나타냈다. 168~169페이지의 그림과는 반대로, 터널 모양의 구조가 잘 보이는 방향에서 그렸다. 양자론에 따르면, 매우 작은 규모로 매우 짧은 시간에 대해 생각하면 모든 공간은 일정한 상태로 머물러 있지 않는다. 에너지의 요동은 항상 존재하며, 그 요동에 따라 웜홀이 나타났다 사라진다.

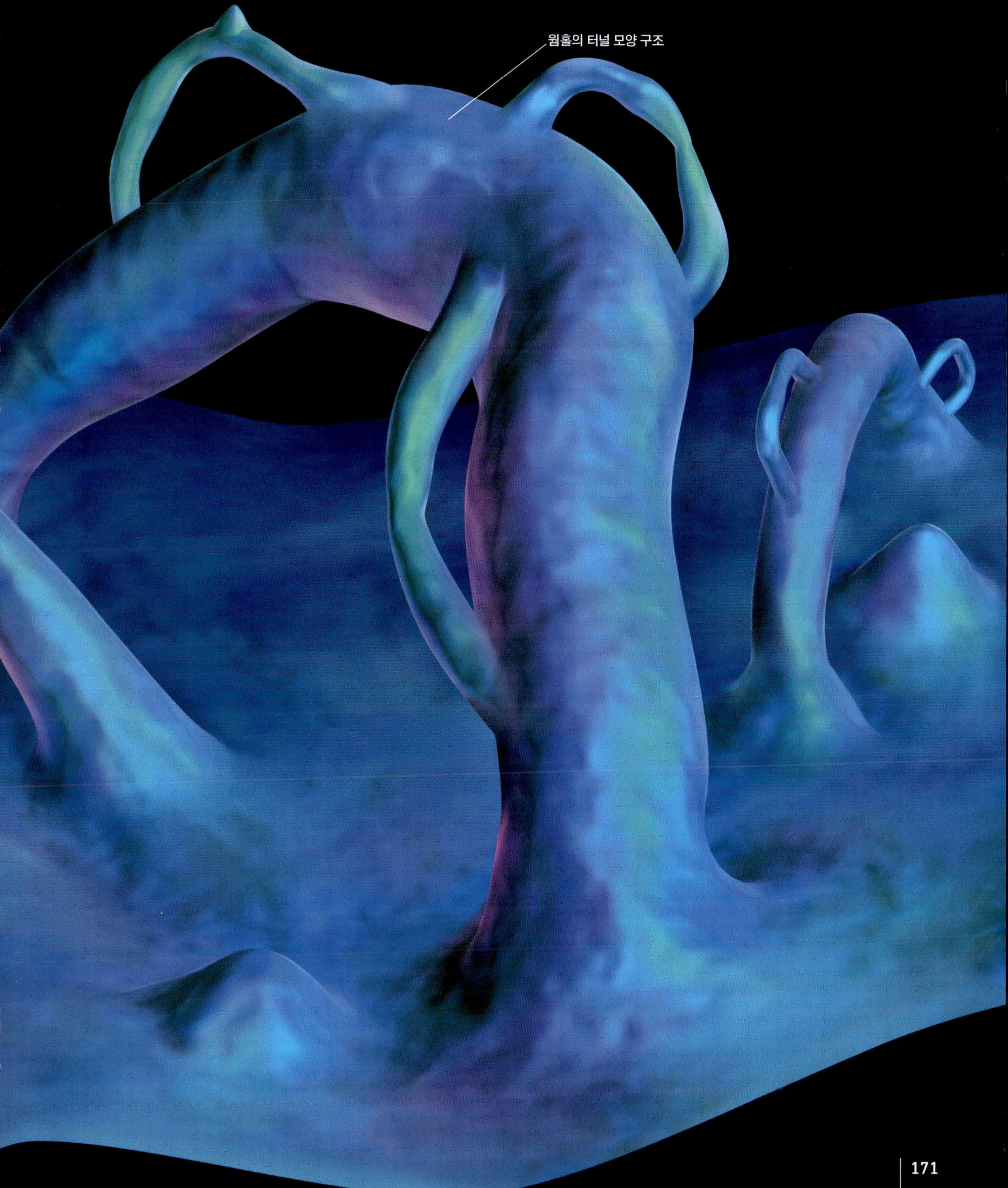

막 우주와 웜홀

통과할 수 있는 웜홀이 생길 가능성이 있다

168~169페이지에서, 웜홀의 구조를 유지하기 위해서는 음의 압력을 지닌 이그조틱 물질(exotic materials)이 필요하다고 설명했다. 이 문제를 해결할 수 있는 가능성이 제기되었다.

우리에게 이 우주는 가로·세로·높이의 3차원 공간에 시간을 더한 '4차원 시공간'으로 보인다. 그러나 실제의 우주에는 5차원과 그 이상의 차원이 존재할 수도 있다.

이런 고차원 공간을 다루기 위해 우리가 사는 4차원 시공간의 우주를 '고차원 공간에 떠 있는 막(膜, brane)과 같은 것'으로 보는 가설이 있다. 이것은 '막 우주론(브레인 월드 가설)'이라고 한다. 막 우주론에 따르면, 5차원 건너편에는 다른 막(brane), 즉 다른 우주가 존재할 수도 있다. 우리는 막 안에 갇혀 있기 때문에 5차원을 지나 다른 막으로 이동할 수 없다.

그런데 이 막끼리 어떤 순간에 부분적으로 접촉한 경우를 생각해 보자. 상대성 이론을 사용한 계산에 따르면, 이때 2개의 막의 접점에서는 웜홀이 형성될 가능성이 있다. 게다가 5차원은 웜홀의 구조를 유지하기 위한 이그조틱 물질과 같은 효과를 발휘해, 이그조틱 물질이 없어도 웜홀이 안정적으로 존재할 수도 있다. 다만, 어떻게 하든 이 웜홀을 사용해, 우주의 마음에 드는 곳으로 순식간에 이동할 수 있는 '어디로든 열리는 문'은 유감스럽지만 실현할 수 없을 것 같다.

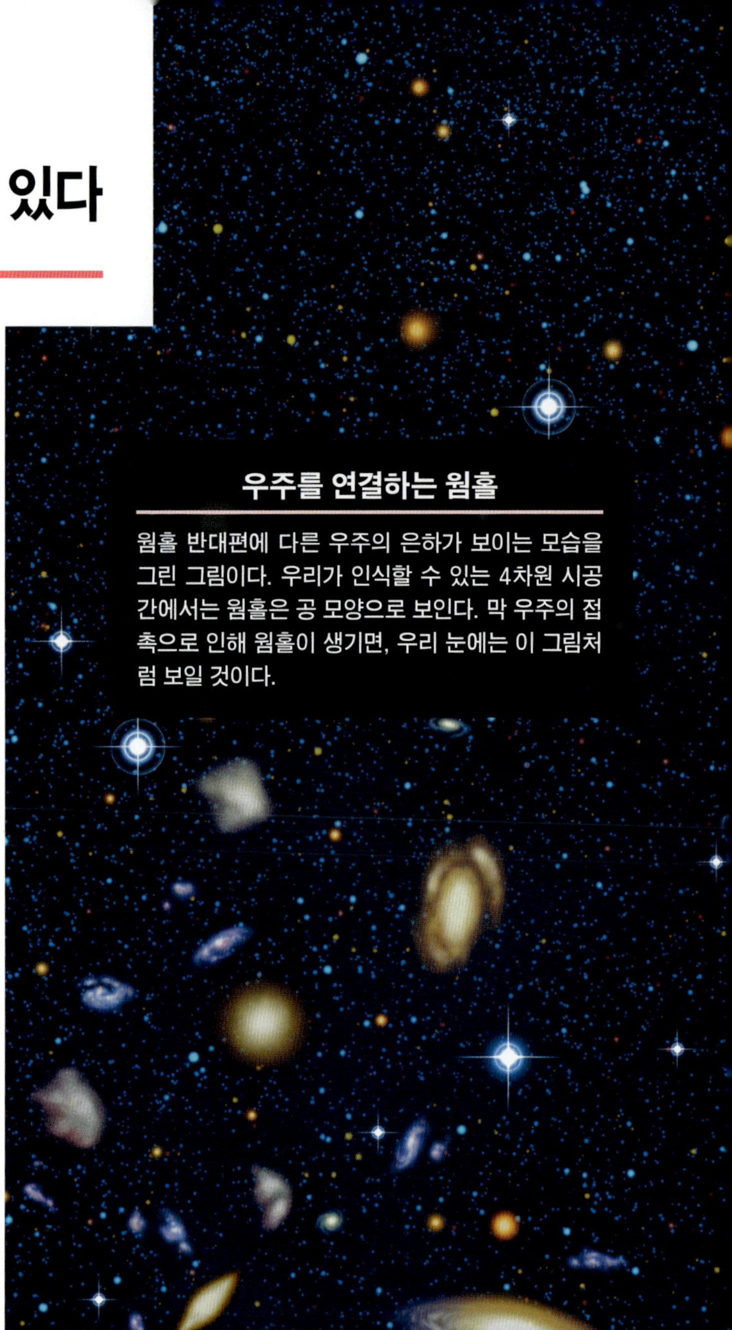

우주를 연결하는 웜홀

웜홀 반대편에 다른 우주의 은하가 보이는 모습을 그린 그림이다. 우리가 인식할 수 있는 4차원 시공간에서는 웜홀은 공 모양으로 보인다. 막 우주의 접촉으로 인해 웜홀이 생기면, 우리 눈에는 이 그림처럼 보일 것이다.

막 우주가 접촉하면 웜홀이 생긴다?

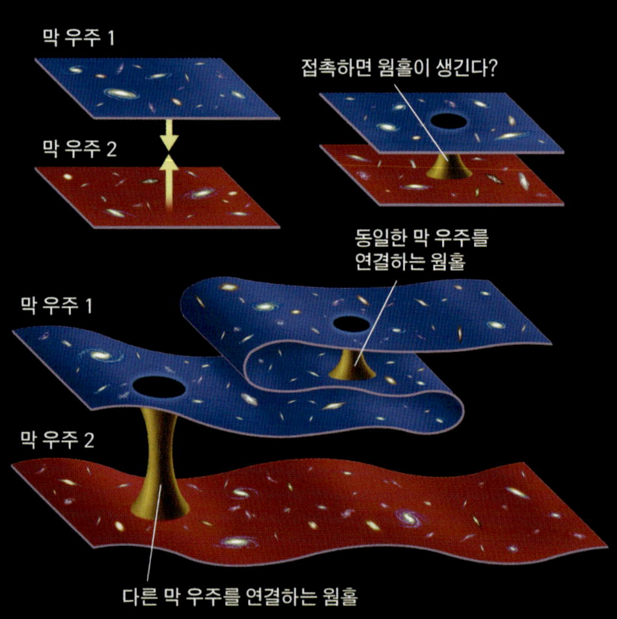

막 우주론에 따르면, 고차원 공간에서는 우리 우주와는 다른 막(brane) 우주가 존재할 수 있다. 2개의 막 우주가 부분적으로 접촉한 경우, 거기에 웜홀이 형성되어 2개의 막 우주를 왕래할 가능성이 있다. 보통의 4차원 시공간에서는 웜홀을 유지하기 위해서는 음의 에너지를 갖는 '이그조틱 물질'로 보강해야 한다. 그러나 막 우주론의 가설에서는 이그조틱 물질이 없어도 웜홀이 유지될 가능성이 있다.
막 우주의 접촉은 접힌 하나의 막 우주(결국 같은 우주)에서도 일어날 가능성이 있다. 또 우주의 시작인 빅뱅을 막 우주끼리의 충돌로 설명하려는 '에크파이로틱 우주론(Ekpyrotic universe theory)'은 막 우주끼리 부분적으로 접촉한 것이 아니라, 막 우주 전체가 충돌한다는 시나리오이다.

Profile 협력자 약력

이즈미 다쿠미 泉 拓磨
일본 국립천문대 알마 프로젝트 조교수. 이학 박사.

우메무라 마사유키 梅村雅之
일본 쓰쿠바 대학교 특명교수. 이학 박사.

에비사와 겐 海老澤 研
일본 우주항공연구개발기구 우주과학연구소 교수. 이학 박사.

오니시 교코 大西響子
일본 총합연구대학원대학 물리과학연구과 특별연구원. 이학 석사.

사이토 다카유키 齋藤貴之
일본 도쿄 공업대학교 지구생명연구소 특임부교수. 이학 박사.

스야마 데루아키 須山輝明
일본 도쿄 공업대학교 이학원 물리계 부교수. 이학 박사.

노모토 겐이치 野本憲一
일본 도쿄 대학교 명예교수. 도쿄 대학교 국제고등연구소 카블리수학물리제휴 우주연구기구 상급과학연구원. 이학 박사.

하다 가즈히로 秦 和弘
일본 국립천문대 미즈사와VLBI관측소 조교수. 이학 박사.

하라다 도모히로 原田知廣
일본 릿쿄 대학교 이학부 교수. 이학 박사.

후쿠에 준 福江 純
일본 오사카 교육대학교 명예교수. 이학 박사.

혼마 마레키 本間希樹
일본 국립천문대 미즈사와VLBI관측소 소장·교수. 이학 박사.

미네시게 신 嶺重 慎
일본 교토 대학교 명예교수. 이학 박사.

Photograph

5 The SXS (Simulating eXtreme Spacetimes) Project
10–11 The SXS (Simulating eXtreme Spacetimes) Project
12–13 【다양한 파장으로 포착한 블랙홀】The EHT Multiwavelength Science Working Group; the EHT Collaboration; ALMA (ESO/NAOJ/NRAO); the EVN; the EAVN Collaboration; VLBA (NRAO); the GMVA; the Hubble Space Telescope; the Neil Gehrels Swift Observatory; the Chandra X-ray Observatory; the Nuclear Spectroscopic Telescope Array; the Fermi-LAT Collaboration; the H.E.S.S collaboration; the MAGIC collaboration; the VERITAS collaboration; NASA and ESA. Composition by J. C. Algaba, 【블랙홀 주변에서 뿜어져 나오는 제트】EHT Collaboration, EAVN Collaboration
26–27 JAXA/RIKEN/MAXI팀
27 NASA/CXC, NASA/CXC/SAO/F.Seward et al
45 NOAO/AURA/NSF, MERLIN
48–49 X-ray: NASA/CXC/Caltech/P.Ogle et al; Optical: NASA/STScI; IR: NASA/JPL-Caltech; Radio:NSF/NRAO/VLA
50–51 NASA, J. Bahcall (IAS, Princeton), M. Disney (Univ. Wales), NASA
53 NASA and Karl Gebhardt (Lick Observatory), K. Cordes & S. Brown (STScI)
54–55 XMM-Newton, ESA, NAS
55 © Miller 2007, Annual Review of Astronomy and Astrophysics, Vol. 45:441-479를 고쳐 씀.
56 ESO/R.Gendler
57 ALMA (ESO/NAOJ/NRAO), K. Onishi (SOKENDAI), NASA/ESA Hubble Space Telescope
66–67 ESO/S. Guisard (www.eso.org/~sguisard)
67 ESO/S. Brunier
68–69 ESO/VVV Survey/D. Minniti Acknowledgement: Ignacio Toledo, Martin Kornmesser
69 ESO/ATLASGAL consortium/NASA/GLIMPSE consortium/VVV Survey/ESA/Planck/D.Minniti/S. Guisard Acknowledgement: Ignacio Toledo, Martin Kornmesser
70–71 Image courtesy of NRAO/AUI
71 ESO/ATLASGAL consortium/NASA/GLIMPSE consortium/VVV Survey/ESA/Planck/D.Minniti/S. Guisard Acknowledgement: Ignacio Toledo, Martin Kornmesser
72–73 NASA/JPL-Caltech/ESA/CXC/STScI
73 Image courtesy of NRAO/AUI
75 ESO/S. Gillessen et al., JAXA・坪井昌人, NASA/JPL-Caltech/ESA/CXC/STScI
77 UCLA Galactic Center Group – W.M. Keck Observatory Laser Team
79 UCLA Galactic Center Group – W.M. Keck Observatory Laser Team, 國立天文台
80 ASCA and Suzaku: JAXA; Chandra: NASA/CXC; XMM-Newton: ESA
80–81 NASA/CXC/Amherst College/D.Haggard et al.
82–83 ESO
84, 87 苫小牧工業高等專門学校 髙橋労太
89 【블랙홀 영상】EHT Collaboration
90–91 EHT Collaboration
92 【서브밀리파 망원경】University of Arizona, David Harvey, photographer, 【제임스 클러크 맥스웰 망원경 】William Montgomerie, EAO/JCMT, 【서브밀리파 간섭계】Shelbi R. Schimpf, 【대형 밀리파 망원경】© Large Millimeter Telescope, 【알마 망원경】X-CAM / ALMA (ESO/NAOJ/NRAO), 【남극점 망원경】Dr. Daniel Michalik, 【APEX】ESO, 【IRAM 30m망원경】© IRAM
93 EHT Collaboration
94 NASA and the Hubble Heritage Team/國立天文台
95 國立天文台/한국천문연구원/AND You Inc., 國立天文台
98–99 NOIRLab/NSF/AURA/J. da Silva (Spaceengine)
100 梅村雅之
101 X-ray: NASA/CXC/Scuola Normale Superiore/Pacucci, F. et al, Optical: NASA/STScI; Illustration: NASA/CXC/M.Weiss
104 NASA/SAO/CXC/G. Fabbiano et al.
105 Inset: X-ray: NASA/CXC/Tsinghua Univ./H.Feng et al.; Full-field: X-ray: NASA/CXC/JHU/D.Strickland; Optical: NASA/ESA/STScI/AURA/The Hubble Heritage Team; IR: NASA/JPL-Caltech/Univ. of AZ/C. Engelbracht
110–111 Newton Press(영상 소재:【일람표】Carl Knox (OzGrav, Swinburne University of Technology, 【GW190521】D. Ferguson, K. Jani, D. Shoemaker, P. Laguna, Georgia Tech, MAYA Collaboration, 【블랙홀 충돌】Mark Myers, ARC Centre of Excellence for Gravitational Wave Discovery (OzGrav))
117 EHT Collaboration
125 EHT Collaboration, EAVN Collaboration, 本間希樹
126–127 A. Y. Wagner, G. V. Bicknell, M. Umemura, R.S.Sutherland,and J.Silk , AN 337, No.1/2,167-174(2016)
133 NASA, ESA, P. Natarajan (Yale University), G. Caminha (University of Groningen), M. Meneghetti (INAFObservatory of Astrophysics and Space Science of Bologna), and the CLASH-VLT/Zooming teams

Illustration

Cover Design, 1, 2 宮川愛理(영상: XMM-Newton, ESA, NASA)
2 小林 稔
3 Newton Press
6–7 Newton Press
8–9 荻野瑤海
15 小林 稔
16–17 小﨑哲太郎, Newton Press
18–25 Newton Press
28–41 Newton Press
42–45 小林 稔
46–47 吉原成行
48 小林 稔
52–53 矢田 明
59–63 Newton Press
60–61 Newton Press(은하수 : ESO/S. Brunier)
64–65 Newton Press
74 岡本三紀夫
76–78 Newton Press
85 Newton Press
87 Newton Press
88–89 岡田香澄
92 Newton Pres(지도: Made with Natural Earth.)
97 Newton Press
100–104 Newton Press
106–107 Newton Press
108–109 加藤愛一
112–115 Newton Press
118–123 Newton Press
124 Newton Pres(지도: Made with Natural Earth.)
129 吉原成行
130–137 Newton Press
138–139 淺野 仁
140–141 Newton Press
142–143 吉原成行
144–145 矢田 明
146–157 Newton Press
158–159 小林 稔
160–171 Newton Press
172–173 小林 稔
175 Newton Press

Newton 하이라이트 시리즈

빛조차 빠져나올 수 없는 수수께끼 천체

블랙홀

발행일 : 초판 1쇄 2025년 9월 15일
발행처 : ㈜아이뉴턴
발행인 : 이광호
주소 : 서울특별시 송파구 충민로 66 가든파이브라이프 8층 L-8134호
전화 : 02-553-0513
팩스 : 02-553-0670
홈페이지 : www.newtonkorea.co.kr
등록 번호 : 제2015-000321호
번역 : 강금희, 이세영
편집·미술 : 이보영, 최동환
인쇄·제본 : ㈜웰컴 피앤피

잘못 만들어진 책은 바꾸어 드립니다.

값 19,500원

ISBN 979-11-6196-131-6